《新疆地区线性工程地质灾害研究》编委会

主　编　　周　华

副主编　　朱瑞成　周　远

编　委　　（按姓氏笔画排序）

朱瑞成　杨述东　张　鹏

周　华　周　远　高　冲

新疆地区线性工程地质灾害研究

周华 主编

兰州大学出版社

LANZHOU UNIVERSITY PRESS

图书在版编目（ＣＩＰ）数据

新疆地区线性工程地质灾害研究 / 周华主编. -- 兰
州 ：兰州大学出版社，2023.12
ISBN 978-7-311-06479-2

Ⅰ．①新… Ⅱ．①周… Ⅲ．①工程地质－地质灾害－
研究－新疆 Ⅳ．①P642.2

中国国家版本馆CIP数据核字(2023)第092885号

责任编辑　佟玉梅
封面设计　汪如祥

书　　名　**新疆地区线性工程地质灾害研究**
作　　者　周　华　主编
出版发行　兰州大学出版社　（地址:兰州市天水南路222号　730000）
电　　话　0931-8912613(总编办公室)　0931-8617156(营销中心)
网　　址　http://press.lzu.edu.cn
电子信箱　press@lzu.edu.cn
印　　刷　兰州银声印务有限公司
开　　本　880 mm×1230 mm　1/16
印　　张　18.25(插页4)
字　　数　506千
版　　次　2023年12月第1版
印　　次　2023年12月第1次印刷
书　　号　ISBN 978-7-311-06479-2
定　　价　118.00元

前 言

随着我国"一带一路"倡议的不断深入，新疆迎来了全面发展的新时代，公路、铁路、油气管道、水利、超高压输变线路等大型长距离线性工程相继落地。这些大型长距离线性工程不可避免地穿越多种气候、地貌、地层及土地功能区块。在实施线性工程设计、施工和安全管理中，由地质灾害引起的线性工程安全隐患识别和控制是其中最为关注的焦点之一。

线性工程有时候对地质灾害是无法避开的。线性工程常需跨越不同地质环境和地貌单元，自然会遭遇到各种不同类型地质灾害的威胁，特别是在役线性工程由于受到其他外界环境因素的综合影响，环境和完整性已完全超出当初设计时的安全储备，并随着新生地质灾害的破坏，在役线性工程安全已不能保证正常运转。因此，线性工程的运营安全不仅依靠勘察和调研时的前期研究来保障，还应在后期运营中要对运营工作者进行地质灾害的辨识和发生地质灾害的防治措施等基本知识的强化学习培训，使所有后期运营工作者都能够全面掌握与地质灾害相关的理论知识。我们要有后期继续观察调研的责任，应认识到新生地质灾害和次生地质灾害将伴随着线性工程长期存在。地质岩土工作者更应加大对在役线性工程地质灾害的深入研究，对在役线性工程定期进行地质灾害安全排查，做到对地质灾害发育的地区三年一小查，五年一大查，建立健全线路快速抢修机制和对各种地质灾害险情的预警和应急预案，确保在役线性工程的正常运行。

本书主要针对新疆地区线性工程地质灾害，从新疆地区地质灾害的类型、危险性评估、监测预警、防治以及建立管理体系等方面进行阐述，以线性工程的监测和防治作为重点，优选适合新疆干旱地区线性工程地质灾害的减灾技术，提出对于新疆线性工程岩土类、水毁类、构造类等主要地质灾害的识别和防治对策，明确各类线性工程对地质灾害的监测、预警及处置技术的差异性，进一步提升线性工程地质灾害管理、研究水平，实现技术、质量、效益的同步提升，规范和指导线性工程地质灾害的有效评估和治理。

以往是由地质专家或者地质灾害专家对线性工程地质灾害的发生机理和影响等进行理论方法研究，应用纯地质领域的成果提出灾害防御和治理对策。本书从岩土工程者和工程管理者的角度来分析线性工程地质灾害：从岩土工程者的角度出发，通过运用综合理论知识、室内外试验成果及大量岩土工程处理的实际经验，对国内外各类地质灾害最新成果及应对地质灾害的管理技术进行深入研究，在线性工程地质灾害的预防和治理方面提出了一些实用性和针对性的意见和建议；从工程管理者的角度出发，对线性工程运营期间地质灾害的监督检查体系、安全机制、制度完备标准体系、培训体系及应急预案等方面做了简单阐述。

2022年，笔者将以往的工作经历以及收集的资料，汇总编纂了此书。本书编写人员分工如下：周华编写了绪论、第1章至第11章的部分内容；朱瑞成编写了第1章至第6章的部分内容，周远编写了第7章至第11章的部分内容，张鹏编写了第1章至第3章的部分内容，杨述东编写了第5章至第6章的部分内容，高冲编写了第7章至第11章的部分内容。

本书不仅是线性工程运营工作者等专业人员的参考书，也是线性工程管理者的工作指导书。由于编写时间所限，书中错漏之处在所难免，敬请广大读者批评指正。

主编　周华

2023年3月

目　录

第1章　水毁

1.1　简介

水毁是主要地质灾害之一，在《岩土工程勘察规范》（GB50021—2001）和《工程地质手册》（第五版）等地质灾害的序列中未被列入，是因为点状工程常将水毁规避，而线状工程却无法规避。水毁在线状工程地质灾害中发生最多、影响最大、破坏最严重，故在本书中将水毁列为地质灾害之首。

1.1.1　水毁的定义

广义的"水毁"一词是指因水的作用对既有工程造成灾害的统称，是在自然因素和不合理的人为活动作用下的工程破坏现象，是环境异变的产物，多在雨季并发灾害，通常习惯上将这类灾害统称为"水毁"。

本书所述的是狭义上的线性工程的水毁，是指在人为因素、气候和水文以及地质环境因素的综合作用下，由降雨或洪水等因素诱发所产生的一系列地表水流对公路、铁路工程的自然破坏现象和破坏过程。一般包括暴雨、洪水等对公路、铁路路基和桥墩的冲刷及石油管道淹没；因水冲刷形成的漂管；河流的岸边受到水的长期侧向冲刷和侵蚀作用，导致岸坡水土流失或者局部滑塌，使得沿岸敷设或穿岸敷设的管道露管；由水作用引发形成的地面陷落，使得管道露管及管道剪断等的损毁。

可见，在广义及狭义的水毁中，水都是关键因素或者核心因素（本章不包括泥石流、滑坡、堰塞湖等）。

1.1.2　水毁发生机理

近年来结合地质工程学科，对线性工程的布置，基础及埋置深度，油气管道的易燃易爆等特殊情况，已逐步统一并规范了管道工程地质灾害的界定和类别，共19类，其中涉及水毁的有坡面水毁、河沟道水毁、台田地水毁、黄土湿陷、岩溶塌陷等。本章将线性工程水毁划分为淹没、坡面水毁、河沟道水毁、台田地水毁等四个方面来阐述。

1.1.2.1 淹没

线性工程淹没是指受降雨或洪水等因素的影响，管道铺设区域及伴行路整体被水淹没，水流沿管道纵向冲刷，特别是淹没后急速退水产生的负压力和冲刷，造成管沟塌陷及坡体滑塌。在新疆等盐碱化地区，溶陷性盐渍土中的可溶性盐，浸水后会产生松胀、冻胀引起地基承载能力下降，地基产生不均匀沉降，会使管道有漂管的可能。

1.1.2.2 坡面水毁

由于暴雨等强降水，在山前倾斜平原与山间盆地的斜坡区域汇水形成径流，径流长期侵蚀地面土壤后可形成雨水冲沟。雨水沿冲沟流经管道上方回填土时，回填土颗粒受雨水浸湿，土体结构迅速破坏，从而形成了面积大小不同的局部塌陷；持续的雨水由高向低不断涌入塌陷区域，进一步侵蚀低洼处的土壤颗粒，加深了塌陷程度，使得管道周边的回填土颗粒不断地被径流冲刷带走，产生路基掏空、冲断，导致石油管道外露、悬空。如西气东输部分管道本泥护壁被洪水冲刷，造成塌陷，如图1-1所示。

图1-1 冲刷水毁

李成军等（2008年）从力学角度分析，水力侵蚀F_s=抗冲蚀力/侵蚀力。当$F_s<1$时，坡面岩土体发生冲刷，水土流失，管道盖层变薄；当$F_s≥1$时，坡面岩土体稳定。坡面岩土物性、植被覆盖率直接影响岩土抗冲蚀力的大小，岩土越密实，植被越茂盛，岩土体的抗冲蚀力越大；反之，岩土体的抗冲蚀力越小。侵蚀力与降雨强度、坡度和坡长有关，侵蚀力与坡长和降雨强度成正比。据相关研究资料表明，在坡度<24°时，坡度与水流剪切力也成正比，但当坡度>24°时，坡度与水流剪切力成反比。

张乐天等根据计算流体力学的原理和方法，以流场数值模拟为基础，对洪水冲击管道流场进行模拟分析，得到流场分布、压力分布情况，计算出不同裸露程度管道在不同流速洪水冲击下的受力数值，分析了管道裸露程度对管壁受力的影响。

计算分析应当建立物理和数学模型，由于洪水冲击管道时受到管道几何外形的影响，局部产生强湍流，同时流体流动中边界层分离，进而在壁面附近形成回流，产生随时间变化的卡门旋涡，求解时可采用非稳态 RNGK k-ε 型获得旋涡模拟结果。迭代中，压力速度耦合采用 SIMPLEC，以提高收敛速度，湍动能和湍流耗散率采用二阶精度，以获得较为准确的结果。

1.1.2.3 河沟道水毁

河流的凸岸受到水流的侧向冲刷和侵蚀作用，会产生局部坍塌，从而导致岸坡不稳。同时，河床侧蚀也会引起河势不稳，沟道改向，对两侧岸坡造成强力冲刷，使得岸坡垮塌。以上情况均会使沿岸敷设或穿岸敷设的管道露管、悬管、漂管、断管。西气东输河沟道水毁事例如图1-2、图1-3所示。

图1-2 河沟道水毁事例（1）　　　　　　　图1-3 河沟道水毁事例（2）

河沟岸坡坍塌多发生在河流沟道的凹岸部位。李成军等研究，水流在重力和离心惯性力的共同作用下，使凹岸水面高，凸岸水面低，水流在此处产生表面横比降，出现动水压力。弯道内水流质点所受离心惯性力的大小与该质点的质量成正比，与该质点所处的半径成反比，并与该质点的纵向流速平方成正比，使得水面附近的各点所受离心力的作用大于河底附近各点所受离心力的作用。动水压力和离心力共同作用，在横向上形成一个封闭的环流。横向水流与纵向水流结合在一起，便构成弯道中的螺旋流。在螺旋流的作用下，凹岸物质不断被掏蚀、搬运，形成临空坡脚，在重力侵蚀作用下，发生岸坡坍滑。当岸坡坡度>45°时，以崩塌为主；当岸坡坡度<45°时，以滑坡为主。

当前在研究河床冲刷问题时主要依赖水动力学理论和河床演变理论，其中冲刷的确定方法有经验公式法、工程分析法和动床河工模型试验。一般以经验公式法为主，对于重大穿越河道工程，为提高结果的可靠度，一般结合上述3种研究手段综合确定河床冲刷。河沟道水毁坡面示意图如图1-4所示。河沟道受力示意图如图1-5所示。

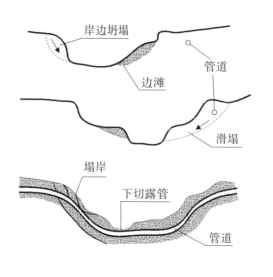
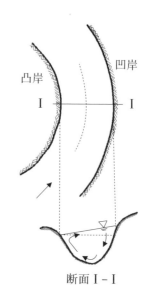

图 1-4　河沟道水毁坡面示意图　　　　　　图 1-5　河沟道受力示意图

冲刷过程中冲刷率随流量、沙量的变化而不断变化，考虑这一变化过程，可基于王兆印等针对清水冲刷提出的冲刷率公式，通过在原冲刷率公式中引入时间因素来建立改进的冲刷计算模型。在清水冲刷情况下，冲刷率公式为：

$$S_r = 0.218 \frac{rJ^{0.5}}{(r_s - r)d^{0.25}} \left[rqJ - 0.1\frac{r}{g}\left(\frac{r_s - r}{r}gd\right)^{1.5} \right] \qquad (1-1)$$

式中：r 为水的容重（kN/m³），J 为河道坡降，q 为单宽流量（m²/s），d 为颗粒粒径（mm），r_s 为床沙容重（kN/m³），g 为重力加速度（m/s²）。

1.1.2.4　台田地水毁

台田地水毁一般分为湿陷性黄土水毁和次生沉降水毁。

（1）湿陷性黄土水毁产生机理：降水形成径流，湿陷性黄土浸水后产生湿陷，引起地面局部沉陷；同时在地下径流不断冲刷下，土颗粒逐渐被冲蚀带走，沉陷部位逐步形成大且深的巨坑甚至产生暗沟，最终导致油气管道底部悬空，后果非常严重。

（2）次生沉降水毁主要是由于管沟开挖后回填的虚土，遇大气降水、农业灌溉、水渠渗漏等情况时，土体在自重压力或饱和自重压力与附加压力合力作用下，土结构迅速破坏并引发显著下沉，形成局部塌陷、台田坎坍塌、管道裸露悬空。次生沉降水毁在线性工程运营时期非常普遍。

在新疆地区，湿陷性黄土水毁是影响最大、分布最广，也是最难治理的。在新疆大部分地区均有不同程度的湿陷性黄土分布，它记录着气候、地理、生物进化与沉降环境。新疆很多公路及铁路都是坐落在湿陷性黄土地基上的，西部石油管道西一线、西二线，乌兰原油成品油线，涩宁兰管道等均有水毁事故发生，而且次生沉降水毁灾害不断，可谓年年修，年年补，无法断根。台田地水毁事例如图1-6、图1-7所示。

图 1-6 台田地水毁事例（1）　　　　　　　　图 1-7 台田地水毁事例（2）

1.2 新疆平原水毁的特征

新疆是干旱及半干旱地区，降雨量远远不能与东南部相比，因西北部植被稀疏、土质疏松，降雨量不是很大时就可能产生严重水毁和泥石流，所以绝对不能用同一个降水标准来评估东南部和西北部的水毁和泥石流灾害。最有代表性的是吐鲁番市。吐鲁番市属标准的干旱地区，年平均降雨量不足 16 mm，最低为 2019 年鄯善县降雨量仅 1.9 mm，蒸发量高达 3000 mm 以上。在这些地区，只要局部出现小 – 中雨形成汇流后即可引发水毁事故。

1.2.1 新疆公路典型水毁事故

（1）2005 年 8 月，吐鲁番市从 6 日夜晚开始持续降雨 15 h，降雨量达 12 mm，是吐鲁番市 50 年最高的降雨量，引发洪水，洪水以 150 m³/s 的流量冲毁 312 国道 K398—K403 段约 5 km，吐鲁番市数千辆车被阻，政府驻地解放军、公安武警及当地人民群众及时抗洪抢救，所幸没有造成人员伤亡，这是吐鲁番市 50 年来遭遇最大的一次洪灾。

（2）2010 年 8 月 3 日，G314 克州段因降暴雨，当日降雨量达 16 mm。G314 线被毁，一辆 25 t 大型货车被洪水冲下路基，多处路基被冲毁，路面坍塌，防洪堤多处被撕裂，造成路面大小不一的坑洼，共冲毁路基 26 km，洪水造成 6 人死亡，经济损失严重。

（3）民丰和且末属干旱性地区，年降雨量 18～27 mm。2010 年 8 月 16 日，民丰和且末忽降暴雨，降雨量达 8 mm，引发洪水，冲毁路基长约 8 km，洪水将路基全部掏空。

（4）2015 年 7 月 2 日，且末融雪性洪水冲毁多处堤坝，车臣河突发融雪性洪水，洪水以 200 m³/s 的速度在车臣河肆意冲撞，导致长征大桥桥头位置受洪水冲刷，铅丝笼锥体坡被冲毁，桥底被掏空，出现长 6 m、宽 3 m、深 3 m 的缺口。591专用线沙枣沟桥也被破坏，出现长 18 m、宽 1 m、深 2 m 的锥体。

（5）2016年9月8日，G314线K546—K547路段发生水毁，且末县年降雨量仅27 mm。

（6）2019年8月7日，吐鲁番市园艺场忽降小雨，局部最大降雨量为 10 mm，形成汇流，引发洪水，将园艺场数条道路冲断，造成该区域多处人员被困，吐鲁番消防救援大队前往救援，历时6个多小时将全部被困人员护送到安全地带。公路平原水毁事例如图1-8所示。

图1-8　公路平原水毁事例

1.2.2　新疆铁路典型水毁事故

（1）2006年5月28日，阿图什铁路在火车站附近发生水毁，一列火车冲出轨道，有347名旅客被滞留，抢修历时17 h。

（2）2013年6月18日，南疆铁路阿克苏三角地至金银川之间发生水毁事故，路基被毁，钢轨悬空，造成南疆铁路中断，共有6列客车滞后。

（3）2019年8月10日，兰新铁路普通线夏普吐勒站至吐鲁番站突发水毁事故，冲毁300 m以上的路基，1列货车被冲毁，6列客车被滞留，6100多名旅客被阻于两端车站。

新疆铁路水毁和公路水毁多发生在平原地区，当局部降雨量形成汇流时，即可冲毁路基，虽然降雨量可能不大，但造成的危害却不容小觑。

1.2.3　平原水毁形态

由于平原水毁的影响因素很多，加之路基及构筑物所处的位置、地质、水流形态以及路基或构筑物的结构形式多种多样，使路基水毁形式表现出多样性和复杂性，一般可大致分为淘底塌陷、冲蚀啃边、冲刷截断3种形态。铁路平原水毁事例如图1-9所示。

图1-9 铁路平原水毁事例

1.2.3.1 淘底塌陷

一般发生在较大的冲沟（干沟）或河沟处、高路基边坡支挡构筑和导流构筑物上。表现为水流剧烈冲刷河床，掏刷深度和宽度较大，构筑物基础部分被掏空"亮脚"，构筑物发生滑移、崩塌。在河沟平面形态为弯曲（小半径）、河道狭窄、河床坡降大且变化较大，有支流（沟）汇入处多发生此种水毁类型。

1.2.3.2 冲蚀啃边

在一般的沿冲沟或小河沟走向以及横穿戈壁滩的公路上，路基基本采用路堤形式，一般都是就近采用砂砾料填筑。融雪或暴雨形成的水流在路基下部汇流，即使流量很小、水深很浅或流速不大的情况下，它也不断对路基冲刷"蚕食"，日积月累，在路堤上留下锯齿形的冲蚀形状，路基一侧被水流"啃掉"了部分或大部分，此种水毁形式发生路段较多。

1.2.3.3 冲刷截断

前述两种水毁形式继续发展，或在此基础上遇到较大的来水和较大的水流，或持续时间较长的水流冲刷，公路被完全截断、冲毁。这是水毁的严重状态，造成的损失大，恢复交通也比较困难。这种形态多发生在平原河流冲沟内，如阿吾拉子沟、车臣河，有时是数米路段被冲毁，有时是数十米路段被冲毁，严重者达数公里连续出现程度不同的截断和冲毁，使原路基、小桥涵荡然无存。大部分截断和冲毁发生在横穿戈壁的公路上。

1.2.4　平原水毁原因

造成平原水毁的原因是多方面的，是特定的地质地貌、水文气象等自然因素与人为因素共同作用的结果。水毁灾害主要发生在气温较高、降水量（特别是暴雨）多的6—9月，此时河流水位高、流量大、水流湍急，对路基下边坡等侧蚀冲刷严重，故有明显的季节性规律。5月中下旬至6月上旬是高山区冬季积雪大范围消融的时间，也就是河流干流洪水和水毁的开始时间，9月下旬气温降低，高山区降水转为固态雪，冰川消融也大大减弱，河流水流进入枯水期，水毁灾害停止。以新疆国道公路为例，其沿线路基防护结构物的水毁破坏主要由以下原因造成。

1.2.4.1　自然原因

1.高温融雪形成的洪水

高山区有冰川和永久性积雪，中低山区有季节性积雪，每年开春后，随着气温的升高，冰雪消融便可形成不同规模的洪水。

2.暴雨形成的洪水

主要发生在夏季中低山区，个别也有发生在春季后期的，其洪水来势凶猛，呈现陡涨陡落特征。

3.河床及路基地质条件差、水流冲刷强烈

山区自然坡度大，地表植被少，地面组织多为经过风化的疏松物质，砂砾石裸露，水分保持能力差，遇暴雨和融雪时，水流汇流快，水流速度大，虽流量不大，但冲刷强烈。

1.2.4.2　公路建设自身原因

（1）公路技术等级低，过去修建时受资金、技术、工艺、科技水平等因素限制，设计标准很低。

（2）干线公路受地形限制挤占河床现象随处可见，在建设过程中普遍存在重视线形等技术标准，而忽视防护的思想，尤其在资金受到限制的时候，工程首先砍掉防治工程，致使建成后的公路抗灾能力差。

（3）构造物基础太浅，质量也差。驳岸、护坡及临河有水冲刷的地段，其基础深度均应置于冲刷线以下。观察以往的这类构造物出现问题，多数是由于基础埋置深度不足造成的。其原因：一是在设计上没有认真研究最大冲刷线的标高，只从现有的地面高向下挖深来计算，一旦河流改道后，实际冲刷线与设计的相差很远，使基础"高吊"起来，造成倒塌；二是施工的原因，因季节影响水下挖基困难，常提高了基底标高，又不注意隐蔽工程的质量，匆忙砌好后回填基坑，砌体经不起冲刷而倒塌。

（4）防护人员对桥涵、排水调治和防治构造物等没有合理养护或及时进行整修，对可能发生的水害心中无数；雨、雪天上路少，不能及时发现险情；每次水毁后，没有及时认真地总结成功的经验和吸取失败的教训；在进行水毁修复工程时，没有具体分析原因，多凭个人经验或简单地照搬原样，或急于抢修通车，而忽视工程质量，导致重复水毁。水毁遗留工程因资金紧张和安排上的不合理，未能及时得到修复，也是导致进一步水毁的一个重要原因。

1.2.5　新疆降雨特征

新疆为典型大陆干旱性气候，大部分平原地区降雨量都低于 100 mm，东疆地区最低，东西部平均降雨量为 30 mm，特别是托克逊县，年平均降雨量仅 5.7 mm。南疆次之，平均降雨量为 67 mm。北疆降雨量稍大，为 87 mm，全疆降雨量最高的地区为伊犁河谷，年平均降雨量达 376 mm。全疆有 12 个县年均降雨量低于 50 mm，见表 1-1。

表 1-1　新疆降雨量低于 50 mm 的县排名

排　名	地　名	降雨量/mm	蒸发量/mm	备　注
1	托克逊	5.7	3171	
2	鄯善	7.8	3216	
3	吐鲁番	16.7	3000	
4	且末	17.8	2853	
5	若羌	18.5	2900	极端降雨量 3.3 mm
6	民丰	20.5	2756	
7	哈密	27.3	3300	
8	尉犁	33.2	2700	
9	巴楚	42.7	2784	
10	沙雅	47.3	2001	
11	皮山	48.2	2450	
12	叶城	49.4	2632	

新疆主要水源为山区融雪，新疆总的地貌为"三山夹两盆"，"三山"为阿尔泰山、天山山脉和昆仑山脉；"两盆"为塔里木盆地和准噶尔盆地。新疆山区的降雨量远大于平原，占全疆降雨量的 70%，并在海拔 2300～2500 m 的中山区降雨量最大，占总重的 40%，新疆山区降雨量统计表见表 1-2。

表 1-2　新疆山区降雨量统计表

海　拔	降雨量/ mm	占总量
2000～2300 m	800～10000 mm	20%
2300～2500 m	1200 mm 以上	40%
2500 m 以上	1000～1200 mm	40%

每年5—6月开冻期为新疆融雪水流最大时期，如遇温度飙升，则有洪水出现；每年7月如出现长期高温，2500 m以上的永久冰川融化为另一次融雪性时刻。

由上述可知，新疆地区每年开春，气温升高，发生融雪性水毁概率增大，故应对融雪汇流河道提前监测，提前制定融雪性水毁发生的应急预案。

东疆和南疆常因局部有少量降雨而引发巨大的水毁灾害，此类水毁防不胜防，也应提前做好相应路段的应急处置预案。

1.3 管道水毁的特征

管道水毁是指由于水动力引起的对管道安全和运营环境造成破坏的一系列灾害，表现为溪流和洪水冲击、地表冲刷、坡面坍塌、冲沟、河床下切、河流改道等，通常包括浸泡水毁、坡面水毁、河沟道水毁和台田地水毁等。水毁灾害一般发生在每年的4月冰雪消融期和7—8月强降雨期。

1.3.1 浸泡水毁

浸泡水毁是指暴雨、洪水等淹没管道敷设区域，引起管沟塌陷，以至于埋深不足的管道发生外露、毁坏等现象。浸泡水毁在管道沿线较少发生，对管道的危害性也相对较小。

1.3.2 坡面水毁

坡面水毁主要由水流侵蚀引起，而水流侵蚀能力的强弱由降雨及汇水条件、地形、土壤性质、植被覆盖和人工活动等因素决定。高强度降雨是冲刷水毁发生的根本原因，水毁区域往往在汇流集中通道处。水流速度越快，势能越大，水动力就越大，冲刷能力也就越强。松散、吸水性差、胶结程度差的土壤，水流冲刷时易发生水土流失，引起水毁灾害。植被稀疏时，根茎对地表土的加固作用和对水流动能的削减作用就比较差，也易发生水毁灾害。人类的工程活动常导致地表裸露、土体松散，同时也会改变原来的汇水条件，加剧水毁灾害的发生。

暴雨、洪水等冲刷、侵蚀坡面，形成冲沟进一步切割边坡土体，造成坡面水土流失、坡体滑塌、管沟塌陷、管道底部悬空或露管。同时水流裹挟着大量砂石、漂砾石等冲撞管道，导致管道弯曲甚至断裂。坡面水毁受地形地貌、降水等因素的影响，主要分布在地形平缓、植被稀少的山前倾斜平原区。水毁的部位不固定，冲蚀范围较大，但下切深度较浅。

坡面水毁事例1：轮南—库尔勒输气线（LKQ）某处坡面水毁，如图1-10所示。

该风险点位于霍拉山山前洪积倾斜平原，地势北高南低，纵坡降为1%～3%，地形平坦开阔，起伏较小。管道穿行于戈壁荒滩之中，输油复线与输气线并行，走向95°，间距约15 m，油线位于气线南侧。两条管道并行，横坡敷设，走向110°。坡面洪水来源于上游铁路涵洞集中汇水，然后散流至管区。坡面水流首先冲蚀气线管堤，受管堤阻挡后向西流淌，途中冲毁多处管堤，水流进入两条管道中央，顺油线管堤继续向西，在部分薄弱区冲毁管堤，形成深切冲沟。现场调查发现管堤已经受到多次冲毁和恢复。目前在整个管区附近，冲沟密布，有深有浅，有宽有窄，无法准确判断水流途径。

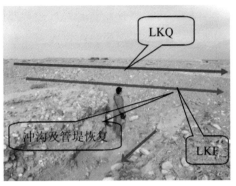

图1-10　轮南—库尔勒输气线（LKQ）某处坡面水毁

已经发育的冲沟宽3～5 m，下切深0.3～1 m，部分与管道斜交，部分平行于管道，受影响的管道长达1000 m。为了避免管道受损及管堤长期冲毁，采取截水墙、防冲墙、铅丝石笼等措施进行综合治理。

1.3.3　河沟道水毁

河沟道水毁主要分布于管道沿途穿越的河沟谷及冲沟较发育的山前倾斜平原区，河沟道水毁的部位相对固定，一般位于长期集中冲蚀管道的区域，其规模受流域汇水面积影响，以下切冲蚀沟床为主，同时也伴有沟岸的侧蚀，尤其位于沟口下游的管道，冲蚀、下切较为直接且强烈。

河沟道水毁的发生通常与水源、河床坡度和河（沟）道形态有关，其影响因素涉及区域地质条件、地形地貌特征、气象水文条件等方面。这些影响因素有宏观层面的，也有微观层面的。

水源是指洪水期水流量大的季节性河流和水量、水质变化大的常年性河流及暴雨。短历时强降雨以及长时间持续降雨造成的水毁占大多数。汛期，特别是主汛期，与水毁的发生具有很好的相关性。由此可见，区域气候类型、暴雨特征以及水文因素（如水系状况、河道特点、洪水特征等）对于水毁时空分布规律的影响比较显著。

河床坡度较大的河流易发生河沟道水毁。若管道沿线区域范围内地形总体较陡，流域面积较大，极易造成雨水汇流速度加快，导致严重的水毁。处于山区的管道，山高沟深，沟壑纵横，路线大多依山傍水，边坡坡度较陡，使汛期洪水汇流速度加快，易造成水毁。若区域山体、边坡岩土体松散破碎稳定性较差，则易引起由暴雨诱发的崩塌、滑坡、泥石流等地质灾害，间接加剧了水毁的程度。

河（沟）道形态是指河流的凹岸、拐弯处和受水流直接冲击处。河流形态（包括断面形态、平面形态等）对沿河管道水毁的影响，主要是改变水流的边界条件，导致水流对管道的不利作用，加剧了水毁的强度和规模。具体表现为：河流弯道的凹岸冲刷；河流断面压缩使得上游壅水过高淹没管道，并导致压缩断面的集中冲刷；地形变化引起水流方向改变而对管道产生顶冲或斜冲；河底出现明显跌坎的下游水流速度突然增大，冲刷加剧等。

事例 2：轮南—库尔勒输油老线（LKL）某处河沟道水毁灾害点，如图 1-11 所示。

图 1-11　轮南—库尔勒输油老线（LKL）某处河沟道水毁灾害点

该风险点位于霍拉山山前洪积缓倾斜平原，地处塔里木盆地东北缘，地势西北高东南低，向盆地中心倾斜，地形平坦宽阔。调查地属塔里木地块，管道穿行于戈壁荒滩之中，与其北侧 G314 公路基本并行，走向 55°。该沟道常年性流水，流向大致约 140°，与管道垂直相交，平时受山间雪融水的补给，流量较小，流速约 0.1 m/s，流量约 0.2 m³/s，当洪水暴发时，流量、流速大幅度增加，时常漫过岸坡，向两侧散流。该洪水沟道纵比降 30%～100%，主沟道呈蛇曲发育，上游支沟较多，汇水量较大；横断面呈拓宽"U"形，宽 15 m，岸坡高 2～3 m，其两侧平缓开阔。现场调查发现，目前管道悬空于沟道上方，跨越长 15 m，距离沟底 0.2～0.5 m。管道原为沟埋式穿越，在洪水作用下，管道上方浆砌石护底首先损坏，冲蚀殆尽，致使原本埋深较浅的输油管道出露，沟床继续下切，管道逐渐悬空，且悬空高度日渐增高。管道悬空后通过采用套管等保护措施使管道改为跨越式穿越，后来沟道右侧浆砌石护岸基础陆续遭到水流侧蚀、掏空，南段已经倒塌，北段直接压覆于管道之上，旋涡状侧蚀发展迅速，不断增加管道出露长度。目前露管已经长达 5 m，防腐层基本脱落，管道直接外露，在高盐渍土、水作用下，腐蚀破坏加速。尤其值得注意的是沟道右岸旋涡状侧蚀将继续发展，可能造成长距离露管，严重威胁管道安全。

1.3.4　台田地水毁

台田地水毁主要分布于黄土区，往往地面平坦，降雨缺乏流通途径，多汇集于地势相对低洼地段，或沿黄土垂直节理渗入土体，溶蚀土体，使裂隙不断延伸扩展，诱发黄土塌陷、冲沟等的发生，加速地面塌陷的形成，往往造成管道裸露。

湿陷性黄土是指黄土在一定压力作用下，受水浸湿后，土的结构迅速破坏，发生显著湿陷变形，强度也随之降低。湿陷性黄土主要分布在新疆、甘肃、陕西等西部干旱地区，一般蒸发量远远大于降水量，所形成的欠固结粉土及粉质黏土，干燥时压缩变形不大，遇水时发生巨变，称之为湿陷。这种黄土一般来说质地均匀，属大孔隙土，具有中、高压缩性，在天然含水情况下，受荷载作用即产生压缩变形，可自重湿陷或非自重湿陷。自重湿陷性黄土在上覆土层自重应力下受水浸湿后，即发生湿陷；非自重湿陷性黄土在自重应力下受水浸湿后不发生湿陷，需要在自重应力和由外荷载引起的附加应力共同作用下，受水浸湿才发生湿陷。

从湿陷性黄土受水受压产生的总下沉变形中减去湿陷性黄土不浸水而受压后产生的压缩下沉变形，就是湿陷变形。湿陷变形的大小量值，叫作湿陷量。湿陷量包括自重湿陷量及剩余湿陷量等。自重湿陷量是指用自重压力求得的湿陷系数（自重湿陷系数）计算出来的整个湿陷性黄土总厚度范围内的湿陷变形量；而剩余湿陷量是指地基处理后，其湿陷量的剩余部分。

湿陷系数（σ_a）是判定黄土湿陷性的定量指标，指单位厚度的土样所产生的湿陷变形，可由室内压缩试验测定。湿陷系数的计算公式如下：

$$\delta_s = \frac{h_p - h_p'}{h_0} \tag{1-2}$$

式中：h_0 为试样原始高度，h_p 和 h_p' 分别为一定压力下未浸水和进水后的试样稳定高度。

黄土浸水受压后，能发生湿陷者，叫作湿陷性黄土；而浸水受压后，不发生湿陷者，叫作非湿陷性黄土。在黄土湿陷性评估的实际工作中，规定出一个湿陷系数界限值，大于界限值的叫湿陷性黄土，小于界限值的叫非湿陷性黄土。这个界限值，采用湿陷系数等于0.015，就是说，凡是湿陷系数≥0.015的黄土，就定为湿陷性黄土。

由于湿陷性黄土的特性，在湿陷性黄土地区管道发生事故的主要原因是地基的不均匀沉降。因此管道对地基强度、稳定性及不均匀沉降有极为严格的要求。影响地基的几个因素如下：

（1）强度及稳定性。当地基的抗剪强度不足以支撑上部结构的自重及附加荷载时，地基就会产生局部或整体剪切破坏。

（2）压缩及不均匀沉降。当地基由于上部结构的自重及附加荷载作用而产生过大的压缩变形，特别是超过管道所能允许的不均匀沉降时，则会引起管道过量下沉，接口开裂，影响管道的正常使用。

（3）地震造成的地基震陷以及车辆的震动等动力荷载可能引起地基失稳。

（4）地基渗漏量或水力比降超过允许值时，会发生水量损失或因潜蚀性管涌而可能导致管道破坏。

台田地水毁的发生通常是由于雨季湿陷性黄土遇水浸泡后失去强度造成的，同时水沿黄土垂直节理渗透，形成新的冲沟。管道地基产生不均匀沉降变形，导致管道弯曲变形、裸露、悬空。此外，黄土浸水湿陷后地层不均匀沉陷、裂缝等，还可能诱发崩塌和滑坡，加剧对管道的危害。20世纪新疆主要水毁灾害统计表见表1-3。

表 1-3　20世纪新疆主要水毁灾害统计表

发生时间	地理位置	水毁造成的危害	影响因素
1958年8月13日	库车北山	摧毁县城，死亡200多人	116 mm/次、11 mm/h降雨
1969年6月26日	吐鲁番北山	冲毁铁路和公路，中断交通	30 mm/次，暴雨、洪流
1984年5月23日	昌吉三屯河	破坏水利设施和田园	100 mm/次、60 mm/h的暴雨
1980年7月	中巴公路沿线	破坏桥梁、通信设施	冰雪消融形成洪流

续表1-3

发生时间	地理位置	水毁造成的危害	影响因素
1984年	中巴公路沿线	冲毁涵洞、桥梁、电线杆	积雪消融形成洪流
1987年7月5日	奎屯河	死亡6人，直接损失2000多万元	45 mm/h的暴雨，洪流量200 m³/s
1988年6月24日	阿拉沟	破坏工厂、医院，损失40多万元	58 mm/次、24 mm/h的暴雨
1988年7月12日	头屯河	冲毁工厂，造成停工停产数天	65 mm/次、32 mm/h的暴雨
1989年9月2日	和田杜瓦	破坏电源、建筑物等	暴雨、洪流
1988年8月	阿尔泰市	冲毁房屋、商店	暴雨、洪流
1988年7月17日	阿尔泰市	市区内外均受到损失	暴雨
1990年7月4日	阿尔泰市	死亡3人，直接损失800多万元	暴雨
1991年夏季	伊犁果子沟	中断交通3天	暴雨、洪流
1991年夏季	伊犁巩留	死亡24人，经济损失20多万元	暴雨、洪流
1990年夏季	达坂城	冲毁铁路、公路	洪流
1990年夏季	甘沟	冲毁铁路、公路	洪流
1980—1991年	天山独库公路	冲毁桥梁、涵洞、通信设备	山洪暴发

1.4　水毁对路基、桥墩破坏机理与计算

1.4.1　水毁对路基冲刷破坏机理

当降雨（融雪）形成江流后，水流沿着山坡流向路基，在惯性作用下形成表面涡流和墙前下降水流，两股水流在路基处受阻后形成向下螺旋水流，不断冲刷、搬运路基土，导致路基塌陷，甚至掏空路基。

河道边伴行路基的凸出段受水流直接冲刷，逐渐被削平。凹面段在水流形成的向下涡流和墙前下降水流的不断冲刷、掏蚀下，凹陷区越陷越深，因而可知凹陷面冲刷的危险度要大很多。道路路基水毁事例如图1-12所示。

图 1-12　道路路基水毁事例

1.4.2　水毁对桥墩冲刷破坏机理

水流流向桥墩，在桥墩处形成压力梯度，墩前下降流在压力梯度作用下，不断冲蚀桥墩前端，从而在桥墩前形成了墩前冲刷坑。随着水流受桥墩阻挡形成马蹄漩涡，该漩涡不断带走桥墩前侧泥沙，当墩前坑深大于墩基埋深时，桥基产生失稳破坏。桥墩水毁事例如图 1-13 所示。

图 1-13　桥墩水毁事例

1.4.3　水毁冲刷深度计算

水毁冲刷深度公式如下：

$$h = kk_1k_2k_3\left(\frac{h_1}{d_{50}}\right)\left(\frac{\theta}{h_1}\right)F \qquad\qquad (1-3)$$

$$F = \frac{V^2}{gh_1} \tag{1-4}$$

式中：h 为冲刷深度（m），k 为综合系数，k_1 为山坡系数，k_2 为边坡系数，k_3 为路基系数，h_1 为水深（m），d_{50} 为粒径平均值（m），θ 为流量（m³/s），F 为水深系数，V 为流速（m/s），g 为水重度（N/m³）。

1.5　国内外水毁研究现状

在国内，较早水毁灾害特征的研究有：张俊义（1998）初步分析了我国输油管道水毁灾害当前存在的主要类型，针对不同类型的管道水毁灾害，提出了减少灾害的一些措施；黄金池（1998）阐述了与水工保护工程相关的水利学原理、河床演变的规律、河床冲淤的计算方法，主要从水力学的角度深入地研究了定量评估水毁灾害的方法，但提出的可操作性成果不多。对于河道冲刷下切引起的管道外露防护，有研究人员提出了局部打桩稳管的一种经济有效的措施。稳固桩埋深示意图及管桩受力示意图如图1-14所示。

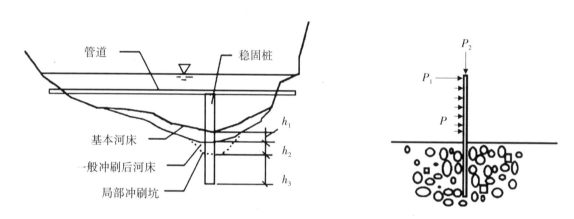

图1-14　稳固桩埋深示意图及管桩受力示意图

1999年，李朝等分析了管道在冲沟、河流、河谷地段、陡坡地段及黄土地区发生水毁灾害的原因，并总结了如何选用合理的水工保护措施。管道线路工程中的水工保护要因地制宜进行合理选线和合理选用埋设深度，常用的水工做法有：

（1）稳管措施：复壁管、混凝土连续覆盖层、现浇混凝土压重块等。

（2）打桩加固：打桩分为打单桩和打双桩两种，管道最终固定在桩上。

（3）锚筋（杆）加固：钢筋混凝土护面加锚筋（杆）的结构。

（4）过水堤：护坦、石笼、抛石等。

（5）护坡：主要有浆砌石护坡、石笼护坡、灰土墙护坡、草皮护坡等形式。

（6）丁坝、顺坝：结构可根据河床地质情况做成浆砌石或石笼。

（7）挡土墙：对管道附近不稳定土体应采用挡土墙进行保护，挡土墙形式有浆砌石挡土墙和灰土挡土墙。

（8）截水墙：在陡坎、陡坡上敷设管道时，为防止管沟回填土被雨水冲走形成顺沟冲刷，通常在管沟内每隔一定距离做一道截水墙。

孟国忠等人研究了穿越河流的油气管道由于流水冲刷管道水毁的问题并总结了管道防冲工程措施。在前人的工作基础上，通过试验资料分析，提出了新的洪水过程冲刷深度计算公式：

$$\Delta D = \frac{1}{\gamma_s (1-p)} \int_0^T S_r \left[U(t), h(t), n(t) \right] dt \tag{1-5}$$

式中：ΔD 为最大冲刷深度（m），U 为断面平均流速（m/s），h 为河床断面平均水深（m），n 为河床糙率，p 为床沙孔隙率，γ_s 为床沙容重（kN/m³），d 为床沙中径（mm），T、t 为时间。

$S_r \left[U(t), h(t), n(t) \right]$ 为河床冲刷率函数，由下式计算：

$$S_r = 132.1 \frac{n^3 U^4}{h^{0.97} d^{0.25}} - 2.04 \frac{nU}{h^{0.67} d^{0.1}} \tag{1-6}$$

式中：d 为河床物质代表粒径（mm）；U、h、n 都是洪水流量的函数，流量又随时间而变化，因此 $U(t)$、$h(t)$、$n(t)$ 都是时间的函数。

2006年，张乐天等运用大型流体计算软件模拟分析了洪水冲击管道流场的过程，得出了裸露程度不同的管道在受到洪水以不同的流速冲击下的受力数值。2009年，李旦杰举例说明了西南成品油管道的水毁危害，主要提出了相应的防治措施。管道大多数地段都具有发生水毁灾害的条件，针对水毁的特点，结合管道的复杂地理环境，通过生物措施、工程措施和综合治理措施，做出了完善的水土保持设计与施工。2011年，郭磊等通过分析水毁灾害的风险因素，建立权重赋值模型来评估西气东输管道坡面水毁灾害，管道坡面水毁灾害风险值表示待评管段遭受坡面水毁破坏的程度，可按如下给出的公式计算：

$$H = \frac{\sum_{i=1}^{n} \omega_i x_i}{K} \tag{1-7}$$

式中：H 为管道坡面水毁灾害风险值，n 为二级风险因素指标数，ω_i 为第 i 个风险因素的权重，x_i 为第 i 个风险因素的指标值，K 为泄漏影响系数。

采用变权法得到的各管段风险值与常权法得到的风险值均有一定程度的变化。假定风险值0~19为高风险，20~39为较高风险，40~59为中等风险，60~79为较低风险，80~100为低风险，进一步计算变权赋值对评估结果的影响见表1-4。

表1-4　变权赋值对评估结果的影响

评估结果	管段1	管段2	管段3
风险值变化幅度	4.8%	-13%	-24.5%
风险等级变化情况	低→低	较低→中等	较低→中等

2012年，郑青川等用云模型对油气管道坡面水毁进行了安全评估。

在国外，早在1987年出现了根据经验得出的管道-土壤相互作用模型，1989年出现了基于能量的管道-土壤相互作用模型，主要研究管道冲刷和管道失稳的关系。1990年，Koh 和 Quek 以 Yriakides 和 Yun 的梁屈曲模型为基础，对油气管道的极限荷载进行了研究，其结果对于水毁灾害致灾机理的研究具有重要意义。2001年，Sumer 等着重研究了管道在波流作用下的侧向压力分布，及其对管道发生冲刷所起的作用，以获知冲刷发生的临界条件、冲刷发生的机理，以及管道掏空的整个发展过程。2002年，Gao等的研究发现，当摆动流速度大于某一值时，管道边沙将在漩涡的影响下受到冲刷，管道附近的流场及管道的稳定性将受到边沙的影响，后来的波浪水槽实验进一步验证了管道失去底部稳定性的过程。

近年来，国内研究的最新研究动态主要是管道水毁的危险性评估及水毁灾害风险管理效能评估，建立管道风险评估模型，开发风险评估系统软件。2014年，许卫豪借鉴地质灾害风险评估的相关理论，探讨了定性评估及半定量风险评估方法的适宜性，并在《油气管道地质灾害风险管理技术规范》的基础上，结合《西部管道公司甘肃河西走廊段管道地质灾害调查与防治规划报告》中386个水毁灾害点的统计分析，确定了定性评估方法的风险等级分级标准。采用两种方法对50处水毁灾害点进行风险评估，其综合评估结果较符合水毁灾害的实际发育状况。确定了以半定量评估为主，定性评估为辅的综合评估方法对水毁灾害点进行风险评估。河沟道水毁下切深度范围对应各风险等级灾害点数量见表1-5。坡面水毁下切深度范围对应各风险等级灾害点数量见表1-6。

表1-5　河沟道水毁下切深度范围对应各风险等级灾害点数量

风险概率下切深度范围	>0.6 m	0.3～0.6 m	<0.3 m
高	14	1	0
中	1	40	4
低	0	9	104

表1-6　坡面水毁下切深度范围对应各风险等级灾害点数量

风险概率下切深度范围	>0.5 m	0.2～0.5 m	<0.2 m
高	3	0	0
中	0	40	2
低	0	8	170

2015年，孙志忠等依据物元理论和可拓集合理论，构建河沟道水毁危险性评估物元模型。在区域地质环境与河沟道水毁基本特征调查研究的基础上，选取14个具有代表性的、可量化的评估指标，引入灰色关联度法求其权系数，采用可拓关联函数确定待评物元与危险性分级之间的关联度和隶属度。通过实际应用和对比分析，证明基于灰色关联度的可拓法用于长输管道的河沟道水毁危险性评估具有较高的可信度和良好的实用性。

管道风险效能评估工作一般包括：

（1）分析灾害点现状。

（2）分析灾害点赋存的地质环境条件，主要包括地形地貌和地层岩性。

（3）对灾害机理的分析。

（4）对水毁灾害的风险评估。

图 1-15 为管道风险效能评估模式。

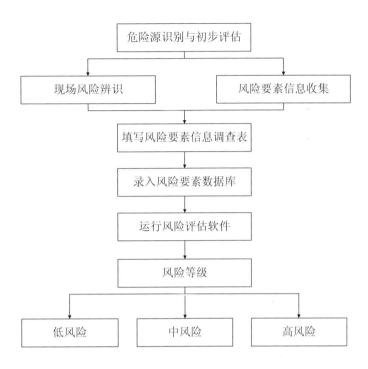

图 1-15　管道风险效能评估模式

2015 年，徐惠通过效能评估流程来确定西气东输管道水毁灾害风险管理效能评估流程，并提出西气东输管道水毁灾害风险管理效能评估模式采用"多投入-多产出"的效能评估模式，投入指标包括风险辨识的投资、风险评估的投资、风险控制的投资，产出指标为对应的风险辨识的有效性、风险评估的有效性、风险控制的有效性，在效能评估模式的基础上得出效能评估模型并继而得出效能评估指标体系。

1.6　小结

（1）融雪型水毁应特别注意在每年融雪季前应清理河道，严禁出现堵塞河道。

（2）关注天气预报，对出现高温天气应提前预测、预报，做好防洪措施。

（3）在东疆和南疆干旱地区的主要线路上应做好应急预案和储备各项防洪、堵洪建坝的机械设备和物资。

（4）定期组织防洪、防涝、抢险、救灾的演练，做到遇灾不慌，有条不紊。

第2章　滑坡

2.1　简介

滑坡是在一定的地形条件下，受外界条件的变化及各种自然或人为因素影响（河流冲刷、人工切坡、堆载、地下水活动或地震等），破坏了岩（土）体的力学平衡，使山坡上的不稳定岩（土）体在重力作用下，沿着一定的软弱面或软弱带做整体的、缓慢的、间歇性地向下滑动的不良地质现象。其特点是滑体向下滑动时始终与下伏滑床保持接触，一般来说水平移动量大于垂直移动量。滑坡常见于青山绿谷之中，降雨（雪）越大，出现的概率越高。干旱、半干旱地区滑坡出现的概率很低，无水则不滑。

2.2　滑坡野外识别

按照《滑坡防治工程勘查规范》（DZT0218—2006），滑坡可通过表2-1所列几类典型标志来识别。

表2-1　滑坡简易识别标志

滑坡类型	标志		特征描述	等级
	类别	亚类		
古（老）滑坡	形态	宏观形态	1."圈椅"状地形	B
			2. 双沟同源	B
			3. 坡体后缘出现洼地或拉陷槽	C
			4. 大平台地形(与外围不一致、非河流阶地、非构造平台或风化差异平台)	C
			5. 不正常河流弯道	C
		微观形态	6. 反倾坡内台面地形	C

滑坡类型	标志		特征描述	等级
	类别	亚类		
			7. 小台阶与平台相间	C
			8. "马刀树""醉汉林"	C
	地层	老地层变动	9. 明显的产状变动(除外构造作用等其他原因)	B
			10. 架空、松弛、破碎	C
			11. 大段孤立岩体掩覆在新地层之上	A
			12. 大段变形岩体位于土状堆积物之中	B
		新地层变动	13. 变形、变位岩体被新地层掩覆	C
			14. 山体后部洼地内出现局部湖相地层	B
			15. 变形、变位岩体上掩覆湖相地层	C
			16. 河流上游方出现湖相地层	C
	变形迹象等		17. 后缘见弧形拉裂缝,前缘隆起	A
			18. 前方或两侧陡壁可见滑动擦痕、镜面(非构造成因)	A
			19. 建筑物开裂、倾斜、下座变形,公路、管道等下错沉陷	B
			20. 构成坡体的岩土结构零散、强度低、开挖时易坍塌	C
			21. 斜坡前部地下水呈线状出露	C
			22. 古墓、古建筑变形,古树等被掩埋	C
	历史记载访问材料		23. 发生过滑坡的记载或口述	A
			24. 发生过变形的记载或口述	C
新滑坡	地表变形		1.后缘出现弧形拉裂缝甚至多条,或见多级下错台坎	A
			2. 前缘可见隆起变形,并出现纵向、横向的隆胀裂缝	A
			3. 两侧可见顺坡向的裂缝,并可见顺坡向的擦痕	A
	地物变形		4. 破体上房屋建筑等普遍开裂、倾斜、下座变形	B
			5.坡体上公路、挡墙、管道等下沉,甚至被错断	B
			6. 坡上引水渠渗漏,修复后复而又漏	B
			7. 坡体后缘陡坎崩塌不断,前缘临空陡坡偶见局部坍塌等	C

续表2-1

滑坡类型	标志		特征描述	等级
	类别	亚类		
	地貌标志		8. 坡体上树木东倒西歪,电杆、烟囱、高塔歪斜	B
			9. 坡体后缘和两侧出现陡坎,前部呈大肚状	C
			10. 坡体植被分布与周界外出现明显分界	C
	水文地质标志		11. 坡体前缘突然出现泉水,泉点线状分布、泉水浑浊	B
	简易监测		12. 地面裂缝、下错台坎、建筑物裂缝逐日逐月变大,纸条被拉裂、封堵后裂缝又被拉开等,雨季或汛期变形加剧	A

注:一般情况下,属A级标志可单独判断为滑坡;2个B级标志,或1个B级标志、2个C级标志,或4个C级标志可判别为滑坡。标志愈多,则判别的可靠性愈高。

理论的相继出现,如可靠性理论、模糊数学、人工智能等,以及人们对岩土体复杂性和不确定性认识的提高,一些不确定分析方法得到了很大的发展,如可靠度方法、模糊数学法、专家系统、神经网络、遗传算法等。

2.3 石油管道滑坡特征

2.3.1 新疆石油管道滑坡灾害统计

截至2015年6月,西部管道公司已查明的滑坡灾害共计41处,管道地质灾害类型及数量统计表(截至2015年6月)见表2-2。管道沿线滑坡灾害一旦发生,会造成管体变形、拉裂甚至爆管等事故,严重威胁油气管道及相关基础配套设施、油气输送、正常管理、人民财产安全及周边环境。

表2-2 西部管道公司已查明管道地质灾害类型及数量统计表(截至2015年6月)

管道名称	滑坡	管道地质灾害形成原因	对油气管道的危害
双兰线	1	滑坡主要指斜坡上的土体或岩体受河流冲刷、地下水活动、地震、人工切坡等因素的影响,在重力的作用下,沿着一定的软弱面或软弱带,整体或分散地顺坡向下滑动的地质现象	对油气管道自身及基础设施安全威胁较大,可使管道变形甚至断裂,使管道基础及配套设施损毁,是重点防范的地质灾害类型
涩宁兰一线	15		
涩宁兰复线	11		
独乌原油线	1		
刘化支线	3		

管道名称	滑坡	管道地质灾害形成原因	对油气管道的危害
甘西南支线	5		
兰银线甘肃段	2		
西三线	3		
合计	41		

2.3.2　滑坡对石油管道的影响

滑坡对管道危害的大小取决于管道与滑坡的相对位置，管道处于滑坡影响范围内时，管道与滑坡的位置关系分为三类：管道横穿滑坡，即管道走向与滑坡滑动方向垂直；管道纵穿滑坡，即管道走向与滑坡滑动方向平行；管道斜穿滑坡，即管道走向与滑坡滑动方向斜交。如图2-1所示。上述三种位置关系中以管道横穿滑坡危害最大。滑坡对管道的危害可分为两种形式：一是直接威胁管道安全，二是威胁管道附属设施。

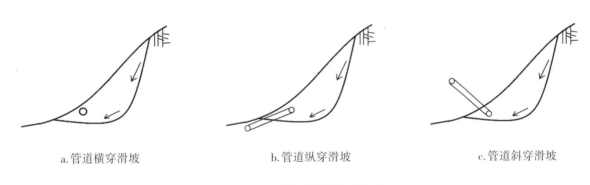

| a.管道横穿滑坡 | b.管道纵穿滑坡 | c.管道斜穿滑坡 |

图2-1　管道与滑坡的位置关系

2.3.3　滑坡对横穿管道的影响

滑坡在推挤管道时，由于滑坡体体积一般远远大于管道，滑坡的整体运动基本不会受到管道的影响，因此可以假定滑坡横向各部位运动速度一致。滑坡对管道的作用过程可分为三个阶段：第一阶段，管道在滑坡的推挤作用下与滑坡土体同步移动，管道与滑坡之间没有相对位移；第二阶段，部分管段随滑坡同步移动，在滑坡两侧边缘，因管道受滑坡外稳定土体约束位移达到极限而与滑坡出现相对移动；第三阶段，管道完全停止移动，滑坡与全段管道相互移动。在第三阶段管道达到最大挠度，滑坡对管道的推力也达到最大值。但不是所有滑坡与管道相互作用过程都能达到第三阶段，也可能在前两个阶段由于滑坡对管道的推力已经超过管道可承受的最大推力q_p，管道发生破坏。对于体积较小的滑坡，也可能由于管道的反作用力大于管道位置的滑坡剩余下滑力q_1而导致滑坡停止滑动。q_1可根据剩余推力法计算。对于确定的滑坡、管道条件，q_p可根据文献提供的方法试算获得，即管道应力达到许用应力（或应变）时的推力。

土体对管道的推力计算公式：

$$q = \frac{8\pi\eta\upsilon}{4 - 2\ln R_e} \tag{2-1}$$

式中：q 为土体对单位长度管道的推力（kN/m），R_e 为雷诺数，υ 为土体在管道埋深处的滑行速度（m/s），η 为动力黏度（N·s/m²）。

该方法将土体视为流体，因此仅适用于土质极其松软的淤泥质土的长期蠕变滑坡（年位移量几厘米至几十厘米）。

若将管道视为一道挡墙，假定滑坡与管道发生相对位移后可在管道后方形成刚性楔形体，如图 2-2 所示。滑坡土体在楔形体处分离，分别从楔形体上、下方通过，则可按照极限平衡法计算推力。

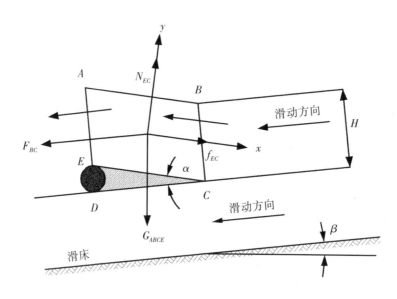

图2-2 楔形体上滑块受力分析

将从管道上方通过的土体视为从楔形体上方通过的滑块，对滑块 $ABCE$ 进行受力分析，如图 2-3 所示。其中 BC 面受到滑坡推力 F_{BC}，EC 面受到楔形体的支持力 N_{EC} 和摩擦力 f_{EC}，在 AE 面可能受到前方土体（已从管道上方滑过的土体）的压力，但该部分土体由于受到下部土体向前（滑动方向）的牵引作用，该作用力很小，此处不予考虑。另外，滑块本身还受到重力 G_{ABCE}。根据平衡条件可得：

$$G_{ABCE}\cos(\alpha - \beta) + F_{BC}\sin\alpha = N_{EC} \tag{2-2}$$

$$F_{BC}\cos\alpha = G_{ABCE}\sin(\alpha - \beta) + f_{EC} \tag{2-3}$$

$$G_{ABCE} = \frac{D}{\sin\alpha}\gamma_L H \tag{2-4}$$

$$f_{EC} = N_{EC}\tan\varphi + \frac{D}{\sin\alpha}c \tag{2-5}$$

式中：α 为刚性楔形体锐角（°）；β 为管道所在位置土体滑动方向与水平面的夹角，可近似用该位置滑坡滑移面倾角代替（°）；φ 为滑坡土体内摩擦角（°）；c 为滑坡土体黏聚力（kPa）；D 为管道直径（m）；H 为管道底面深度（m）；γ_L 为土体容重（kN/m³）。

以 ECD 楔形体为研究对象，在 EC 面受到滑块 $ABCE$ 的压力 N'_{EC} 和摩擦力 f'_{EC}，此二力在大小上与 N_{EC}、f_{EC} 相等，方向相反；在 DC 面受到下部土体的支持力 N_{DC} 和摩擦力 f_{DC}；在 ED 弧面受到管道的反作用力 q'，该力大小与滑坡对管道的推力 q 大小相等，方向相反。另外，楔形体还受到楔形体自身重力和管道及管输介质重力 G_{CDE+p}。

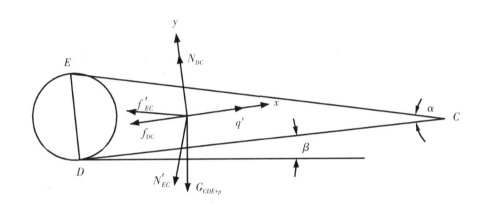

图2-3 楔形体受力分析

根据平衡条件：

$$f'_{EC}\cos\alpha + f_{DC} + N'_{EC}\sin\alpha + G_{CDE+p}\sin\beta = q' \qquad (2\text{--}6)$$

$$f'_{EC}\sin\alpha + N_{DC} = N'_{EC}\cos\alpha + G_{CDE}\cos\beta \qquad (2\text{--}7)$$

$$G_{CDE+p} = \frac{D^2}{\tan\alpha}\gamma_L + \pi D\delta\gamma_p + \frac{\pi D^2}{4}\gamma_i \qquad (2\text{--}8)$$

$$f_{DC} = N_{DC}\tan\varphi + \frac{D}{\tan\alpha}c \qquad (2\text{--}9)$$

式中：δ 为管道壁厚（m），γ_p 为管体材料容重（kN/m³），γ_i 为管输介质容重（kN/m³）。

将式（2-7）、式（2-8）、式（2-9）代入式（2-6）整理上式可得：

$$q' = f'_{EC}(\cos\alpha - \sin\alpha\tan\varphi) + N'_{EC}(\cos\alpha\tan\varphi + \sin\alpha) + G_{CDE+p}(\cos\beta\tan\varphi + \sin\beta) + cD/\tan\alpha \qquad (2\text{--}10)$$

由于 f'_{EC}、N'_{EC}、q' 分别为 f_{EC}、N_{EC}、q 的反作用力，因此 q 可表示为：

$$q = f_{EC}(\cos\alpha - \sin\alpha\tan\varphi) + N_{EC}(\cos\alpha\tan\varphi + \sin\alpha) + G_{CDE+p}(\cos\beta\tan\varphi + \sin\beta) + cD/\tan\alpha \qquad (2\text{--}11)$$

此外，需要确定楔形体锐角口的大小。将管道视为墙背竖直光滑的挡土墙，则管道对滑坡的反作用力可视为挡墙的被动土压力。将楔形体旋转，如图2-4所示。挡墙后水平填土面存在均布竖直荷载 $\gamma_L H$（此处不考虑楔形体 ECD 的自重），还存在均布的摩擦力 $c + \gamma_L H\tan\varphi$。

若不考虑摩擦力荷载，则 $\alpha = 45 - \varphi/2$；当摩擦力荷载存在时，α 将发生变化，以使 q 最小。但考虑摩擦力荷载存在时，采用 $\alpha = 45 - \varphi/2$ 对计算结果影响不大，经计算，在常见工况下误差不超过 2%，因此，为计算方便可令 $\alpha = 45 - \varphi/2$。

根据式（2-2）、式（2-3）计算得到的支持力 N_{EC} 和摩擦力 f_{EC} 代入式（2-11），即可计算单位长度上滑坡对管道的推力 q。

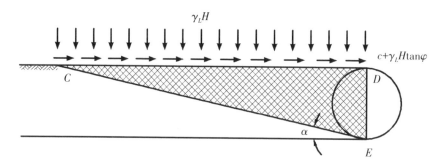

$$\gamma_L H$$

$$c + \gamma_L H \tan\varphi$$

图2-4 楔形体荷载分布

2.4 新疆铁路滑坡特征

铁路工程线路选线时必须绕开发育旺盛期的大型滑坡，故在铁路工程中出现的都是中小型滑坡，在内地滑坡较新疆更为普遍，原因是新疆铁路线仅有3条经过滑坡，都在平原和丘陵低山地区，同时新疆为干旱大陆性气候，雨水稀少，无滑坡存在的基本条件，虽然有滑坡但均为中小型滑坡。铁路工程由于是线性工程，线路选择受各方面约束很大，有时避无可避时就需对大型滑坡进行治理。笔者曾在兰海高铁松潘超大型滑坡治理现场参观考察，松潘超大型滑坡是1933年四川发生7.5级地震造成的，大规模滑坡使松潘古城全部被毁，兰海高铁选线时无法避让，对松潘大滑坡进行全面大治理，在滑坡顶端设置排水系统，对滑坡体进行三道防护；在山脚处用重力式挡土墙稳住山脚，其上为挡滑桩；上部滑移体用预应力锚索将滑移体锁住，如图2-5所示。

图2-5 兰海高铁松潘超大型滑坡

2.4.1　精伊霍铁路线上的滑坡分布情况

精伊霍铁路线上的滑坡主要分布在北天山南坡丘陵区，规模较大，类型多样，在线路选线时无法规避，共有 16 组滑坡群。评估区分布的滑坡如下。

1. 克孜勒萨依沟左侧滑坡（DK86+900—DK87+030 线路右侧）约 200 m（H1）古滑坡

该滑坡基岩切层处垂直错动距离大于平行移动距离，铁路工程地质勘察定为错落，错落体底部宽约 130 m，长 300 m，高 50～100 m，错落后壁较明显，为一平直陡坎，滑体内岩体较完整。后壁岩体比较完整，错落体坐稳在坡脚，从现状分析该错落处于稳定状态。

2. 尼勒克河右岸滑坡（DK90+500—DK91+000 右侧）（H2）

该滑坡最近点距离拟建线路约 680 m，古滑坡，基岩切层性质，山体陡峭，岩性为华力西期花岗岩，由于受 F10 断层的影响，发育多条 NW 向的张性断裂，沿断裂面发育，现场有明显的错动痕迹，在航片上也有明显的反应。垂直错动距离大于平行移动距离，铁路工程地质勘察定为错落，错落体长约 1000 m，高约 300 m，错落体内岩体较破碎，呈大块石状，错落后壁较为明显，呈弧形展布。后壁岩体比较完整，错落体坐稳在坡脚，现状分析该错落处于稳定状态。

3. 博尔博松右岸滑坡（DK121+000—DK121+300 右侧）（H3）

该滑坡位于北天山特长隧道出口端上方，为第四系风积粉土层滑坡，滑坡周界清晰，主滑方向 NW，长近 400 m，宽 300～400 m，厚度 10～20 m，滑坡后壁高 3～8 m，滑坡体上裂缝密布，在滑坡体上有泉水出露。前部有小型滑塌现象，为不稳定滑坡，如图 2-6 所示。

4. 博尔博松河右岸古滑坡（DK121+670—DK121+785）（H4）

该滑坡从大的地貌上看下宽上窄，呈"口袋"状，其长度 100～150 m，宽约 200 m，后壁高约 20 m，呈弧形陡坡状；垂直错动距离大于平行移动距离，铁路工程地质勘察定为错落，错落体岩性杂乱，以块石土为主，厚度 10～30 m。线路不直接经过该错落体，从错落体后壁下方以隧道工程通过。后壁岩体比较破碎，有溜塌掩埋坡脚便道现象，现状分析该错落处于不稳定状态。

5. 博提塔勒德沟左岸山坡表层溜塌（H5）

该滑坡在拟建线路 DK130+500—DK131+800 之间，线路在左侧的山坡。覆盖层为第四系上更新统沙质黄土，基岩为第三系泥岩夹砾岩，由于泥岩成岩作用差，具有膨胀性，黄土有湿陷性，黄土多沿基岩面滑动，因此山坡稳定性差，为小型溜塌，但规模不大，如图 2-7 所示。

6. 克色克阔兹滑坡群 DK132+000—DK134+500（H6）

克色克阔兹滑坡群实际上是发育在肯萨依沟两岸的一系列滑坡，为厚层覆盖层滑坡。地貌上为北天山南麓低山丘陵区，海拔高程 1400～1650 m，相对高差一般 50～200 m。该区域地势呈波状起伏的缓丘，相对平缓。主要滑坡有三处：

（1）克色克阔兹 1 号滑坡（H6-1）：位于博提塔勒德和肯萨依沟交汇处的肯萨依沟右岸，从现场调查情况分析，该滑坡主要由切层和堆积层形成的混合型滑坡，滑坡周界清晰，主滑方向 N，长近 300 m，宽 300～500 m，高差近 80 m，滑坡后缘出现较明显的裂缝，宽 20～30 cm。在滑坡体上有次一级的滑坡，该滑坡为新近发育的不稳定滑坡。

图 2-6　DK121+000—DK121+300 线路右侧滑坡（H3）

图 2-7　博提塔勒德沟左岸山坡表层溜塌（H5）

（2）克色克阔兹 2 号滑坡（H6-2）：位于肯萨依沟右岸，该滑坡主要由切层和堆积层形成的混合型滑坡，滑坡周界清晰，主滑方向 W，长近 400 m，宽 300～400 m，高差近 50～80 m，滑坡后缘出现较明显的裂缝，滑坡体上裂缝密布，最宽近 80～100 cm，在滑坡体上有泉水出露，形成池塘，周界较明显，为不稳定滑坡。

（3）克色克阔兹 3 号滑坡（H6-3）：位于肯萨依沟左岸，肯萨依沟侧沟克色克阔兹左岸沟口附近，该滑坡主滑方向近 W 向，向肯萨依沟方向滑动，为一深层覆盖层滑坡，长 800 m，宽约 300 m，后壁直达山顶，呈"圈椅"状，高 30 m 以上。具有两级明显的滑坡平台，下部一级平台至前缘的滑体上，串珠状黄土陷穴发育。左侧壁平行沟沿山梁直达沟口，形成细长的山脊，在近沟口一带，有一些向沟心的崩塌、小型滑坡等，滑动面厚度估计 10～30 m，滑体下部基岩为第三系泥岩、砂岩，节理发育，上覆沙质黄土，厚 2～10 m。现状分析该滑坡群为不稳定滑坡。

7.套苏布台村上滑坡群（DK136+100—DK136+300 右侧）（H7）

该滑坡群位于套苏布台村头苏布台沟右岸上游的古滑坡群，地貌分区为北天山南麓低山丘陵区，海拔高程 1200～1500 m，相对高差一般 50～200 m。区域地势呈波状起伏的缓丘。该滑坡群后缘为若干个"圈椅"状后壁沿 N35°E 向展布，与滑坡体相衔接，有较为明显的滑坡平台。平台下现有一些新近发生的小型滑坡，可见弧形裂缝，滑体上大部分地方牧草茂盛。滑坡区内主要出露第四系全新统（Q4）和第三系（N1）的地层。DK136+300 右 360 m 上游的滑体上有一处新近发生的小型滑坡，长 60 m，宽 40 m，最新滑动的上部滑坡体内土体结构疏松，如图 2-8 所示。拟建线路在其前缘下游 360 m，以填方形式通过。

8.套苏布台村后滑坡（DK136+400—DK136+600 左侧）（H8）

该滑坡位于套苏布台村后，该处地形上陡下缓，坡顶到沟底高差约 100 m，坡上部发生高位滑坡，滑坡轴线近垂直于拟建线路，滑坡方向向左侧坡下滑动，长约 210 m，宽约 200 m，后壁高约 4 m；后壁均出露卵石土，夹粉细砂及黏性土薄层，在半山腰大路以上山坡较陡处发育，滑体上及周边弧形裂缝明显，正在发展中，并有可能牵引后壁向前发展。

图2-8　套苏布台村上滑坡群（H7）

9.套苏布台村下滑坡（DK136+700—DK136+900右约500 m克其克苏布台沟右岸）（H9）

该滑坡实际上是发育在苏布台沟右岸的滑坡群，它位于套苏布台村头克其克苏布台沟下游附近，地貌为低山丘陵，海拔高程1200～1500 m，相对高差一般50～200 m。该区域地势呈波状起伏的缓丘，相对平缓，为尼勒克县苏布台乡草场。该处苏布台沟右岸岸坡相对较陡，沟坡自然坡度15°～40°。在套苏布台附近，其右岸山体走向呈N35°E向，在近1 km的坡面上，发育一系列规模不等的滑坡，其中对拟建线路方案影响最大的滑坡位于克其克苏布台沟右岸，规模最大。从现场调查情况分析，该滑坡主要为切层和堆积层形成的混合型滑坡，滑坡周界清晰，主滑体长近600 m，宽120～300 m，整个滑坡在地貌上由上、下两部分组成，上部发育在山坡坡面上，从滑坡后壁至坡底长约250 m，高差近100 m，其后缘为20～30 m高的陡坎，两侧滑坡边界为1～5 m高的坡坎，整个形态上呈"圈椅"状，下部为滑坡体堆积形成的滑坡舌，呈上窄下宽的扇形堆积体，长约为350 m，坡度近10°，前沿约300 m处被苏布台河切割成5～12 m高的直坎，如图2-9所示。

图2-9　套苏布台村下滑坡（H9）

滑坡区内主要出露第四系全新统（Q4）和第三系（N1）的地层，其中第四系全新统坡积黏性土及碎石土广泛分布于滑坡体内及坡体表面。

最新滑动的上部滑坡体内土体结构疏松，前缘堆积体内土体结构较为致密，含有10%～30%的碎石，土体黏性强，透水性较差。角砾、碎石主要分布于滑坡体内，颜色杂乱，呈红褐色、灰白色，大小混杂，无分选性，呈棱角状，成分以砂岩、砾岩为主。

现滑坡体上部依然处于不稳定状态，滑坡有继续发展的趋势，而且上部已滑堆积层随时都有继续下滑的可能。

10. H10

该滑坡分布于拟建线路DK170+330—DK170+470左侧20～150 m边坡处，长90～120 m，宽100～150 m，滑坡后壁高约5 m，出露岩性为第四系风积沙质黄土，地表植被茂密，坡度约55°，长约120 m，现在滑坡体表层为含碎石的黄土，厚约2.0 m，下伏基岩为第三系砂岩。沟心坡脚有上升泉出露，水量较小。滑坡体上部有张开的裂缝，有明显的滑动特征。

11. 阿克巴斯陶萨依滑坡群（H11）

该滑坡群主要分布于DK179+400右侧50～1800 m，该滑坡群沿阿克巴斯陶萨依沟左岸，为自沟口向上游绵延1800 m以上的一系列古滑坡群，后壁距沟心200～350 m，高20～40 m不等，平行阿克巴斯陶萨依沟呈线形排列。滑坡群后壁发育在二叠系砂岩与第三系泥岩接触带附近，滑体以第三系泥岩为主，舌部遭水流冲蚀，沟谷深切，左岸局部上残余原古滑坡舌部物质，左岸沟边前缘隆起明显。现该滑坡群又有新的活动迹象：古滑体有一些新近形成的弧形裂缝，在后壁一带有下错迹象（错台高约1 m）。右岸基岩为第三系泥岩，上覆黄土，由于沟谷深切，形成一些较小规模的滑坡、崩塌等不良地质体。

12. H12

H12在线路DK179+760左、右两侧有表层溜滑现象，呈"圈椅"状，地表植被茂盛，其中在DK179+760右40 m有已溜滑的滑坡，滑坡后壁高约1.5 m，滑坡舌长约50 m，宽约20 m，线路（DK179+620—DK179+780）从其坡脚通过，其左侧溜滑处坡度较陡，约50°，未见滑坡裂缝，岩性为第四系上更新统风积沙质黄土。现状分析该滑坡处于基本稳定状态。

13. H13

H13在拟建线路DK180+120—DK180+175左侧20～40 m，呈"圈椅"状，地表植被不发育。滑体长轴约68 m，短轴约40 m，由南东向北西滑动，地层岩性为第四系全新统坡积粉土，厚3～6 m。

14. H14

H14在拟建线路DK180+175—DK180+640左侧20～40 m，呈"圈椅"状，地表植被不发育。滑体长轴约70 m，短轴约30 m，由西向东滑动，地层岩性为第四系全新统坡积粉土，厚3～5 m。

15. H15

H15在拟建线路DK180+910—DK181+070右侧140～180 m有表层溜滑现象，呈"圈椅"状，地表植被不发育。溜滑长轴约180 m，短轴约80 m，由西向东溜滑，地层岩性为第四系全新统坡积粉土，厚3～7 m。

16. H16

H16在拟建线路DK181+910—DK181+930右侧120～220 m有表层溜滑现象，呈"圈椅"状，地表植被不发育。滑体长轴约 100 m，短轴约 20 m，由南向北滑动，地层岩性为第四系全新统坡积粉土，厚 3～5 m。

2.4.2　南疆铁路 1#线

南疆铁路 1#线始建于 1974 年，1984 年通车，是当时国内铁路建设较为少见的穿山铁路。南疆铁路 1#线经鱼儿沟，沿阿拉沟迂回展线进入天山，至出山口 100 km 要穿 30 座隧道，总长 33765 m，穿越沟谷 25 次；奎先达坂线长 3000 m，经 7 座螺旋形隧道建成四层展线，直降海拔 800 m。

在黑沟至夏尔沟一带穿过苏巴什断裂带，在大西沟穿越乌瓦尔门大断层，全线通过大小断层百余处、崩塌、滑坡数百处，断层及破碎带超过 200 m 的有 7 处，断层内有丰富的基岩裂隙水。夏尔沟隧道内有 238 m 岩土破碎带，地下水发育。八一隧道洞外顶部为佐尔曼怜沟，洞内有 2 处共 3 个部位出水量大，日流量达 10340 m³，并引发隧道塌方。燎原 1#隧道有 260 m 破碎带，并有基岩裂隙水造成拱顶严重错位事故。乌斯托隧道有 3 处逆断层穿过，基岩裂隙水发育，引发大体积塌方。新光隧道由渗水堆积层和断层破碎带共生，造成 3 次大塌方。由此可见，基岩裂隙水在断层中共生是出现事故的外在原因，断层破碎带是滑坡、崩塌的内在原因。

南疆铁路 1#线从铁路运营至停运，地质灾害不断，各种灾害相互影响，以至于防不胜防，正常运营的时间还没有防治灾害的时间长。该铁路设计于 20 世纪 60 年代，当时科技水平和技术都很落后，该铁路修建时国内还没有铁路线穿过大型山脉的经验，因而铁路有很多设计是致命错误，随着社会进步、科技的发展，现在又开通了南疆铁路 2#线。

2.4.3　南疆铁路 2#线

南疆铁路 2#线由于降雨、降雪量很少，仅见 2 处滑坡。一处滑坡在乌苏道沟口约 3 km 的博尔托，为大型基岩顺层滑坡，该滑坡位于区域大断裂上盘，受其影响，滑移面基岩破碎严重，是滑坡的主要原因；另一处滑坡位于乌苏道沟左岸，为小型基岩滑坡堆积体，以岩土、碎石、坡积物为主。

2.5　新疆公路滑坡特征

新疆公路滑坡主要发生在坡积层、黄土层及强烈风化的基岩等松散体内。滑坡的典型地貌特征可以判断滑坡活动的运行轨迹。不同性质的滑坡在地貌上也有不同的特征，因而可以从地貌形态上判断出滑坡的界限、范围、滑移量等。新疆滑坡多为单一小型滑坡，破坏等级较低。以 G314 线奥依塔克—布伦口段为例，有关滑坡灾害类型及成因等评估详见表 2-3。

表2-3 G314线奥依塔克—布伦口段滑坡灾害特征及危险性评估表

序号	滑坡段落	堆积体位置	长/m	宽/m	厚/m	滑坡原因	危险性评估
1	K1549+500—K1549+800	道路左侧	300	宽度不一	0.4～2.0	高阶地滑坡： 堆积物为卵石，青灰色或红褐色，干燥或稍湿，松散，表层略有植被。大部分为修水渠时筛砂后的剩余料，含有块石和漂石，超粒径含量>30%，母岩主要为花岗岩	轻微
2	K1550+150—K1550+610	道路左侧	460	1.5～10.0	2.0～10.0	高阶地滑坡： 堆积物为卵石，青灰色或红褐色，稍湿，松散或稍密，中粗砂填充，局部含有漂石和块石，母岩主要为花岗岩	中等
3	K1550+610—K1551+500	道路左侧	890	0.0～10.0	2.0～5.5	坡积物滑坡： 堆积物为粗砂，红褐色，干燥或稍湿，松散，局部含有少量的青灰色卵石、漂石和红褐色碎石、块石，不均匀	轻微
4	K1552+032—K1552+220	道路左侧	188	2.0～10.0	3.0～6.0	高阶地滑坡： 堆积物以卵石为主，青灰色或杂色，干燥或稍湿，松散或稍密，靠近公路部分为卵石，但不均匀，局部均为漂石，附近居民在逐渐往左回填的过程中，填入了大量的生活垃圾和建筑垃圾	轻微
5	K1553+875—K1553+940	道路左侧	65	6.0	1.2	人工堆积物滑坡： 从道路边线往左3.0 m，该部分在路肩墙内部，为设计道路的泊车港湾，填料为圆砾，青灰色，干燥或稍湿，稍密或中密，中、粗砂填充。与现使用道路路基填料一致 堆积物滑坡： 从道路路边线往左3.0～6.0 m，即路肩墙往左3.0 m宽为松散堆积体，该部分以附近居民拉运来的建筑垃圾居多，洪积物以红褐色粗砂为主，含有少量卵石和漂石，成分不均匀，储量小	轻微

序号	滑坡段落	堆积体位置	长/m	宽/m	厚/m	滑坡原因	危险性评估
6	K1554+680—K1555+320	道路左侧	640	0.0~12.0	2.0~5.0	高边坡洪积相滑坡：堆积物以角砾为主，红褐色，干燥，松散，粗砂充填，母岩为砂岩和泥岩；局部为坡积粗砂，为块石和碎石组成，无细颗粒。该部分堆积体分布不连续，成分不均匀，堆积在道路护坡的斜面上，方量较少，超粒径含量20%~30%	轻微
7	K1557+163—K1557+305	道路左侧	142	1.5~2.0	1.5~2.0	高边坡洪积相滑坡：堆积物为角砾，青灰色或红褐色，干燥或稍湿，松散，细砂、粗砂填充，含有红褐色碎石、块石和青灰色卵石和漂石，红褐色骨架颗粒母岩为砂岩和泥岩，青灰色骨架颗粒为花岗岩，成分不均匀，方量较小	轻微
8	K1563+750—K1563+900	道路左侧	188	1.0~3.0	约1.5	高阶地滑坡：堆积物以卵石为主，青灰色或红褐色，干燥或稍湿，松散，成分不均匀，有红褐色坡积砂、碎石和块石，含有青灰色漂石，可见最大粒径1.5 m，超粒径含量>25%，方量较小	轻微
9	K1564+630—K1564+800	道路左侧	170	2.0~3.0	1.5~2.0	高阶地滑坡：堆积物以卵石为主，青灰色或红褐色，干燥或稍湿，松散，成分不均匀，主要以青灰色卵石为主，含有青灰色漂石和红褐色碎石和块石，上部0.5 m处基本为沥青等养护路面时清除的废弃物	轻微
10	K1570+555—K1570+700	道路右侧	145	1.0~5.0	0.8~1.2	高边坡洪积相滑坡：堆积物为角砾，青灰色，干燥，稍密，中砂、粗砂充填，母岩为千枚岩，与该段现使用道路路基填料一致，约有600 m³	轻微

续表2-3

序号	滑坡段落	堆积体位置	长/m	宽/m	厚/m	滑坡原因	危险性评估
11	K1572+720—K1572+885	道路右侧	165	1.0~3.0	0.5~1.5	高边坡洪积相滑坡： 堆积物为角砾，青灰色，干燥或稍湿，松散或稍密，中砂、粗砂填充，含有少量的碎石、块石、卵石和漂石，骨架颗粒母岩为千枚岩，方量较小	轻微
12	K1573+300—K1573+360	道路左侧	60	1.5~5.0	约1.8	高阶地滑坡： 堆积物以卵石为主，青灰色，干燥，松散，含有较多的漂石和块石，细颗粒为中砂、粗砂，可见最大粒径0.5 m，超粒径含量>30%，方量约350 m³	轻微
13	K1574+100—K1574+360	道路左侧	260	3.0~10.0	3.0	高边坡洪积相滑坡： 堆积物以碎石土为主，青灰色，干燥或稍湿，松散，成分不均匀，含有块石、卵石和漂石，超粒径含量>30%	轻微
14	K1581+300—K1581+440	道路右侧	140	2.0~10.0	3.5	高阶地滑坡： 堆积物以卵石为主，青灰色，干燥，松散，中砂、粗砂充填，母岩为千枚岩和花岗岩，含有块石、碎石和漂石，局部含有养护路面废弃的沥青等垃圾，成分不均匀，超粒径含量>30%	轻微
15	K1582+350—K1582+700	道路右侧	350	1.0~2.0	1.0~1.5	高边坡洪积相滑坡： 堆积物为碎石，青灰色，干燥，松散或稍密，中砂、粗砂充填，含有少量的卵石、块石和漂石，骨架颗粒母岩为千枚岩和花岗岩，局部超粒径含量>20%	轻微
16	K1584+460—K1584+880	道路左侧	420	3.0~5.0	0.3~3.0	高阶地滑坡： 堆积物以卵石为主，青灰色，干燥或稍湿，松散，成分不均匀，含有较多块石和漂石，可见最大粒径0.8 m，超粒径含量>30%，方量较小	轻微
17	K1585+680—K1585+865	道路左侧	185	2.0~50.0	1.5~2.5	高边坡洪积相滑坡： 堆积物为碎石，青灰色，干燥，松散，含有漂石、卵石和块石，可见最大粒径0.8 m，超粒径含量约为10%，母岩为砂岩和花岗岩	轻微

序号	滑坡段落	堆积体位置	长/m	宽/m	厚/m	滑坡原因	危险性评估
18	K1586+100—K1586+240	道路左侧	140	3.0～5.0	4.0	高边坡洪积相滑坡： 堆积物为碎石土，青灰色，干燥，稍密，中砂、粗砂充填，为现使用道路至公路护坡的部分，含有少量的卵石、漂石和块石，母岩为砂岩和花岗岩	轻微
19	K1586+760—K1587+240	道路左侧	240	6.0	1.5	高阶地滑坡： 堆积物以卵石为主，青灰色，干燥，松散，粗砂填充，含有较多的块石和漂石，可见最大粒径1.0 m，超粒径含量约为30%，母岩以花岗岩为主	轻微
20	K1588+280—K1588+760	道路两侧	420	10.0～30.0	1.0～2.0	高阶地滑坡： 堆积物以卵石为主，青灰色，干燥，松散，含有较多的漂石，可见最大粒径0.8 m，超粒径含量>30%，母岩以花岗岩为主	轻微
21	K1600+370—K1600+550	道路右侧	180	5.0～15.0	1.5～3.5	高边坡洪积相滑坡： 堆积物为碎石，土黄色或青灰色，干燥，松散或稍密，粗砂、砾砂填充，含有少量的块石，可见最大粒径0.5 m，超粒径含量约为10%，母岩为砂岩和千枚岩	轻微
22	K1600+550—K1601+199	道路右侧	649	5.0～15.0	1.5～3.0	高阶地滑坡： 堆积物块石，青灰色，干燥，松散，中砂、粗砂填充，含有较多漂石，超粒径含量>30%，母岩以花岗岩为主	轻微
23	K1602+440—K1602+530	道路左侧	90	5.0～10.0	2.0～3.0	高边坡洪积相滑坡： 堆积物为碎石，青灰色，干燥，稍密，中砂、粗砂充填，含有较多的卵石、漂石和块石，超粒径含量>30%，母岩以花岗岩为主	轻微
24	K1605+900—K1606+050	道路左侧	150	1.0～3.0	1.0～2.5	高阶地滑坡： 堆积物以卵石为主，青灰色，干燥，松散，粗砂填充，含有较多的块石和漂石，可见最大粒径1.0 m，超粒径含量>30%，母岩以花岗岩为主	轻微

续表2-3

序号	滑坡段落	堆积体位置	长/m	宽/m	厚/m	滑坡原因	危险性评估
25	K1606+120—K1606+370	道路左侧	250	6.0～30.0	1.5～2.5	高阶地滑坡: 堆积物以卵石为主,青灰色,干燥,松散,含有较多的漂石和块石,可见最大粒径0.8 m,超粒径含量>30%,母岩以花岗岩为主	轻微
26	K1606+900—K1607+020	道路两侧	120	道路位于泥石流堆积区中下游,宽度较大	2.5～3.5	高边坡洪积相滑坡: 堆积物为碎石,青灰色,干燥,松散,含有较多的块石,可见最大粒径0.9 m,超粒径含量>30%,母岩以花岗岩为主	轻微
27	K1609+852—K1610+160	道路左侧	140	泥石流堆积区,宽度较大	约1.5	高阶地滑坡: 堆积物卵石与碎石约各含50%,青灰色或灰黑色,干燥,松散或稍密,含有漂石和块石,中砂、粗砂充填,超粒径含量约为25%,母岩为砂岩和花岗岩	轻微
28	K1610+800—K1610+950	道路左侧	150	约25	约2.0	碎石土,灰黑色,干燥,松散,粗砂、砾砂填充,含有少量的块石,可见最大粒径0.5 m,超粒径含量约为10%,母岩以千枚岩为主	轻微
29	K1612+720—K1612+900	道路右侧	250	10.0～30.0	1.0～2.0	高阶地滑坡: 堆积物块石,青灰色,干燥,松散,可见最大粒径0.8 m,超粒径含量>30%,母岩以花岗岩为主	轻微
30	K1612+840—K1613+080	道路左侧	240	泥石流中下游,宽度较大	1.5～2.0	高阶地滑坡: 堆积物块石,青灰色,干燥,松散,可见最大粒径1.0 m,超粒径含量>30%,母岩以花岗岩为主	轻微
31	K1614+112—K1614+212	道路右侧	100	25.0	4.0	碎石土,青灰色,干燥,稍密,中砂、粗砂充填,含有较多的块石,可见最大粒径0.85 m,超粒径含量>30%,母岩以花岗岩为主	轻微
32	K1614+388—K1614+520	道路右侧	132	15	4.0	碎石,青灰色,干燥,松散,粗砂填充,含有少量的块石,可见最大粒径0.7 m,超粒径含量约为15%,母岩以花岗岩为主	轻微

2.5.1　坡积物与高边坡滑坡

基岩上覆大厚度坡积物，在水的润滑作用下产生的滑坡，又可细分为旋转滑坡和平移滑坡两种。旋转滑坡是坡积物沿着上凹的弧形滑移面滑动，形成勺形和圆柱形堆积体；平移滑坡滑移面是平面，常在岩层和坡积面出现，下滑形成的堆积体为舌形，该类滑坡等级低，危害程度低。

G314线甘沟段K154+400—K154+700，坡高20 m，坡度65°，坡积体厚3 m。由于施工时切脚形成不稳定体，加之该处有地下水渗出，在基岩表面和坡积体的接触面形成软弱饱和的滑移面，产生滑坡，上部可见滑移7 m，公路被埋达48 h，堆积体$7.6×10^4$ m^3，危险度较小。

2.5.2　基岩滑坡

基岩沿着节理面和断裂面产生的滑坡为基岩滑坡，该类滑坡在全疆山区公路均有出现，其受新构造运动的影响最大。新构造运动给滑坡提供动力，雨水的作用是该类滑坡的润滑剂，该类滑坡常为大型滑坡，危险度高。

新藏公路柯克阿特达坂滑坡海拔4900 m，是世界上海拔最高的滑坡。该滑坡为基岩顺层滑坡，节理面倾角40°，该路段地下水发育，沿公路多处可见基岩裂隙水出露，由于修路时对山体切脚过大，使基岩失稳，产生悬空滑移面，加之地下水冰融交替使节理面岩土风化破碎严重，因而引发滑坡。该滑坡形成三个滑坡群：1#滑坡体厚10 m、宽150 m、长60 m，滑移体$7.5×10^4$ m^3；2#滑坡体厚15 m、宽190 m、长120 m，滑移体$12×10^4$ m^3；3#滑坡体厚25 m、宽260 m、长300 m，滑移体$34×10^4$ m^3。

2.5.3　黄土滑坡

黄土滑坡作为新疆地区的特征滑坡，是本书主要的研究对象。一般将黄土滑坡分为两个研究方向，即原生黄土滑坡和次生黄土滑坡。

2.5.3.1　原生黄土滑坡

原生黄土也叫老黄土，是干旱、半干旱气候条件下形成的一种特殊第四系陆相沉积物，主要由松散的粉砂粒构成，灰黄色，竖直节理发育，能保持直立陡壁，遇水会崩解，含大孔隙，具湿陷性。

原生黄土滑坡的结构类型：

（1）黄土内滑坡。滑移面常在上层滞水黄土层顶部，该类滑坡规模常为$<10×10^4$ m^3的小型滑坡。

（2）黄土与基岩接触面滑坡。此类滑坡最为常见，在相当长距离内表现为顺层，近水平滑动。

2.5.3.2　次生黄土滑坡

本书所述次生黄土是指老黄土以外的所有次生黄土及黄土状土，是新疆等地的非标准黄土，该类黄土分布很广，同时也具有湿陷性、大孔隙、竖直节理等黄土才具有的特性。

次生黄土滑坡除了黄土滑坡常见的特征外，还有呈带状出现的特征。新疆新源县山区的次生黄土滑坡非常具有代表性。新源县次生黄土主要分布在中低山区，海拔 1100～2000 m，基岩面上覆 3～10 m 次生黄土，其物理力学指标见表 2-4。

表 2-4　新源则克台地区黄土主要物理力学指标

位置	比重	含水率/%	容重		塑限/%	液限/%	塑性指数 IP	液性指数 IL	黏聚力/kPa	内摩擦角(φ)	含盐量/(mg·100 g⁻¹)	土粒成分/%			土的定名
			天然(Po)	干燥(Pd)								0.075～0.05	0.049～0.005	<0.005	
则克台北 9 km 阿克萨依滑坡后壁	2.71	20.0	1.60	1.33	22.4	29.4	7.0	<0	18.0	1550	174.7	7.5	84.5	8.0	粉质亚黏土
则克台北 9 km 阿克萨依沟口	2.75	12.9	1.89	1.67	21.7	28.8	7.1	<0	14.0	3100	548.3	12.5	74.5	13.0	粉质轻亚黏土
则克台北 9 km 阿克萨依上游滑坡后壁	2.75	24.0	2.02	1.62	24.3	29.7	5.4	0.1	12.0	1403	300.6	18.5	69.5	12.0	粉质轻亚黏土

注：此表引自新疆地质环境检测总站，新疆维吾尔自治区伊犁地区地质灾害调查报告。

次生黄土滑坡最具代表性的为 S316 省道，S316 省道全长 28 km，至 2018 年共发生大小滑坡 327 处。每年均有新滑坡和次生滑坡发生。2017 年 4 月 7 日央视直播间报道"4 月 6 日受雨水影响，S316 省道发生黄土滑坡，大量泥沙冲入则克台河形成堰塞湖，溃决而形成泥石流"；2002 年 5 月 10 日由于连续数天高强度降雨，造成则克台萨依沟滑坡大面积发生，引发加朗普特滑坡群发生，致使黄土滑坡形成堰塞湖，溃决后形成泥石流冲出至少 6 km，造成数人死亡以及数百牲畜死亡或失踪，给当地牧民造成很大损失。S316 省道在则克台萨依沟中断数月，S316 省道破坏模式如图 2-10 所示。

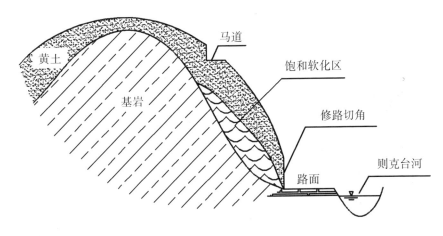

图 2-10　S316 省道破坏模式

在公路进入浅山丘陵地区，常出现黄土滑坡，几乎所有的山区公路都有，一般滑坡体不大，危害也小，但 S316 省道除外。

G314 线甘沟段 K163+418—K163+600，滑坡前一周有数次小雨，由于雨水渗入引发滑坡，上覆黄土厚 7 m，下伏基岩，坡面角 39°，滑坡体最厚 34 m，宽 70 m，高 50 m。

笔者多次前往 S316 省道现场抢险救灾，S316 省道黄土滑坡是次生黄土滑坡最频繁、最具代表性的，其特点可总结如下：

（1）滑坡区域主要分布在海拔 1100~2000 m，树木稀少，草甸发育的地区。

（2）阴坡比阳坡发育，北坡滑坡约占总量的 50%，东、西滑坡各占总量的 20%，南坡滑坡约占总量的 10%。阴坡冬季积雪大于阳坡，雪融时间长，每年 5 月底到 6 月初仍能见阴坡有积雪存在，蚀雪径流缓慢，故而阴坡含水量大于阳坡。

（3）山体上部坡度 >60°，当坡度大时，不会产生积水，则滑坡数量 <5%。90% 以上的滑坡分布在山体下部，山体坡度 20°~40°。该海拔树木稀少，草甸发育，形成一条条近水平的马道，牛羊多在该区域放牧。雨水丰盛时节或积雪较厚的初春，水分渗入黄土，在基岩和黄土接触面形成饱水软化层。在修路时对山脚横切破坏使山体失稳产生滑坡。

（4）90% 的滑坡发生在融雪期 4—7 月，以 4 月最多，占 50% 左右，5、6、7 月各占 10%，8 月滑坡发生数量 <5%。

2.5.4　高阶地滑坡

G314 线奥依塔克—布伦口段有 32 处小型滑坡堆积体为高阶地及山前冲洪积滑坡。产生机理为高边坡长期受风化、雨水作用形成坡体失稳，在新构造运动作用下产生滑坡现象，滑坡体最小 50 m，最大宽度达 890 m。图 2-11 为高阶地滑坡受雨水和振动力后边坡失稳。

图 2-11　高阶地滑坡受雨水和振动力后边坡失稳

2.6　小结

（1）应对线路穿越山区、陡坡坡角>45°，可能产生滑坡地区进行排查，准确勘察可能产生滑坡的地段，并标注在线路图上。

（2）对可能产生滑坡的区域，准确测出滑坡的规模、类型、诱因等。勘察地下水补给类型、补给位置和径流形成、孔隙水压力变化等。

（3）推算出可能产生的治理面，随时检测土体的位移变化。

（4）选线时应尽量避开滑坡体。

（5）对运营期的线路应注意滑坡体的监测，并请专业队伍对滑坡体进行治理。

第3章 泥石流

3.1 简介

泥石流是指斜坡上或沟谷中含有大量泥沙、石块的固液相结合的特殊洪流，是山区常见的地质灾害现象，常在暴雨（或融雪、冰川、水体溃决）激发下产生。山谷长流河畔泥石流最常出现，干旱、半干旱河谷及荒山地段泥石流少见、不发育。泥石流具有暴发突然、来势凶猛、运动快速、能量巨大、冲击力强、破坏性大和过程短暂等特点。泥石流暴发时，山谷轰鸣，地面震动，浓稠的流体汹涌澎湃，沿着山谷或坡面顺势而下，将大量泥沙、石块冲向山外或坡脚，在平缓宽阔的堆积区横冲直撞、漫流堆积，往往在顷刻之间造成人员伤亡和财产损失。

泥石流按其发生位置可分为坡面泥石流和沟谷泥石流。坡面泥石流是山地分布最广、出现频率最高的灾害现象，这类泥石流规模不大，但由于它常发生在建筑物背后或交通线所通过的坡面，往往形成较大危害。沟谷泥石流是沿沟谷发生的泥石流，一条完整的泥石流沟，就是一个完整的小流域，从上游到下游一般由清水汇流区、泥石流形成区、泥石流流通区、泥石流堆积区四个部分组成。

3.2 泥石流沟的识别

在线性工程选址和建设过程中，如何对工程区域内分布的潜在泥石流沟进行识别，对工程的布置和安全性具有重要作用。鉴于线性工程选址对地形地貌的特殊要求，多数工程布置区域内往往人烟稀少，区域内泥石流的暴发历史和泥石流沟基础资料甚少，故这些区域内的泥石流更具有隐蔽性。通常情况下，泥石流形成需要具备物源、地形和水源等基本条件，因而，在工程区域内对沟道开展调查时可以从这三个主要方面来判断一条沟谷是不是潜在的泥石流沟。

3.2.1 物源

泥石流的形成，必须有一定量的松散土石参与。沟谷两侧山体破碎且疏散物质数量较多；沟谷两边滑坡或垮塌现象明显、植被不发育、水土流失以及坡面侵蚀作用强烈，易发生泥石流。

3.2.2　地形地貌

能够汇集较大水量且保持较高水流速度的沟谷，才能容纳并搬运大量的土石，沟谷上游三面环山且山坡陡峻，沟域平面形态呈漏斗状、勺状或树叶状，中游山谷狭窄，下游沟口地势开阔，沟谷上下游高差>300 m，沟谷两侧斜坡坡度>25°的地形条件，有利于泥石流形成。

3.2.3　水源

水为泥石流的形成提供了动力条件。局部性暴雨多发区域、有溃坝危险的水库、塘坝下游及冰雪季节性消融区，具备在短时间内产生大量流水的条件，有利于泥石流的形成。其中，局部性暴雨多发区域，泥石流发生频率最高。如果一条沟在物源、地形、水源三个方面都有利于泥石流的形成，这条沟就基本可以判定为潜在泥石流沟。但泥石流发生频率、规模大小和黏稠程度，会随着上述因素的变化而发生变化。已经发生过泥石流的沟谷，今后仍有发生泥石流的危险，但其重现期有长有短，短则每年都可能发生，长则50年甚至更长时间才再次暴发。

山洪与泥石流同样发生在山区，两者形态相似，性质却有很大的区别。山洪流体浑浊、含砂量小且重度<1.3 t/m³，流动时形态与一般水流相似，连续流动，大石块在洪水里滚动，向下移动，在山口形成的堆积扇上，沉积的泥沙有分选性，离山口越近石块越大，离山口越远石块越小。泥石流含砂量大、重度≥1.3 t/m³且流体黏稠如泥浆，流体中大小石块随浆体一起运动，出山口后泥沙迅速沉积，在沟口形成泥沙与大小石块混杂在一起的堆积物。泥石流比山洪重度大，流动时能量大，破坏力强，直行前进的能力很强，在弯道凹岸或泥石流的正面冲撞处能爬上数米甚至十几米高的沟岸或山坡，造成意外的损失。

根据《泥石流灾害防治工程勘查规范》（DZ/T0220—2006），通常情况下，沟口堆积扇可能是泥石流堆积扇，也可能是冲、洪积扇。它们在堆积特征、物质组成和沉积特征都有着明显区别，这些区别往往是识别泥石流沟的最好办法（见表3-1）。

表3-1　冲、洪积扇和泥石流堆积扇的区别

冲积扇	洪积扇	泥石流堆积扇
由河流搬运作用而成,泥沙粒径上游粗、下游细,磨圆度高层次清晰,砾石常呈叠瓦状排列	山区洪流作用形成,规模视洪流大小不同而异。分选性差、磨圆度差、层次不明显,孔隙度及透水性较大	成整体堆积、分散堆积两种;粗大颗粒在扇缘停积,无分选性,常见龙头堆积与侧堤堆积,沟槽绕龙头堆积两侧发展,有明显的受阻绕流特征,流路不稳;扇形地形态不完全符合统计规律,流路呈随机性,扇形纵、横面不甚连续,常呈锯齿状
沉积特征:冲积扇常具有二元结构特征;洪积扇的粗大颗粒堆积在扇面顶部及出山口附近,向边缘逐步变细,有分选性,常可分为砾石相、亚黏土砂相、亚砂土黏土相的相变特征,多具透镜状结构,垂直等高线发展,流路较稳		

3.2.4 泥石流沟发展阶段的识别

泥石流沟发展阶段的识别见表3-2。

表3-2 泥石流沟发展阶段的识别

识别标记		形成期(青年期)	发展期(壮年期)	衰退期(老年期)	停歇或终止期
主支流关系		主沟侵蚀速度小于或等于支沟侵蚀速度	主沟侵蚀速度大于支沟侵蚀速度	主沟侵蚀速度小于支沟侵蚀速度	主沟、支沟侵蚀速度均等
沟口地段		沟口出现扇形堆积地形或扇形地处于发展中	沟口扇形堆积地形发育,扇缘及扇高在明显增长中	沟口扇形堆积在萎缩中	沟口扇形地貌稳定
主河河型		堆积扇发育逐步挤压主河,河型间或发生变形,无较大变形	主河河型受堆积扇发展控制,受迫弯曲变形,或被暂时性堵塞	主河河型基本稳定	主河河型稳定
主河主流		仅主流受迫偏移,对对岸尚未构成威胁	主流明显被挤偏移,冲刷对岸河堤、河滩	主流稳定或向恢复变形前的方向发展	主流稳定
新老扇形的关系		新老扇叠置不明显或为外延式叠置,呈叠瓦状	新老扇叠置覆盖外延,新扇规模逐步增大	新老扇呈后退式覆盖,新扇规模逐步变小	无新堆积扇发生
扇面变幅		+0.2～+0.5 m	>+0.5 m	<±0.2 m	无或成负值
贮量		5万～10万 m³/km²	>10万 m³/km²	1万～5万 m³/km²	<0.5万～1万 m³/km²
松散物存在状态	高度	H=10～30 m 高边坡堆积	H>30 m 高边坡堆积	H<30 m 边坡堆积	H<5 m
	坡度	25°≤ϕ≤32°	ϕ>32°	15°≤ϕ≤24°	ϕ<15°
泥沙补给		不良地质现象在扩展中	不良地质现象发育	不良地质现象在缩小控制中	不良地质现象逐步稳定
沟槽变形	纵	中强切蚀,溯源冲刷,沟槽不稳	强切蚀,溯源冲刷发育,沟槽不稳	中弱切蚀,溯源冲刷不发育,沟槽趋稳	平衡稳定
	横	纵向切蚀为主	纵向切蚀为主,横向切蚀发育	横向切蚀为主	无变化
沟坡		变陡	陡峻	变缓	缓
沟形		裁弯取直、变窄	顺直束窄	弯曲展宽	自然弯曲、展宽、河槽固定

续表3-2

识别标记	形成期(青年期)	发展期(壮年期)	衰退期(老年期)	停歇或终止期
植被	覆盖率在下降,为10%～30%	以荒坡为主,覆盖率<10%	覆盖率在增长,为30%～60%	覆盖率较高,覆盖率>60%
触发雨量	逐步变小	较小	较大并逐步增大	

3.3 泥石流的特征

3.3.1 泥石流的类型

按照《泥石流灾害防治工程勘查规范》（DZ/T0220—2006）附录 A 中相关规定将勘查区泥石流类型按照水源和物源成因、集水区地貌特征、物质组成、流体性质、发展阶段进行分类，具体内容见表3-3至表3-6。

表3-3 泥石流按水源和物源成因分类

水体供给		土体供给	
泥石流类型	特征	泥石流类型	特征
暴雨泥石流	泥石流一般在充分的前期降雨和当场暴雨激发作用下形成,激发雨量和雨强因不同沟谷而异	混合型泥石流 坡面侵蚀型泥石流	坡面侵蚀、冲沟侵蚀和浅层坍塌提供了泥石流形成的主要土体。固体物质多集中于沟道中,在一定水分条件下形成泥石流
		崩滑型泥石流	固体物质主要由滑坡、崩塌等重力侵蚀提供,也有滑坡可直接转化为泥石流
冰川泥石流	冰雪融水冲蚀沟床,侵蚀岸坡而引发泥石流。有时也有降雨的共同作用,属冰川泥石流	冰碛型泥石流	形成泥石流的固体物质主要是冰碛物
		火山泥石流	形成泥石流的固体物质主要是火山碎屑堆积物
溃决泥石流	由于水流冲刷、地震、堤坝自身不稳定性引起的各种拦水堤坝溃决和形成堰塞湖的滑坡坝、终碛堤溃决,造成突发性高强度洪水冲蚀而引发泥石流	弃渣泥石流	形成泥石流的松散固体物质主要由开渠、筑路、矿山开挖的弃渣提供的,是一种典型的人为泥石流

表 3-4　泥石流按集水区地貌特征分类

坡面型泥石流	沟谷型泥石流
1.无恒定地域与明显沟槽,只有活动周界,轮廓呈保龄球形 2.限于 30°以上斜面,下伏基岩或不透水层浅,物源以地表覆盖层为主,活动规模小,破坏机制更接近于坍滑 3.发生时空不易识别,成灾规模及损失范围小 4.坡面土体失稳,主要是有压地下水作用和后续强暴雨诱发。暴雨过程中的狂风可能造成林、灌木拔起和倾倒,使坡面局部破坏 5.总量小,重现期长,无后续性,无重复性 6.在同一斜坡面上可以多处发生,呈梳状排列,顶缘距山脊线有一定范围 7.可知性低,防范难	1.以流域为周界,受一定的沟谷限制。泥石流的形成、堆积和流通区较明显,轮廓呈"哑铃"状 2.以沟槽为中心,物源区松散堆积体分布在沟槽两岸及河床上,崩塌滑坡、沟蚀作用强烈,活动规模大,由洪水、泥沙两种汇流形成,更接近于洪水 3.发生时空有一定的规律性,可识别,成灾规模及损失范围大 4.主要是暴雨对松散物源的冲蚀作用和汇流水体的冲蚀作用 5.总量大,重现期短,有后续性,能重复发生 6.构造作用明显,同一地区多呈带状或片状分布,列入流域防灾整治范围 7.有一定的可知性,可防范

表 3-5　泥石流按物质组成分类

分类指标	泥流型	泥石型	水石(沙)型
重度	≥1.60 t/m³	≥1.30 t/m³	≥1.30 t/m³
物质组成	粉砂、黏粒为主,粒度均匀,98%的粒度 < 2.0 mm	可含黏、粉、沙、砾、卵、漂各级粒度,很不均匀	粉砂、黏粒含量极少,多为 >2.0 mm 各级粒度,粒度很不均匀(水沙流较均匀)
流体属性	多为非牛顿体,有黏性,黏度 >0.3～0.15 Pa·s	多为非牛顿体,少部分也可以是牛顿体,有黏性的,也有无黏性的	为牛顿体,无黏性
残留表现	有浓泥浆残留	表面不干净,表面泥浆残留	表面较干净,无泥浆残留
沟槽坡度	较缓	较陡(> 10%)	较陡(> 10%)
分布地域	多集中分布在黄土及火山灰地区	多见于各类地质体及堆积体中	多见于火成岩及碳酸盐岩地区

表 3-6　泥石流按流体性质分类

性质	稀性泥石流	黏性泥石流
流体的组成及特性	浆体是由不含或少含黏性物质组成,黏度值<0.8 Pa·s,不形成网格结构,不会产生屈服应力,为牛顿体	浆体是由富含黏性物质(黏土、<0.01 mm 的粉砂)组成,黏度值<0.3 Pa·s,形成网格结构,产生屈服应力,为非牛顿体
非浆体部分的组成	非浆体部分的粗颗粒物质由大小石块、砾石、粗砂及少量粉砂黏土组成	非浆体部分的粗颗粒物质由>0.01 mm 的粉砂、砾石、块石等固体物质组成
流动状态	紊动强烈,固液两相做不等速运动,有垂直交换,有股流和散流现象,泥石流体中固体物质易出、易纳,表现为冲、淤变化大,无泥浆残留现象	呈伪相层状流,有时呈整体运动,无垂直交换,浆体浓稠,浮托力大,流体具有明显的辅床减阻作用和阵性运动,流体直进性强,弯道爬高明显,浆体与石块掺混好,石块无易出、易纳特性,沿程冲、淤变化小,由于黏附性能好,沿流程有残留物
堆积特征	堆积物有一定分选性,平面上呈龙头状堆积和侧堤式条带状堆积,堆积物以粗粒物质为主,在弯道处可见典型的泥石流凹岸淤、凸岸冲的现场,泥石流过后即可通行	呈无分选泥砾混杂堆积,平面上呈舌状,仍能保留流动时的结构特征,沉积物内部无明显层理,但剖面上可明显分辨不同场次泥石流的沉积层面,沉积物内部有气泡,某些河段可见泥球,沉积物渗水性弱,泥石流过后易干涸
容重	1.30～1.60 t/m³	1.60～2.30 t/m³

3.3.2　泥石流流速计算

按《工程地质手册》(第五版)选用铁一院(西北地区)经验公式,泥石流流速公式如下:

$$V_c = (15.3/a) \cdot H_c^{\frac{2}{3}} \cdot I_c^{\frac{1}{2}} \qquad (3-1)$$

式中:a 为经验系数,$a = (\gamma H_\varphi + 1) \ 1/2$,$a$ 取 1.71;H_c 为计算断面的最大泥深(m);I_c 为泥石流水力坡度。

3.3.3　一次泥石流总量的计算

3.3.3.1　计算方法

按照《泥石流灾害防治工程勘察规范》(DZ/T0220—2006),一次泥石流总量根据泥石流历时 T(s)和峰值流量 Q_c(m³/s)进行计算,计算公式如下:

$$Q = KTQ_c \qquad (3-2)$$

式中:Q 为一次泥石流总量(m³),K 为与流域面积相关的常数,T 为泥石流历时(s),Q_c 为泥石流峰值流量。

3.3.3.2　参数选取

现状条件下，K 值取值与流域面积有关，当 $F<5\ km^2$，$K=0.202$；当 $5\ km^2{\leqslant}F{\leqslant}10\ km^2$，$K=0.113$；当 $10\ km^2{\leqslant}F{\leqslant}100\ km^2$，$K=0.0378$。

泥石流历时（T），设计泥石流防治为 50 年一遇，暴发泥石流历时为暴雨汇流历时 τ，根据《水利水电工程设计洪水计算规范》（SL44—2006）附录 B 中的推理公式对历时计算，具体公式如下：

$$\tau = 0.278 \times L/\left(mJ^{1/3} \times Q_m^{1/4}\right) \tag{3-3}$$

式中：Q_m 为洪峰流量（m^3/s）；0.278 为单位转换系数；τ 为流域汇流历时（h）；m 为汇流参数，取 $m=1.2$；L 为沿主河从出口断面至分水岭的最长距离（km）；J 为沿流程 L 的平均坡降。

3.3.4　一次泥石流冲出的固体物质总量

3.3.4.1　一次泥石流冲出的固体物质总量的计算方法

以往对泥石流过流总量和一次冲出固体物质总量计算采用《泥石流灾害防治工程勘查规范》（DZ/T0220—2006）中的公式计算，公式如下：

$$Q_H = Q\left(\gamma_c - \gamma_W\right)/\left(\gamma_H - \gamma_W\right) \tag{3-4}$$

（1）当 $F<5\ km^2$，$K = 0.202$。

（2）当 $5\ km^2{\leqslant}F{\leqslant}10\ km^2$，$K = 0.113$。

（3）当 $11\ km^2{\leqslant}F{\leqslant}100\ km^2$，$K = 0.0378$。

（3）当 $F>100\ km^2$，$K<0.0252$。

式中：Q_H 为一次泥石流冲出的固体物质总量（m^3），Q 为泥石流过流总量（m^3/s），γ_c 为泥石流重度（t/m^3）γ_H 为泥石流中固体物质比重（t/m^3），γ_W 为清水的重量（t/m^3），F 为汇水面积。

3.3.4.2　泥石流最大冲起高度（ΔH）的计算方法

泥石流最大冲起高度（ΔH）的计算公式如下：

$$\Delta H = V_c^2/2g \tag{3-5}$$

式中：ΔH 为泥石流最大冲起高度（m），V_c 为泥石流流速（m/s），g 为重力加速度（m/s^2）。

3.3.5　泥石流中石块运动速度的计算公式

泥石流中石块运动速度选用以下经验公式计算：

$$V_a = \alpha d_{max} \times 0.5 \tag{3-6}$$

式中：V_a 为泥石流中大块石的移动速度（m/s），d_{max} 为泥石流堆积物中最大块石粒径（m），α 为全面考虑的摩擦系数。

3.3.6 泥石流整体冲击压力

依据《水利水电工程设计洪水计算规范》（SL44—2006）附录 B，泥石流整体冲击压力公式如下：

$$\delta = \lambda\left(\gamma_c / g\right) V_c^2 \sin\alpha \qquad (3\text{-}7)$$

式中：δ 为泥石流整体冲击压力（kPa），g 为重力加速度（m/s²），α 为建筑物受力面与泥石流冲压力方向的夹角（°），γ_c 为泥石流重度（t/m³），V_c 为泥石流流速（m/s），λ 为建筑物形状系数，圆形建筑物 $\lambda = 1.0$，矩形建筑物 $\lambda = 1.33$，方形建筑物 $\lambda = 1.47$。

3.3.7 泥石流灾害发展趋势

泥石流灾害发展趋势，取决于泥石流形成条件的变化和人类经济活动的合理程度，从泥石流形成的自然条件分析，地质、地形条件是相对稳定的，在相当长的时期内不会发生大的变化，降水活动则是一个变量，并且具有突发性，而人类经济活动在相对较短的时间变化很大。因此，决定泥石流活动趋势的因素主要是降水和人类经济活动等基本条件。

根据本次研究，研究区的泥石流沟附近人类活动较少，有少量放牧活动，对泥石流的发展影响较小；大气降雨为其主要影响因素。现阶段勘查区泥石流沟发展阶段处于发展期，泥石流灾害将趋于不断增大。

3.3.8 泥石流易发性分析

根据研究区泥石流发育特征，按照《泥石流灾害防治工程勘查规范》（DT /T0220—2006），泥石流沟的数量化综合评判及易发程度等级标准见表3-7。

表3-7 泥石流沟的数量化综合评判及易发程度等级标准

	影响因素	权重	量级划分						
			严重(A)	得分	中等(B)	得分	轻微(C)	得分	一般(D)	得分
1	崩塌、滑坡及水土流失（自然和人为）的严重程度	0.159	崩塌、滑坡等重力侵蚀严重，多深层滑坡和大型崩塌，表土疏松，冲沟十分发育	21	崩塌、滑坡发育，多浅层滑坡和中小型崩塌，有零星植被覆盖，冲沟发育	16	有零星崩塌、滑坡和冲沟存在	12	无崩塌、滑坡、冲沟或发育轻微	1
2	泥沙沿程补给长度比/%	0.118	>60	16	30～60	12	10～29	8	<10	1

影响因素	权重	量级划分							
		严重(A)	得分	中等(B)	得分	轻微(C)	得分	一般(D)	得分
3	沟口泥石流堆积活动	0.108	河型弯曲或堵塞,大河主流受挤压偏移	14	河型无较大变化,仅大河主流受迫偏移	11	河型无变化,大河主流在高水偏、低水不偏	7	无河型变化,主流不偏	1
4	河沟纵坡度/‰	0.090	>12°(213)	12	6°～12°(105～213)	9	3°～5°(52～104)	6	<3°(52)	1
5	区域构造影响程度	0.075	强抬升区,6级以上地震区	9	抬升区,4～6级地震区,有中小支断层或无断层	7	相对稳定区,4级以下地震区,有小断层	5	沉降区,构造影响小或无影响	1
6	流域植被覆盖率/%	0.067	<10	9	10～30	7	31～60	5	>60	1
7	河沟近期一次变幅/m	0.062	2	8	1～2	6	0.2～1	4	0.2	1
8	岩性影响	0.054	软岩、黄土	6	软硬相间	5	风化和节理发育的硬岩	4	硬岩	1
9	沿沟松散物贮量/($10^4 m^3 \cdot km^{-2}$)	0.054	>10	6	10～5	5	1～4	4	<1	1
10	沟岸山坡坡度/‰	0.045	>32°(625)	6	25°～32°(466～625)	5	15°～24°(286～465)	4	<15°(268)	1
11	产沙区沟槽横断面	0.036	"V"形谷、谷中谷、"U"形谷	5	拓宽"U"形谷	4	复式断面	3	平坦型	1
12	产沙区松散物平均厚度/m	0.036	>10	5	5～10	4	1～4	3	<1	1
13	流域面积/km	0.036	0.2～5	5	6～10	4	11～100	3	>100	1
14	流域相对高差/m	0.030	>500	4	300～500	3	100～299	3	<100	1
15	河沟堵塞程度	0.030	严	4	中	3	轻	2	无	1

3.4 泥石流对石油管道的影响

截至2015年6月，西部管道公司已查明泥石流地质灾害73处，统计表见表3-8。

表3-8 西部管道公司已查明管道地质灾害（泥石流）数量统计表 （截至2015年6月）

管道名称	泥石流	管道地质灾害形成原因	对油气管道的危害
西一线	1	短时间内，在暴雨、冰雪融水等大量水源汇聚下，在地形陡峻，沟床纵度降大，具有较大汇水面积的山区沟谷等地形成洪水；沟谷中若堆积有大量的尘土、泥沙、石块等碎屑物质，则易形成含有大量泥沙石块的泥石流。洪水和泥石流常具有较大的冲击动能，冲蚀、磨蚀"障碍物"	对油气管道及地基冲蚀、刨蚀，破坏油气管道及基础设施安全
西二线	1		
双兰线	28		
涩宁兰一线	14		
涩宁兰复线	15		
轮吐支干线	2		
库鄯输油线	4	短时间内，在暴雨、冰雪融水等大量水源汇聚下，在地形陡峻，沟床纵度降大，具有较大汇水面积的山区沟谷等地形成洪水；沟谷中若堆积有大量的尘土、泥沙、石块等碎屑物质，则易形成含有大量泥沙石块的泥石流。洪水和泥石流常具有较大的冲击动能，冲蚀、磨蚀"障碍物"	对油气管道及地基冲蚀、刨蚀，破坏油气管道及基础设施安全
刘化支线	2		
甘西南支线	3		
兰银线甘肃段	3		
合计	73		

在新疆地区，泥石流对石油管道未见冲蚀、刨蚀等现象，仅在石油管道上存在泥石流堆积物；但对伴行线路的破坏性较大，泥石流发生时，车辆无法通过，常产生堆积断路现象。

3.5 新疆铁路泥石流灾害及特征

新疆铁路泥石流主要在穿越天山的三条铁路上。

1.南疆铁路1#线

艾维尔沟—静河出山口，泥石流发育，常年灾害不断，现已改线停运，本书不再详述。

2.青新铁路库格县及南疆铁路2#线

该铁路线上有少数泥石流遗迹（库格线1处，南疆铁路2#线2处），现都予以治理。

3.精伊霍线

该铁路线上有10条泥石流沟。北天山岩体由于受多期构造运动的影响和强烈的物理风化作用，节理、裂隙发育，山坡及沟谷两岸岩层风化剥蚀，形成大量碎屑物，加上山区变化莫测的气候条件，集中且充沛的降水，为泥石流的形成提供了充足的松散物质来源。岭北准噶尔盆地气候干燥，但进入山区随着海拔升高，降雨量增大，海拔每升高 100 m，降雨量增加 39～42 mm，山区年降雨量可在 600～860 mm，而降雨分布是不均匀的，夏季暴雨和冬季降雪所占比例很大，因此夏天暴雨和春季冰雪融化出现的"桃花汛"，都为泥石流的形成提供了"水源"。洪水携带大量松散物质冲出山口，形成泥石流，现状调查可见山区一些比较短小的沟槽，在其沟口也堆积了大量的碎屑物质，足见泥石流在该山区是比较发育的。岭北山前发育洪积扇地貌，线路在 DK39+000—DK45+000 段通过 4 个正在发育的活动期洪积扇。新疆铁路泥石流分布位置和主要特征见表 3-9。

表 3-9　新疆铁路泥石流分布位置和主要特征

编号	沟名	分布里程	主要特征
N1	无名 1 号	DK39+800—DK40+500	两条短沟相交于沟口，沟长均约 1.7 km，流域面积约 2.2 km²，沟口宽约 200 m，沟槽比较顺直，沟床纵坡 10°～12°，上游很陡；洪积扇 900 m×820 m，厚约 10 m，主流方向为 N。以水石流为主。沟口有现代堆积，沟内还存有松散物质，成分以砂岩、砾岩、块石土为主
N2	无名 2 号	DK40+800—DK41+200	沟长约 1.4 km，流域面积约 0.85 km²，沟口宽约 100 m，沟槽比较顺直，沟床纵坡 9°～11°；洪积扇 600 m×600 m，厚约 10 m，主流方向为 N30°W。以水石流为主。沟口有现代堆积，沟内还存有松散物质，成分以砂岩、砾岩、块石土为主
N3	无名 3 号	DK41+250—DK41+500	沟长 1.2 km，流域面积约 0.8 km²，沟口宽约 100 m，沟槽顺直，沟床纵坡 10°～12°，上游陡立；洪积扇 500 m×450 m，厚<10 m，主流方向为 N45°W。以水石流为主。沟口有现代堆积，沟内还存有松散物质，成分以砂岩、砾岩、块石土为主
N4	无名 4 号	DK42+900—DK43+600	沟长 1.9 km，流域面积约 2 km²，沟口宽约 200 m，沟槽弯曲，沟床纵坡 11°～12°；洪积扇 600 m×800 m，厚 5～10 m，主流方向为 N20°E。以水石流为主。沟口有现代堆积，沟内还存有松散物质，成分以砂岩、砾岩、块石土为主
N5	喀拉萨依沟	DK83+550—DK83+565	主要以水石流为主，线路通过处既为泥石流的通过区，又为其形成区，沟长约 3.5 km，流域面积约 5 km²，"V"形沟，沟宽 50～200 m，沟槽上游弯曲，下游比较顺直；沟床纵坡 12°～13°；沟向为 N65°W，于线路位置下游约 1.5 km 处汇入阿萨勒，交汇角度约 85°。沟口有现代堆积，沟内还存有松散物质，成分以砂岩、砾岩、块石土为主
N6	小喀拉萨依沟	DK85+500—DK85+700	主要以水石流为主，线路通过处既为泥石流的通过区，又为其形成区。沟长约 4 km，流域面积约 6 km²，"V"形沟，沟宽 50～200 m，沟槽比较弯曲，沟床纵坡 12°～13°；流向 N85°W，于线路位置下游约 1 km 处汇入阿萨勒，交汇角度约 50°。沟口有现代堆积，沟内堆积物成分以砂岩、砾岩为主，粒径多在 200～1000 mm，最大粒径 5 m×3 m×3 m

续表3-9

编号	沟名	分布里程	主要特征
N7	阿萨勒左岸的卡隆拜喀英迪沟	DK106+600—DK106+700	沟长约4 km，流域面积约4.2 km²，"V"形沟，沟宽50～150 m，沟槽弯曲，沟床纵坡12°～15°；流向S35°E，于线路位置下游约200 m处汇入阿萨勒，交汇角度约85°。以水石流为主，沟口有现代堆积，规模较小；沟内还存有松散堆积物，成分以砂岩、砾岩为主，沟中堆积物成分以砂岩为主，粒径多在200～1000 mm
N8	阿萨勒左岸的科博巴斯套沟	DK107+400—DK107+600	沟长约1.5 km，流域面积约1.2 km²，"V"形沟，沟宽50～100 m，沟槽顺直，沟床纵坡12°～15°；流向S，于线路位置下游约100 m处汇入阿萨勒，交汇角度约85°。以水石流为主，沟口有现代堆积，规模较小；沟内还存有松散堆积物，成分以砂岩、砾岩为主，沟中堆积物成分以砂岩为主，粒径多在200～1000 mm
N9	博提塔勒德	DK129+000—DK129+150	沟长约9 km，流域面积约10.5 km²，"V"形沟，沟宽50～100 m，沟槽上游弯曲，下游比较顺直；沟床纵坡13°～16°；流向S50°W，于线路位置下游约2 km处汇入博尔博松河。以水石流为主，沟口堆积冲、洪积碎石土，尖棱状，两岸地形陡峻，河床纵坡大，上游坡角松散坡积物质较为丰富
N10	博提塔勒德支沟克色克阔兹	DK132+000—DK132+200	沟长约5 km，流域面积约5.5 km²，"V"形沟，沟宽50～100 m，沟槽曲折，沟床纵坡12°～15°；流向W，于线路位置下游约2.5 km处汇入博提塔勒德沟。以水石流为主，沟口堆积冲、洪积碎石土，尖棱状，两岸地形陡峻，河床纵坡大，上游坡角松散，坡积物质较为丰富

3.6 新疆公路泥石流灾害及特征

3.6.1 新疆公路泥石流统计

（1）G314线甘沟段在白石峰越岭段较为集中的K159+350—K159+900，由于甘沟段雨水和降雪很少，所以泥石流不发育。

（2）奥依塔克—布伦口段有泥石流125处，其中山坡型71处，山沟型49处，山坡及山沟型5处。

（3）G312线影响沿河段果子沟沟谷方向，沟槽狭窄，两侧沟谷发育，每条沟均有发生泥石流的可能。

（4）G216线乌鲁木齐永丰乡—巴伦台穿天山段，沟谷纵横，泥石流病害北坡有136处，南坡有27处，5—6月融雪期因泥石流常发生断道、停运事故。

（5）G217线巴音沟—库车段泥石流非常发育，每处泥石流每年发生数次。泥石流点达234处，4—5月发生最为频繁。

（6）G218线那拉提—巴伦台段泥石流点有36处。

（7）G219线新藏公路新疆段共有泥石流点149处，其中沟谷型129处，坡面型20处，平均每4 km有1处。

（8）G315线基本为平原地区，进入阿尔金山由于以丘陵和低山为主，降水量很少，未见泥石流灾害。

3.6.2　新疆公路泥石流特征

3.6.2.1　新藏公路泥石流特征

新疆段公路共有泥石流病害149处，其中沟谷型泥石流129处，坡面泥石流20处，沿线平均4 km就有1处泥石流。泥石流主要分布在依山傍河沿线，如哈拉斯坦河及其支流赛拉克峡谷段、叶尔羌河及其支流麻扎大沟、黑黑孜江干沟段、喀拉喀什河及支流赛图拉沟段等，尤以库地-麻扎-赛图拉沿线泥石流灾害最为严重。自通车以来，该段有387 km路段受到泥石流灾害的侵袭，占全线总长的59%；受泥石流直接危害的路段长53.05 km，约占全线总长的8%。沿线泥石流可分为雨水类、冰川类和雨水-冰川混合类3个类型。泥石流多属稀性和水石流性质，黏粒含量少，块石漂砾较多。沿线地处温带大陆性干旱气候带，降水量少，高山地带多为降雪，雨水泥石流不甚发育，暴发频率低，为几年一次，规模较小，危害较轻。冰川类泥石流（冰雪融水、冰湖溃决泥石流）和雨水-冰川混合类泥石流十分发育，分布广泛，其暴发频率虽低，为几年至几十年1次，但规模巨大，堆积区一般长1～2 km，最长达4 km，搬运和破坏能力极强，危害十分严重。泥石流对道路的危害主要表现为淤埋路面、堵塞桥涵、冲蚀路面、冲毁桥涵，以及块石、漂砾撞击毁坏公路构筑物等。但与川藏公路、中尼公路、甘川公路、中巴公路、独库公路等典型泥石流地区相比，沿线泥石流暴发频率较低，活动不频繁，灾害相对较轻，可治性较强。

3.6.2.2　独库公路泥石流特征

泥石流为该区域内最为严重的地质灾害。其多发生在3—5月的融雪季节，主要为融雪性泥石流。由于山体陡峻、植被稀疏、基岩裸露、昼夜温差大且岩体极易风化成碎块，在重力作用下，岩体堆积在山体陡坡及坡脚处，形成厚度较大的倒石堆。大量积雪融化时，堆积物随同冰雪融水滑向沟谷，在沟谷中堆积形成泥石流堆。

公路沿线泥石流暴发十分频繁。据统计，在1983年至1987年4年间，天山北坡100 km路段上共发生25次泥石流，坡面上堆积物体积近4万 m³。由于地质、地貌以及气象条件的综合影响，本路段上的泥石流暴发有集中成群的特点。最主要的泥石流集中段有以下五个段落：

（1）K616—K618段：此段平均两年发生一次泥石流。近年一次暴发的堆积物体积达320万 m³，路基处堆积物厚达16 m，长约120 m。

（2）K630—K638段：在长达8 km的路段内，泥石流成群出现。其中K630—K631处，1999年的一次泥石流堆积物高约30 m，体积达280万 m³，长时间阻塞交通。K637—K638处，一次泥石流堆积物体积也达300万 m³，路基处堆积物厚度为20 m，长360 m。

（3）K645—K665段：此段为哈希勒根隧道所在地，此段泥石流连接成群，且今后仍有发生的可能性。

（4）K701—K703段：2003年本段曾发生大规模泥石流，堵住河流成为堰塞湖。泥石流从西侧泥石流沟中冲出，跨过河流，冲向公路，直达东侧山坡，高达10 m以上。据实地考察，本段在数年前也曾发生过大型泥石流。附近的泥石流沟中仍堆积大量碎石，堆积物坡度与厚度较大，本段今后仍可能形成新的泥石流发生地段。

（5）K725—K735段：此段为玉希莫勒盖隧道所在地，北洞口之下泥石流规模很大，公路就在堆积体上，泥石流距公路直线距离约3 km。

3.6.2.3　G314线奥依塔克—布伦口段公路泥石流特征

奥依塔克—布伦口段公路泥石流非常发育并很有代表性，本书详述每一条泥石流特征供参考。

本线路沿线共有125处泥石流，对线路有较大影响，在K1589之前的泥石流洪积扇大多数已较稳定，在泥石流出现时，线路位置基本在现已形成的沟槽中，建议采用桥跨处理；在K1589之后的泥石流洪积扇普遍高于现有路面，发生泥石流后对道路影响很大，建议采用高架桥或过水路面进行处理。泥石流按沟谷类型分为三类：山坡型、山沟-山坡型、山沟型。其中，山坡型泥石流有71处，山沟-山坡型泥石流有5处，山沟型泥石流有49处。

3.7　小结

（1）泥石流与水毁的区别：除阻碍水体中含固体物质不同外，水毁为洪水作用下对地面进行向下的冲切和岸边的冲刷产生的破坏；泥石流则是向上的作用，在地面上堆积大量冲洪积物，对石油管道破坏不大，但对公路线路的破坏很大。

（2）对可能产生泥石流的路段提前布置清理机械设备和必需的抢险救灾材料。

第 4 章　崩塌

4.1　简介

崩塌是位于陡崖、陡坎、陡坡上的土体、岩体及其碎屑物质，在重力或其他外力作用下失稳而突然脱离母体发生崩落、滚动、倾倒及翻转堆积在山体坡脚和沟谷的地质现象。崩塌是一种常见的山区地质灾害。崩塌对公路、铁路的危害是致命的，当事故出现时常发生车毁人亡，铁路发生崩塌时还可将铁轨砸变形，但是崩塌对油气管道的直接影响要小很多。

4.2　崩塌灾害的成因及特征

4.2.1　成因

地质构造、地貌条件、岩土类型是形成崩塌的三个基本条件。

4.2.1.1　地质构造

危岩是由多组岩体结构面组合而构成的，如节理、裂隙、层面、断层等各种构造面对坡体进行切割和分离，为崩塌的形成提供脱离体（山体）的边界条件。坡体中的裂隙越发育越易产生崩塌，与坡体延伸方向接近平行的陡倾角构造面，最有利于崩塌的形成。危岩是在重力、地震、水体等诱发因素作用下，处于不稳定、欠稳定或极限平衡状态的结构体，即具有崩塌前兆的不稳定岩体，一般存在于高陡边坡及陡崖上。

4.2.1.2　地貌条件

崩塌多在陡峻的斜坡地段，一般坡度>55°，高度>10 m，坡面多不平整，上陡下缓。

4.2.1.3 岩土类型

岩土是产生崩塌的物质条件，不同类型的岩土所形成崩塌的规模大小不同。通常岩性坚硬的岩浆岩（又称为火成岩）、变质岩及沉积岩（又称为水成岩）、碳酸盐岩（如石灰岩、白云岩等）、石英砂岩、砾岩、初具成岩性的石质黄土、结构密实的黄土等可形成规模较大的岩崩、页岩、泥灰岩等互层岩石及松散土层，往往以坠落和剥落为主。

在形成崩塌的基本条件具备后，诱发因素就显得很重要。诱发因素作用的时间和强度都与崩塌有关。能够诱发崩塌的外界因素很多，其中人类工程经济活动是诱发崩塌的一个重要原因。人类工程经济活动主要有：

（1）采掘矿产资源。我国在采掘矿产资源活动中出现崩塌的例子很多，有露天采矿场边坡崩塌，也有地下采矿形成采空区引发地表崩塌。

（2）道路工程开挖边坡。修筑铁路、公路时开挖边坡会切割外倾或缓倾的软弱地层，大爆破时对边坡强烈震动可引起崩塌。

（3）水库蓄水与渠道渗漏。这里主要是水的浸润和软化作用，以及水在岩（土）体中的静水压力、动水压力可能导致崩塌发生。

（4）强降雨和地震。崩塌一般发生在降雨过程之中或稍微滞后的时间内以及地震之中。其中，降雨是出现崩塌最多的因素。

4.2.2 崩塌的特征及辨识

4.2.2.1 崩塌的特征

崩塌的特征主要表现为：
（1）下落速度快、发生比较突然。
（2）崩塌体脱离母体而运动。
（3）下落过程中崩塌体自身的整体性遭到破坏。
（4）崩塌体的垂直位移大于水平位移。

4.2.2.2 崩塌的辨识

对于可能发生崩塌的坡体，主要根据坡体的地形、地貌和地质结构的特征进行识别。通常可能发生崩塌的坡体在宏观上有如下特征：

（1）坡体>45°且高差较大，或坡体成孤立山嘴，或凹形陡坡。

（2）坡体内部裂隙发育，尤其垂直和平行斜坡延伸方向的陡裂隙发育、顺坡裂隙或软弱带发育，坡体上部已有拉张裂隙发育，并且切割坡体的裂隙、裂缝即将可能贯通，使之与母体（山体）形成了分离之势。

（3）坡体前部存在临空空间，或有崩塌物发育，这说明曾发生过崩塌，今后还可能再次发生。

具备了上述特征的坡体，即是可能发生的崩塌体，尤其当上部拉张裂隙不断扩展、加宽，速度突增，小型坠落不断发生时，预示着崩塌很快就会发生，处于一触即发状态之中。

在崩塌灾害辨识时，对危岩体进行识别是核心。危岩的附着力大小决定了危岩的安全可靠性，管道是否在危岩可能的威胁范围内对崩塌灾害的辨识有着根本的意义。

4.3　崩塌的产生机理

4.3.1　崩塌分类

崩塌可按规模分类，也可按崩塌体岩土成分、岩体结构、崩塌成因、崩塌形成机理的不同进行分类。

4.3.1.1　崩塌按规模分类

一般可分为表层崩塌和深层崩塌。

1.表层崩塌

表层的土和岩体是受短期的强降雨所造成的，大致崩塌的岩土体规模在 $10^2 \sim 10^3 \, m^3$。

2.深层崩塌

深层的土和岩体是受短期的强降雨所造成的，大致崩塌的岩土体规模在 $10^5 \sim 10^7 \, m^3$。

4.3.1.2　崩塌按崩塌体岩土成分、岩体结构、崩塌成因、崩塌形成机理的不同进行分类

崩塌按崩塌体岩土成分、岩体结构、崩塌成因、崩塌形成机理的不同，可以划分为5类，崩塌类型说明表见表4-1。

表4-1　崩塌类型说明表

崩塌方式	岩性	结构面	地貌	崩塌体形状	受力状态	起始运动形式	失稳主要因素
倾倒式崩塌	黄土、石灰岩及其他直立岩体	多为垂直节理，柱状节理，直立岩层面	峡谷、直立岸坡、悬崖等	板状、长柱状	主要受倾覆力矩作用	倾倒	静水压力、动水压力、地震力、重力
滑移式崩塌	多为软硬相间的岩层，如石灰岩、薄层页岩	有倾向临空面的结构面（可能是平面、楔形或弧形）	陡坡通常>55°	可能组合成各种形状，如板状、楔形、圆柱形等	滑移面主要受剪切力作用	滑移	重力、静水压力、动水压力

续表4-1

崩塌方式	岩性	结构面	地貌	崩塌体形状	受力状态	起始运动形式	失稳主要因素
鼓胀式崩塌	直立的黄土、黏土或坚硬岩石下有较软岩层	上部垂直节理、柱状节理,下部近水平的结构面	陡坡	岩体高大	下部软岩受垂直挤压	鼓胀伴有下沉、滑移、倾斜	重力、水的软化作用
拉裂式崩塌	多见于软硬相间的岩层	多为风化裂隙和重力拉张裂隙	上部突出的悬崖	上部硬岩层以悬臂梁形式突出来	拉张	拉裂	重力
错断式崩塌	坚硬岩石或黄土	垂直节理发育,通常无倾向临空面的结构面	>45°的陡坡	多为板状、长柱状	自重引起的剪切力	错断	重力

对石油管道影响较大的崩塌破坏形式分为两种:坠落式和楔形体滑移式。

(1)坠落式的破坏模式为下部存在岩腔、上部为突出的边坡岩体,岩体在重力作用下沿原有结构面拉断或剪断而坠落(图4-1、图4-2)。根据节理裂隙发育密度判断,坠落破坏的危岩块体可以出现在边坡面的不同部位,崩塌规模通常为1~2 m³。

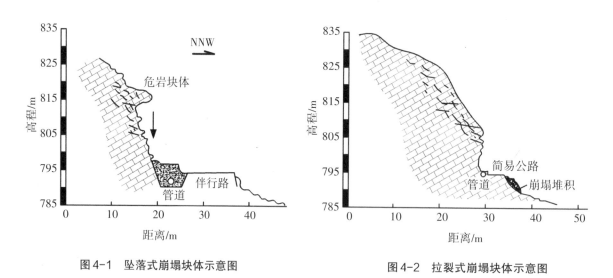

图4-1 坠落式崩塌块体示意图　　图4-2 拉裂式崩塌块体示意图

(2)楔形体滑移式的破坏模式为两组反向倾斜的节理裂隙楔形体滑移坠落,其崩塌规模不等,但边长一般在2 m以内,可以出现在边坡面的不同部位,特别易发生在坡肩和风化强的部位。

4.3.2 崩塌的发生

一般情况下，岩土体的内部间隙水压小于大气压，因降雨等因素使岩土体的内部间隙水增多时，间隙水压大于大气压，当岩土体的含水达到一定程度，岩土体的力学性质会发生变化，就会使黏聚力和摩擦力相互作用，产生崩塌。

4.3.3 崩塌滚石的运动轨迹与冲击特性

4.3.3.1 崩塌滚石的运动轨迹研究

滚石运动轨迹的估算问题是边坡滚石问题研究的一个重要方面。在现场调查的基础上估算滚石的飞落距离、飞行高度和速度以及对防护结构的撞击能量大小等参数，为防护设计提供可靠的依据。现场试验、模型试验和数值模拟是目前滚石运动轨迹研究应用最多的三种方法。

现场滚石试验往往受到边坡陡峻和地形复杂的影响，难以开展，而且进行较大范围观测时，人力和物力耗费也高。当无法进行现场试验时，进行模型试验是一种有效的手段，但是模型试验面临制作过程复杂、成本高的问题。随着计算机技术的突飞猛进，数值模拟已经成为主流研究手段，目前主要有二维及三维两种数值模拟。

边坡滚石的运动状态有滑动、自由落体、弹跳和滚动。滚石运动轨迹是这四种运动状态的组合，对于每种运动状态可以用熟知的物理定律及简单的方程来描述。滚石的初始运动状态往往是滑动，并且伴有较低的运动速度和相当大的能量损失。滚石的主要运动状态为自由落体运动，滚石在重力作用下以非常高的速度沿着弹道轨迹运动，重力势能转化为动能。

预测滚石滚动最远距离的到达角模型与影锥角模型是目前常用的两种经验模型。滚石到达概率为到达指定点的滚石数量占滚石总数量的百分率，滚石到达界限曲线是相同滚石到达概率点的连线，该曲线用以评估滚石的滚动距离。一般通过对 110 余次滚石灾害资料进行分析（包括滚石分离点、滚石垂直下落高度、滚石滚动距离等），得出滚石到达概率为 0.25 时的到达界限曲线，从而得到所研究地区相应的到达角与影锥角分别为 39°与 30°，由此便可估算出滚石的滚动距离，为滚石设防提供可靠依据。

4.3.3.2 滚石冲击特性研究

主要研究立方形滚石沿斜坡滑动对地下管道产生的冲击作用。研究滚石两种极端状态的下落方式：棱边落地式和面落地式。其中，棱边落地式能够产生最大的冲击深度，面落地式能够产生最大的瞬间冲击应力。对于前者通过能量守恒定律，即滚石初动能与土体对滚石的阻力所做的功相等，利用传统的承载力理论及运动学公式得到滚石入土深度表达式：

$$H_0 = \left[1.874 \left(1 - \frac{\tan\phi}{\tan\theta} \right) \frac{W\sin\theta}{\gamma_3 N \gamma} h \right]^{\frac{1}{3}} \tag{4-1}$$

式中：H_0 为滚石入土深度（m），ϕ 为滚石与坡面之间的内摩擦角（°），θ 为斜坡倾角（°），W 为滚石重力（kN），γ_3 为土的容重（kN/m³），$N\gamma$ 为地基承载力系数，h 为滚石滑落高度（m）。

在给定初速度的情况下，对于每一个微小时间增量均计算出相应位移增量、速度增量、土体反力增量。迭代过程直到速度增量为负时停止，因为此时滚石开始回弹，产生最大冲击力，可绘出时间与冲击应力之间的关系图。

为了研究崩塌落石的冲击力，以强夯作为崩塌落石冲击土体的模型，这与崩塌落石冲击土体的情况有类似之处，相关的研究成果可用于指导崩塌落石冲击土体的研究，因此许多学者对此进行了相关研究。例如：1975年Scott在研究落锤夯击力之后，首先给出了其粗略的计算公式，随后钱家欢等对该计算公式做了一定的修改；Chow等认为打桩过程中的冲击力为一维波动问题，并运用有限元方法给出了其近似解；郭见扬将打桩过程与对应的小模型试验进行对比，根据动量定理进行了强夯的夯锤冲击力求导；孔令伟等运用传递矩阵法，在考虑落锤自重情况下分析了边界应力随冲击时间的变化规律；蒋鹏等从冲击碰撞的角度对强夯大变形冲击进行了数值模拟；水伟厚等从非完全弹性碰撞的角度，研究了强夯冲击作用下的应力求解公式；白冰更是制作了简易试验装置，实测出不同重量落锤的冲击力。综上所述，上述几种计算模型大都较为复杂，计算参数的确定随机性也较明显，因此计算结果往往与实际偏差过大。笔者亲自做过强夯作用下对下伏物体的破坏性试验，在夯点以下0.5 m、1.0 m、2.0 m、3.0 m、4.0 m、5.0 m分别埋置6个空易拉罐，分别用2000 kN/m（10 t锤提升20 m）、3000 kN/m（15 t锤提升20 m）、4000 kN/m（20 t锤提升20 m），夯击10遍，试验结果见表4-2。由此表可见，冲击力大小是影响石油管道破坏的主要原因。

表4-2　试验结果

冲击力/(kN·m⁻¹)	试验结果
2000	0.5 m完全破坏，1.0 m严重破坏，2.0 m中等破坏，3.0 m轻微破坏，3.0 m以下未见破坏
3000	0.5 m完全破坏，1.0 m严重破坏，2.0 m中等破坏，3.0 m轻微破坏，3.0 m以下未见明显破坏
4000	0.5 m完全破坏，1.0 m完全破坏，2.0 m严重破坏，3.0 m中等破坏，3.0 m以下轻微破坏

4.4　新疆铁路崩塌情况

4.4.1　南疆铁路1#线

南疆铁路1#线是1974年开工，1984年通车的，历时十年。艾维尔沟至巴仑台段穿越天山，受当时经济、技术等条件限制，对铁路两侧高边坡未做治理，特别是上部陡峭山体的危岩未能清理和锚固。运营几十年，经风化、雨浸，山体岩体已风化破碎严重，治理代价太大。原铁路设计等级太低，已不能满足现代运力的需求，因而重新修建了十级双线电气化铁路，并将时速提升至160 km/h（原设计天山段为40 km/h）。

4.4.2　精伊霍铁路崩塌分布及特征

崩塌灾害危险性大的地段有喀拉萨依隧道出口（B1）、小喀拉萨依隧道进出口（B2、B3）、克孜勒萨依隧道出口（B4）、色勒克特一号隧道进口（B5）、苏古尔大桥精河台（B6）、阿萨勒河大桥精河台（B7）、阿萨勒河大桥伊宁台（B8）。危险性中等的地段有 DK167+000—DK167+300（B11）和 DK172+100—DK172+300（B12）。

评估区崩塌（危岩、落石）分布及其特征如下：

（1）B1：古崩塌，拟建铁路里程 DK85+607—DK85+740 段，喀拉萨依隧道出口。小喀拉萨依沟右侧山坡坡脚，小型剥落型崩塌，岩堆体呈"裙裾"状，底宽约 160 m，高约 70 m，厚 1～6 m，以碎石、块石为主，岩石成分主要为砂岩、砾岩和灰岩。岩堆体后壁坡度变缓，地层岩性为石炭系砂岩夹砾岩，岩质较硬，岩体节理比较发育，稳定性尚好，而岩堆体比较松散，稳定性差，有溜塌现象。

（2）B2：危岩体，分布在小喀拉萨依沟左侧坡面上，小喀拉萨依隧道进口（DK85+907）。坡面陡峻，自然坡度 35°～40°，相对高差约 80 m，无植被覆盖，基岩裸露，地层岩性为石炭系砂岩夹砾岩，岩质较硬，受 f7 断层及风化作用影响，节理裂隙发育，坡面岩体破碎，呈块石状，半山坡到坡顶发育危岩体，岩体比较破碎，稳定性差，坡脚可见落石现象。现状分析发现坡面分布的危岩处于临界稳定状态。图 4-3 为小喀拉萨依沟左侧坡面（B2：危岩体）。

（3）B3：崩塌危岩体，在克孜勒萨依沟右侧坡面上，小喀拉萨依隧道出口（DK86+805）。坡面陡峻，自然坡度 35°～45°，相对高差约 150 m，无植被覆盖，基岩裸露，地层岩性为石炭系砂岩夹砾岩，岩质较硬，受 f8 断层及风化作用影响，节理裂隙发育，岩体很破碎，崩塌、落石现象十分常见，坡脚堆积碎石、块石，坡面尚有危岩或危石分布，稳定性差。图 4-4 为克孜勒萨依沟右侧坡面（B3：崩塌危岩体）。

图 4-3　小喀拉萨依沟左侧坡面（B2：危岩体）　　图 4-4　克孜勒萨依沟右侧坡面（B3：崩塌危岩体）

（4）B4：小型崩塌危岩体，在尼勒克河右岸，克孜勒萨依隧道出口（DK91+734）。山高谷深，自然坡度40°～50°，相对高差约200 m，无植被覆盖，基岩裸露，地层岩性为华力西期花岗岩，岩质坚硬，由于受f10断层的影响和风化作用，基岩节理裂隙发育，风化破碎严重，坡面分布有危岩，坡脚可见滚落的大块石。由于山体陡峻，上陡下缓，岩体坚硬而且性脆，构造、卸荷节理发育，受温差、冻胀、风吹日晒等影响，风化严重，因此岩体破碎，稳定性差，在暴雨、冰雪融化水、地震等外力作用下，发生落石、剥落等小型崩塌现象。现状调查发现坡面还有危石、危岩分布。

（5）B5：小型崩塌危岩体，在尼勒克河左岸，色勒克特一号隧道进口（DK92+257）。特征同B4。

（6）B6：崩塌危岩体，在苏古尔沟右岸山坡，苏古尔大桥精河台一侧（DK104+960），山坡呈陡壁状，自然坡度50°～60°，上陡下缓，坡顶有近似直立的陡崖，相对高差约50 m，无植被覆盖，基岩裸露，地层岩性为石炭系砂岩夹灰岩，岩质硬脆，岩体受两组节理与层面的切割，呈大小不等的块状，形成崩塌危岩体，坡底可见已崩落的大块石。现状调查分析，该处山坡岩体稳定性差。图4-5为苏古尔沟右岸山坡崩塌危岩体。

图4-5　苏古尔沟右岸山坡崩塌危岩体

（7）B7：崩塌危岩体，分布在阿萨勒河右岸DK106+218—DK106+253段，阿萨勒河大桥东台。山坡陡峻，自然坡度多在30°～55°之间，基岩裸露，出露早石炭系砂岩夹石灰岩、页岩，节理和层理比较发育，岩体被切割成大块状，稳定性较差，崖顶有危岩，坡脚可见小型崩塌岩堆体，外观呈三角锥体形状，底部宽约50 m，向山体方向延伸近40 m，厚10～25 m，岩堆物质成分主要为砂岩、灰岩块石。岩堆体后壁陡峻，稳定性尚好，而岩堆体比较松散，稳定性差，有溜塌现象。

（8）B8：崩塌危岩，分布在阿萨勒河左岸DK106+820—DK107+500段山坡，苏古尔站区，地形陡峻，自然坡度35°～50°，上陡下缓，坡面有直立状陡壁，高30～50 m，基岩裸露，岩性为石炭系砂岩夹灰岩，岩质硬脆，卸荷垂直节理和层理比较发育，岩体被切割成大块状，岩体破碎，稳定性较差，崖顶分布危石。坡脚可见崩塌岩堆体，外观呈三角锥体形状，底部宽约100 m，向山体方向延伸近150 m，岩堆物质成分主要为砂岩、灰岩块石。崖顶危岩在暴雨、冰雪融化水、地震等外力作用下，发生落石、剥落等崩塌的危险性大。岩堆体松散，在洪水冲蚀作用下，可能发生溜塌失稳。图

4-6为阿萨勒河左岸崩塌危岩（B8）。

图4-6 阿萨勒河左岸崩塌危岩（B8）

（9）B9：危岩落石，分布于博尔博松河右岸，天山越岭特长隧道出口（DK122+860）坡顶，如图4-7所示，山坡陡峭，自然坡度在20°～35°，基岩裸露，岩性为石炭系英安斑岩，岩体受风化和节理切割比较破碎，坡顶分布危岩，坡面散布少量落石，规模小。

（10）B10：古崩塌岩堆体，分布于博尔博松河右岸，天山越岭特长隧道出口右侧，如图4-8所示，岩堆体底部宽约150 m，向山体方向延伸近80 m，岩性杂乱，夹有大的块石及基岩风化物，便道开挖致使坡脚陡立，发生溜坍现象。

图4-7 危岩落石（B9）

图4-8 古崩塌岩堆体（B10）

（11）B11：危岩，在DK167+000—DK167+300段，山体陡峭，高差50～100 m，岩体受风化、节理影响较破碎，形成危岩，呈大块石状堆积于坡面，坎下可见滚落的大块石，粒径一般在200～1000 mm。

（12）B12：危岩，DK172+100—DK172+300段，山坡陡峻，自然坡度30°～55°，基岩裸露，出露早石炭系砂岩夹石灰岩、页岩，表层基岩强风化，层理、节理发育，形成危岩落石，落石直径20～200 cm不等。

4.4.3 新疆铁路崩塌灾害危险性评估

4.4.3.1 工程建设引发加剧崩塌的危险性预测评估

拟建线路出新龙口至苏布台（DK74+000—DK170+000），走行于北天山中山山地。地形复杂，山高坡陡，自然坡度多在30°～60°，岭脊以北地段植被稀疏。北天山岩体由于受多期构造运动的影响和强烈的物理风化作用，节理、裂隙发育，山坡及沟谷两岸岩层风化剥蚀，形成大量碎屑物，崩塌、危岩、落石比较常见。拟建铁路在中山区多采用隧道方式通过，极大地减轻了工程建设引发、加剧崩塌灾害的危险性。但隧道洞口施工、桥台工程、局部刷坡挂线路堑工程、开挖及爆破工程仍存在引发和加剧危岩、落石及崩塌危害的危险性。

4.4.3.2 工程建设自身遭受崩塌灾害的危险性评估

天山中山山区岭北地段为典型的构造侵蚀山地地貌，山高谷深，山坡陡峻，植被稀疏。新构造运动表现为不均衡上升使河流下切作用十分强烈，河流沟谷两岸发育基岩陡坎，无坡积缓坡、崩积平台、河流阶地。基岩多为古生界砂岩、砾岩、灰岩及华力西期花岗岩，受构造运动及物理风化影响，节理、裂隙发育，因此山体表面岩体一般比较破碎，稳定性比较差。山涧沟谷两岸广泛分布崩塌、危岩。选线设计多采用隧道方式通过，避免刷坡挂线，极大地减轻了工程遭受崩塌灾害的危险性。但隧道洞口、桥隧连接部位及局部刷坡挂线路堑工程，如喀拉萨依隧道出口（B1）、小喀拉萨依隧道进出口（B2、B3）、克孜勒萨依隧道出口（B4）、色勒克特一号隧道进口（B5）、苏古尔大桥精河台（B6）、阿萨勒河大桥精河台（B7）、阿萨勒河大桥伊宁台（B8）、DK167+000—DK167+300（B11）和DK172+100—DK172+300（B12）路基桥梁等地点或段落，其遭受崩塌灾害的危险性较大。

崩塌对铁路的危害主要有两点：

（1）直接砸在运行的列车上，出现车毁人亡事故。

（2）砸在铁路上将路基冲毁，轨道弯曲。

4.5　新疆公路崩塌情况

近年来，新疆修建的高速公路及高等级公路都对山体危岩做了治理，对破碎严重及较为陡峭的山壁都做了挂网喷浆，崩塌危害大大减少，但老国道、县乡道路及通达道路等由于各种原因仍存在巨大的崩塌隐患，可以说崩塌是新疆公路第一危害。每年由于崩塌造成的各种事故数不胜数，特别是G217独库公路及G219新藏公路因崩塌造成断路停运长达3—4个月，特别是每年4—5月融雪季，这两条公路基本处于停运状态。伊昭公路及G314甘沟段也是崩塌多发线路。

4.5.1　G219新藏公路新疆段

该段公路崩塌灾害共有33处，危害线路总长约52.9 km，主要分布在峡谷沿溪及傍山越岭段；阿喀孜达坂越岭线、哈拉斯坦河、麻扎大沟、黑黑孜江干沟及赛图拉沟等峡谷段一般崩落体不大，治理难度不大。

该段有两处花岗岩崩塌体，体积约6×10⁴ m³，堵塞哈拉斯坦河并形成堰塞湖，河水上涨3 m多，全线公路中断。目前崩塌体上方仍有数千方危岩裂隙发育，随时有大型崩塌的危险。

4.5.2　G217独库公路

G217独库公路是1983年建成的，是当时国内修建难度最大的公路。独库公路的建成受当时的经济、技术等条件影响未能对山体危岩进行治理。公路两侧陡壁岩石经多年风化、雨浸，现已风化破碎严重，每当融雪和降雨时大量基岩碎块落下，严重影响了公路的正常通行，故每年6月才开放该公路。

4.5.3　G314中巴公路奥依塔克—布伦口段

（1）基岩崩塌共28处，主要分布在K1549—K1614中高山地段，大部分岩体陡峻，坡度>60°，厚度>10 m。老虎嘴岩体几乎直立，高度达数百米，并有节理裂隙发育，岩性变化很大。沉积岩有砂岩、红色半胶结砾岩，变质岩有黄色火山碎屑岩，岩浆岩有花岗岩。

（2）高阶地崩塌共8处，高阶地的地质构成为卵石，厚度30~50 m，由于长年风化、雨浸，常发生崩塌，危害程度一般较轻。

（3）坡积物崩塌共13处，坡积物为山前坡积体，以碎石为主，含块石，最大粒径6 m以上，自然坡度在20°~80°。坡积物为发生风化掉落，危险程度不高，但坡体厚基岩风化严重，裂隙发育，容易发生巨石崩塌，危险度较严重。

（4）洪积物崩塌共4处，为山前洪积体，碎石类土，含块石，最大粒径3 m。由于人工修坡度在50°~60°，坡高4~8 m，常出现碎石崩塌，雨后会出现大块塌落，危险度较低。

4.6　崩塌对油气管道的危害

4.6.1　崩塌对油气管道的危害分析

产生崩塌时，危岩的块体在斜坡上以跳跃、滚动、滑动乃至滚跳、滚滑等复合运动至管道上方的地面，如图4-9所示。

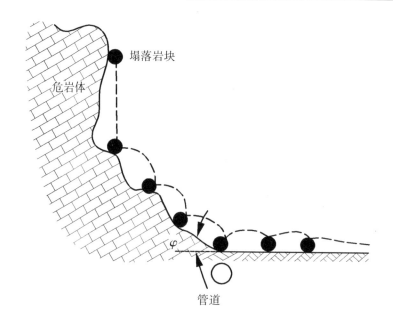

图4-9　塌落岩块的运动轨迹

岩块在自然坡面上的运动规律和速度是极其复杂的，除了边坡高度、坡角、岩块质量、岩块刚度、坡面的弹（塑）性等制约因素外，还有例如岩块的粒度（包括形状、比重）、温度、风向、风速、空气阻力、坡面植被情况等。一般依据山坡坡度角可将山坡分为4种坡度地带。

1.缓坡地带〔$0° < \varphi < （27°\sim31°）$〕

岩块沿坡面呈滑动方式运动，在此坡面上逐渐减速，最终停止运动，覆盖输油管道上方，对输油管道没有影响。

2.较陡坡地带〔$（27°\sim31°） < \varphi < 40°$〕

岩块沿坡面呈滚动方式运动，其运动的距离大小与坡面的岩性、地表覆盖层及植被的特性等因素有关。从管道上方滚过，对管道的冲击较小，几乎没有破坏作用。

3.陡坡地带（$40° < \varphi < 60°$）

岩块在此陡度的坡面上，呈加速跳跃式运动，对坡面有较大的冲击力。如果管道刚好在岩块运动轨迹上，则可能造成管道的破坏。

4.陡峻地带（$60° < \varphi < 90°$）

岩块呈自由落体运动，对坡面有很大的冲击力，其冲击的次数由山坡的高度、坡角及坡面有无突出部分决定，为管道最大危险区。

由上可知，塌落岩块滑动和滚动对管道的危害较小，而跳跃所携带的巨大动能可冲击管道，是管道损伤的主要原因。本书主要研究的对象是塌落岩块的冲击能和管道上方的土层对冲击能消散的特性，因此主要以塌落岩块跳跃运动形式为研究对象。

塌落岩块对油气管道的主要危害表现为管道敷设于陡坡或陡崖地带，塌落岩块沿着陡坡的坡面自由落体或加速跳跃式运动，由于势能较大，产生的动能也较大，如果管道刚好在塌落岩体运动轨迹上，很可能砸坏管道或使管道产生变形破坏。油气管道具有一定埋深的覆土，在崩塌发生时具有一定缓冲保护作用，但当巨石从高处落下时，上覆土层<2 m时，产生巨大的冲击力，极有可能使管道变

形，甚至破裂，故管道上覆土层厚度是关键因素。

崩塌的分类方案有许多种，为评估在崩塌落石区是否适宜铺设管道，表4-3列举了常见的几种分类方案及对管道的影响。

表4-3　常见的崩塌分类方案及对管道的影响

分类依据	类型	简　述	分类依据	类型	简　述
体积/m³	特大型	>1000	运动方式	坠落式	崩塌体呈自由落体方式运动
	大型	100～1000		跳跃式	崩塌体碰撞地面呈跳跃方式运动
	中型	10～99		滚动式	崩塌体沿坡面呈滚动方式运动
	小型	1～9		滑动式	崩塌体沿坡面呈滑动式运动
	落石	<1		复合式	崩塌体沿坡面呈多种复合方式运动，如跳滚式、滚滑式、跳滑式等
物质	岩崩	崩塌块体是岩质			
	土崩	崩塌块体是土质			

4.6.2　崩塌对埋地管道主要影响因素分析

研究表明，在埋地管道安全评估中，崩塌落石规模、悬空高度、落地点相对埋地管道轴线的距离和上覆土体厚度对埋地管道的管顶范·米塞斯应力的影响较大，是应该考虑的主要影响因素，而上覆土体性质和埋地管道直径则不是考虑的主要影响因素。

4.7　乌鲁木齐市红山老虎嘴危岩体的研究与保护价值

乌鲁木齐市红山老虎嘴危岩体位于乌鲁木齐市中心，是一座集旅游观光、古典文物、人文历史、体育健身为一体的综合性自然山体公园。公园西端的断崖称为老虎嘴，蒙古语叫"巴拉哈达"，"巴拉"是老虎的意思，"哈达"是山崖的意思。山下就是乌鲁木齐市最重要的主干路——河滩快速路，山上经常有塌落的石头，对车辆和行人造成了危险。红山是座褶皱断层山，与河对岸的雅玛里克山是一体，由于断层将山体劈开，东为红山，西为雅山，中间为乌鲁木齐河（现河滩路）。红山主体为二叠纪紫红色砂砾岩，总体完整性很好，表面有风化破碎，形成崩塌落石。

2002年，笔者参加了红山老虎嘴危岩体治理方案评审会，会上笔者从岩土专业技术人员的角度阐明了对红山老虎嘴危岩体的保护与研究价值，如果要对红山老虎嘴进行治理，也要采用一个合理的方案。

为了保护红山老虎嘴危岩体，有方案拟对红山老虎嘴危岩体挂网喷浆（在老虎嘴上挂上钢丝网喷射混凝土形成保护层）。如果该方案实施完成，红山老虎嘴危岩体就像一只老虎被戴上了"灰色的大口罩"，非常影响美观。笔者在会上对此方案提出了反对意见，笔者建议在红山老虎嘴边下 20 m 处建设围挡，同时禁止行人车辆进入，在山上的悬崖峭壁处也应全部建设围挡，游人只能在红山塔附近，不能靠近崖边。

最后，与会专家一致通过采用笔者提出的保护方案，否定给红山老虎嘴危岩体戴上"灰色的大口罩"的治理方案。

4.8 小结

（1）崩塌对石油管道的破坏影响很小，但对公路、铁路的破坏影响很大。

（2）应定时对线路的危岩和悬石进行排查，发现有崩塌前兆，立即处理。

（3）危岩和悬石的处理：小型石块提前推落，大型危岩和悬石请专业队伍进行治理。

（4）在雨后应特别注意行车安全，公路车辆应有一定间距，火车也应有随时准备救援的应急预案。

第 5 章　地震

5.1　简介

5.1.1　地震的基本概念

地震是地壳在快速运动释放能量的过程中造成震动、产生地震波的一种自然现象。其原因是地球上板块与板块之间相互挤压碰撞，造成板块边沿与板块内部产生错动和破裂而引发的震动。

（1）震源：地震开始发生的位置。

（2）震中：震源正上方的地面位置。

（3）极震区：破坏性地震最强烈的地区。

5.1.2　地震分类

地震可以按成因、震源深度、地震远近、地震大小、破坏度、地震构造等进行分类。

5.1.2.1　按成因分类

（1）构造地震：由构造地质活动引发的地震叫构造地震，新疆所有地震均属此类，因印度洋板块和亚欧板块碰撞而成。

（2）火山地震：由于火山运动而产生的地震叫火山地震，日本的地震多属此类。

（3）塌陷地震：围岩层（特别是石灰岩）塌陷而产生的地震叫塌陷地震，此类地震在中国南方常见，规模不大。

（4）人工地震：由人为活动引发的地震叫人工地震，如核爆炸等。

（5）诱发性地震：在特定地区，由于某种地壳外界因素诱发，地壳内应力变化而诱发的地震叫诱发性地震，如水库诱发性地震等。

5.1.2.2 按震源深度分类

（1）浅源地震：震源深度<60 km 的地震，大多数地震是浅源地震，也是破坏力震感最强烈的地震。

（2）中源地震：震源深度在60～300 km。

（3）深源地震：震源深度>300 km，世界上测试出最深的地震震源深度为786 km。

5.1.2.3 按地震远近分类

（1）地方震：通常距震中100 km 以内。

（2）近震：通常距震中100～1000 km。

（3）远震：通常距震中>1000 km。

5.1.2.4 按地震大小分类

（1）弱震：震级<3级。

（2）有感地震：震级为3～4.5级。

（3）中强震：震级为4.6～6级。

（4）强震：震级为6.1～8级。

（5）巨大地震：震级≥8级。

5.1.2.5 按破坏度分类

（1）一般破坏地震：造成10人以下死亡，直接经济损失1亿元以下。

（2）中等破坏地震：造成10～100人死亡，直接经济损失1亿～5亿元。

（3）严重破坏地震：在人口密集区发生7级以上地震；大中城市发生6级以上地震；造成100人以上死亡，直接经济损失5亿～30亿元。

（4）特大破坏地震：大中城市发生7级以上地震，造成万人以上死亡，直接经济损失30亿元。

5.1.2.6 按地震构造分类

（1）孤立型地震：有突出的主震，余震次数少，强度低，主震和余震震级差2.4级以上。

（2）主震余震型地震：主震突出，余震十分丰实，主震和余震震级差2.4级以内。

（3）双震型地震：有两次主震。

（4）群震型地震：有两次以上主震，余震不断，主震和余震震级差0.7级以下。

5.1.3 地震危害

地震危害包括直接破坏、次生破坏和地震液化危害（平原）。

5.1.3.1 直接破坏

1.断裂

地震断层错动，产生地面断层，最典型的为新疆富蕴卡拉先格尔大断裂，如图5-1所示。此断裂带长159 km，多处地面基岩裂缝，最大宽度6 m，深10 m。由于地处人烟稀少的牧区，虽然是世界上排名前十的大震，死亡人数不足500人，更无巨大经济损失。

图5-1 富蕴卡拉先格尔大断裂

2.滑坡灾害

新疆是我国多震地区之一，虽然地震频度高、地震大、范围广，但多数地震发生在人烟稀少、欠发达的山区。山区发生地震时往往伴有滑坡发生。

5.1.3.2 次生破坏

次生破坏（间接破坏）常发生在山区，地震给崩塌和滑坡提供动力，从而引发崩塌和滑坡的发生，崩塌和滑坡经常与地震伴生。

次生破坏包括地震引发的洪水、火灾等，会对线性工程造成严重破坏。在1976年唐山大地震中，秦京管道有4处遭受地震损坏，最为严重的一处是由于桥梁坍塌引起的。在距首站约95 km的跨越滦河处，管道悬挂于京榆公路滦河大桥上，地震中此桥23个桥孔倒塌，桥面坍塌呈锯齿状起伏，管道被拉断，原油外溢。因地震引发的水库大坝溃堤、堰塞湖溃堤带来的洪水也会对长输管道安全造成严重的威胁。在汶川大地震中，北川唐家山堰塞湖、紫坪坝水库均有较高的溃坝风险，所幸最后均化险为夷。

虽然在线性工程设计和施工阶段，已经充分考虑了地震断裂带对线路可能产生的影响和危害，并采取了相应措施，如避让、浅埋、架空、合适角度穿越、宽沟、松散沙土换填等，尽可能降低了风险和危害，但地震对线路的影响无法完全规避。据文献资料记载，历史上曾经发生过许多地震断裂带损坏线路的事件。地震灾害造成的线路事故严重，国内外多年的线性工程运行经验表明，对地面移动条件的线路应力应变状态了解不足，未能及时掌握线路的变形信息，是造成不良后果和经济损失的直接原因。

地震对铁路和公路的直接影响不单是地面断裂，更主要的是当大型地震发生时将产生强烈地震波，可以直接将行驶中的车辆推翻，从而造成车毁人亡事故。此外，地震发生时地面在构造应力的作用下，呈波浪起伏状，车辆在行驶中经常突然失稳而失去平衡，造成翻车、扭曲等事故。因此在地震时所有列车都必须停止行驶，以预防由于地震波对列车的破坏，行驶在公路上的汽车也应在有震感时停车并下车躲避风险。

地震对油气管道的破坏极大，常会引起停气停运事故。地震对油气管道的危害机理非常复杂，我们在后续章节讨论。

5.1.3.3 地震液化危害（平原）

地震液化是饱和松散沙土在受到地震力后，粒径重新排列排出孔隙水而形成的地面塌陷、涌泉、喷砂现象，此现象在岩土工程中称为排水固结。此类灾害多发生在平原粉细砂层中，也有在强风化、全风化砂岩中出现的报道。

地震液化危害有三种形式：

（1）地面塌陷。沙土在受到地震力后，孔隙水压力突增而排出孔隙水，土体粒径迅速固结，并在土层中冲切出大小不一的裂隙而产生地面塌陷。

（2）涌泉。当孔隙水冲出土层孔隙后，沿着被冲切产生的土层裂隙涌出地表。

（3）喷砂。当孔隙水压力达到一定强度时，冲破土层，带着砂粒喷出地面，在液化场地可观测到各种砂堆，就是由于喷砂而成。

地震液化不论是涌泉还是喷砂，最终结果都是地面沉降。

5.2 地震液化

我国处于两大地震带的中间，在地震作用下，因地基土层液化而引起的大规模地面塌陷、滑坡、地裂和喷砂等各种危害，给人们的财产带来极为严重的损失。20世纪70年代相继在邢台、海城和唐山发生地震后，地震液化问题引起一些研究者的重视，并逐渐成国际岩土界广泛关注的课题。迄今为止围绕土的动力特性、液化机理、判别预测等方面已做了一些研究，但还存在不少有争议且亟待解决的问题。特别是2008年5月我国汶川地震中砂砾石层普遍液化，引发山区大量山体滑坡、崩塌和泥石流等地质灾害，造成了极大的生命财产损失。如何对具体工程地震液化问题准确判别、进行危害性评估，以采取有效措施确保工程设施基础安全稳定，是地质专业、岩土工程专业共同关注的热点问题之一。

5.2.1 地震液化判别

地震液化作用是指由地震引起饱和松散沙土或未固结岩层发生液化的作用。地基土液化的原因在于饱和沙土或粉土受震动后趋于密实，导致土体中孔隙水压力骤然上升，相应地减小了土粒间的有效应力，从而降低了土体的抗剪强度，使土粒处于悬浮状态，致使地基失效。图5-2为地震液化引起桥梁倒塌。

图 5-2　地震液化引起桥梁倒塌

5.2.1.1　影响地基土液化的因素

（1）区域地震荷载条件（波形、振幅、频率、持续时间等）。

（2）场地条件。

（3）土性条件（粒度特征、密度特征、结构特征）。

（4）初始应力条件（初始有效覆盖压力、初始固结应力比、起始剪应力比）。

（5）排水条件（土层的透水程度、排渗途径、排渗边界条件）。

理论上讲，地基土上覆有效压力越大，即埋藏深度越大，其越不易液化。宏观液化势的综合判定之一"上覆非液化土层厚度>8 m 不考虑液化"及规范中"Ⅶ度时最大液化深度为18～19 m，Ⅷ度时最大液化深度为24～25 m"中，都证明了这一观点。

液化判别分为初判和复判两个阶段。初判主要是已有的勘察资料或较简单的测试手段对土层进行初步鉴别，以排除不会发生地震液化的土层。对于初判可能发生地震液化的土层，再进行复判。对于重要工程，则应做出更深入的专门研究。

5.2.1.2　液化初判

《建筑抗震设计规范》（GB50011—2010）中的初判条件得到了工程技术人员的欢迎和运用，因为只要依据已有的工程地质资料或做少量的工作，即可把不考虑液化问题的场地划分出来。饱和的沙土或粉土（不含黄土），当符合下列条件之一时，可初步判别为不液化或可不考虑液化影响：

（1）地质年代为第四纪晚更新世（Q3）及其以前时，Ⅶ、Ⅷ度时可判为不液化。

（2）粉土的黏粒（粒径<0.005 mm 的颗粒）含量百分率，Ⅶ度、Ⅷ度和Ⅸ度分别≥10、13 和 16 时，可判为不液化土。

（3）浅埋天然地基的建筑，当上覆非液化土层厚度和地下水位深度符合下列条件之一时，可不考虑液化影响：

初判公式：

$$d_u > d_0 + d_b - 3 \tag{5-1}$$

$$d_w > d_0 + d_b - 3 \tag{5-2}$$

$$d_u + d_w > 1.5d_0 + 2d_b - 4.5 \tag{5-3}$$

式中：d_w 为地下水位深度（m），宜按设计基准期内年平均最高水位采用，也可按近期内年平均最高水位采用；d_u 为上覆盖非液化土层厚度（m），计算时宜将淤泥或淤泥质土层扣除；d_b 为基础埋置深度（m），不超过 2 m 时应采用 2 m；d_0 为液化土特征深度（m）。液化土特征深度见表5-1。

表5-1　液化土特征深度（m）

饱和土类别	Ⅶ	Ⅷ	Ⅸ
粉土	6	7	8
沙土	7	8	9

注：当区域的地下水位处于变动状态时，应按照不利的情况考虑。

5.2.1.3　液化复判

当初步判别认为有液化可能时，再做进一步判别。为了评判土液化可能性，应该考虑到历史（有液化史的水土条件，未引起液化的震中距与地震烈度）、地质（沉积条件、水文环境、地质年代）、组成（土的粒径、形状、大小分布）和状态（应力状态、湿密状态）等因素。

目前沙土液化的判别方法概括起来可分为两大类：一类是模拟液化机理而建立起来的沙土液化判别的分析方法，如非线性有效应力法、等效线性法和弹塑性法等；另一类是基于以往的沙土地震液化实测资料的总结而建立起来的经验法，已建立了一些以标贯值、触探值、剪切波速等为参量的经验公式，可利用该方法对具有相似条件的场地进行液化判别。实践表明，由于沙土液化受众多因素影响，室内试验中用于模拟液化机理的原状沙土不易获得，所以大多数沙土液化判别都是基于现场的试验参数的经验法。我国最常采用的复判方法有标准贯入锤击数法、静力触探法、剪切波速法。

1.标准贯入锤击数法

用标准贯入锤击数作为主要判别是用得最多的方法，经验也比较丰富，因此仍可作为今后主要判别的方法。

《建筑抗震设计规范》（GB50011—2010）规定，当饱和沙土、粉土的初步判别认为需进一步进行液化判别时，应采用标准贯入锤击数法判别。

在地面下 20 m 深度范围内，液化判别标准贯入锤击数临界值可按下式计算：

$$N_{cr} = N_0 \beta \left[\ln\left(0.6d_s + 1.5\right) - 0.1d_w \right] \sqrt{3/\rho_c} \tag{5-4}$$

式中：N_{cr} 为液化判别标准贯入锤击数临界值；N_0 为液化判别标准贯入锤击数基准值，可按表5-2采用；d_s 为饱和土标准贯入点深度（m）；ρ_c 为黏粒含量百分率，当<3 或为沙土时，应采用3；d_w 为地下水位（m）；β 为调整系数，设计地震第一组取0.80，第二组取0.5，第三组取1.05。

表5-2　液化判别标准贯入锤击数基准值

设计基本地震加速度(g)	0.10	0.15	0.20	0.30	0.40
液化判别标准贯入锤击数基准值	7	10	12	16	19

2.静力触探法

静力触探法是目前国内外用于饱和沙土、粉土液化判别的方法之一，具有速度快、数据连续、再现性好、操作省力等优点，是一种方便可靠的原位测试方法，代表着液化判别方法的发展趋势。静力触探可根据工程需要采用单桥探头、双桥探头或带孔隙水压力量测的单桥探头、双桥探头，可测定比贯入阻力（p_c）、锥尖阻力（q_c）、侧壁摩阻力（f_s）和贯入时的孔隙水压力（u）。

《岩土工程地质勘察规范》（GB50021—2001）规定，当实测计算比贯入阻力p_s或实测计算锥尖阻力q_c小于液化比贯入阻力临界值p_{scr}或液化锥尖阻力临界值q_{ccr}时，应判别为液化土，并按下列公式计算：

$$p_{scr} = p_{s0}\partial_w\partial_u\partial_p \tag{5-5}$$

$$q_{ccr} = q_{c0}\partial_w\partial_u\partial_p \tag{5-6}$$

$$\partial_w = 1 - 0.065(d_w - 2) \tag{5-7}$$

$$\partial_u = 1 - 0.065(d_u - 2) \tag{5-8}$$

式中：p_{scr}、q_{ccr}分别为液化比贯入阻力临界值或液化锥尖阻力临界值（MPa）；p_{s0}、q_{c0}分别为比贯入阻力基准值和锥尖阻力基准值，d_w=2 m，上覆非液化土层厚度d_u=2 m时，饱和土液化判别比贯入阻力基准值和液化判别锥尖阻力基准值（MPa）见表5-3；w为地下水位埋深修正系数，地面常年有水且与地下水有水力联系时，取1.13；u为上覆非液化土层厚度修正系数，对深基础，取10；d_w为地下水位（m）；d_u为上覆非液化土层厚度修正系数（m），计算时应将淤泥和淤泥质土层厚度扣除。土性修正系数∂_p见表5-4。

表5-3 比贯入阻力基准值和锥尖阻力基准值p_{s0}和p_{c0}

抗震设防烈度/MPa	Ⅶ	Ⅷ	Ⅸ
p_{s0}	5.0～6.0	11.5～13.0	18.0～20.0
p_{c0}	4.6～5.5	10.5～11.8	16.4～18.2

表5-4 土性修正系数∂_p

静力触探摩阻比R_f	沙土	粉土	
	R_f≤0.4	0.4＜R_f＜0.9	R_f≥0.9
∂_p	1.00	0.60	0.45

3.剪切波速法

该方法是以土在地震作用下的剪应变量作为液化判别的基本量，并利用胡克定律导出其间接判别量——临界剪切波速。由于该判别量稳定性较好，可在土层原位状态下通过测试得到，因而近几年来应用较广泛。该方法通常利用PS测井技术获取场地内各土层的剪切波速v_s值。

《岩土工程地质勘察规范》（GB50021—2001）建议用剪切波速判别地面下15 m深度范围内饱和沙

土和粉土的地震液化，可采用以下方法：实测剪切波速 $v_s = 0.618$ 小于按下式计算的临界剪切波速时，可判为不液化：

$$v_{scr} = v_{s0}\left(d_s - 0.013d_s^2\right)^{0.5}\left[1.0 - 0.185 \times \left(d_w/d_s\right)\right]\left(3/\rho_c\right)^{0.5} \tag{5-9}$$

式中：v_{scr} 为饱和沙土或饱和粉土液化剪切波速弹性界值（m）；v_{s0} 为与烈度、土类有关的经验系数，按表5-5取值；d_s 为剪切波速测点深度（m）；d_w 为地下水位（m）；ρ_c 为黏粒含量百分率。

表5-5　与烈度、土类有关的经验系数

土类	v_{s0} / (m·s⁻¹)		
	VII	VIII	IX
沙土	65	95	130
粉土	45	65	90

5.2.1.4　方法选用

液化判别宜用多种方法综合判定，主要有以下两个方面的原因：

（1）地震液化是由多种内因（土的颗粒组成、密度、埋藏条件、地下水位、沉积环境和地质历史等）和外因（地震动强度、频谱特征和持续时间等）综合作用的结果，例如，位于河曲凸岸新近沉积的粉细砂特别容易发生液化，历史上曾经发生过液化的场地容易再次发生液化等。

（2）我国规范的液化判别方法是根据国内数据统计，结合地震液化的影响因素建立的经验公式，实用性和针对性较强，且具体规定计算及选取防震抗液化措施较简单易行，但缺乏理论基础。各种判定方法考虑的范围和侧重点各不相同，对不同场地的适用程度也不同，都有一定的局限性和模糊性，所以在进行饱和土液化评判时不能单纯地用单一判别公式来简单评判，有必要采用多种判别方法进行综合评估，以提高评估结果的可靠性。

5.2.2　液化危害性评估

上述各种判定液化可能性的方法只能给出某饱和土层在某一动荷载下是否会发生液化现象，但是在具体的地基基础和上部结构情况下，土层的液化对于建筑物的危害可大可小。某土层被判别为有液化可能，不一定会危害到建筑物的存在和使用；液化的危险程度高也不意味着必须对液化层采取直接处理措施。因此从工程的安全性和经济性来看，液化效应对工程更直接，关系更密切，有必要对地基土层进行液化危害性评估，而液化效应方面的研究成果较少，远未达到成熟的程度。

一般来讲，液化危害性评估是指对未经抗震设计和加固处理的已建房屋和地基基础，在地震作用下可能因液化引起的破坏程度做出评估。这种评估工作具有两种作用：

（1）为制定城市和重大工程防灾规划提供基础性资料或依据。

（2）为确定某一工程的抗震措施提供依据，很明显这也是本书的研究目的。通常可以认为，依据服务对象的重要性、规模、经费等条件的不同，可以选用不同的评估方法和相应的措施。目前提出以下四种不同水平的评估方法。

5.2.2.1　液化指数法

岩琦和龙岗是最早提出液化危害性分析方法的。龙岗定义了液化指数，表达式为：

$$P_L = \int_0^{2.0} \left(1 - F_L\right) W(z) \, \mathrm{d}z \tag{5-10}$$

式中：P_L 为液化指数；$W(z)$ 为反映液化土层厚度和层位影响的权函数；z 为深度；F_L 为抗液化系数，等于土层抗液化强度与地震剪应力之比。

刘惠珊等修改了岩琦等建议的液化指数的形式，直接采用了我国常用的标准贯入击数与液化临界标准贯入击数之比求液化指数。我国的《建筑抗震设计规范》（GB50011—2010）沿用了刘惠珊的方法，规定对存在液化沙土层、粉土层的地基，应探明各液化土层的深度和厚度，按下式计算每个钻孔的液化指数，并按表5-6综合划分地基的液化等级：

$$I_{iE} = \sum_{i=1}^{n} \left(1 - N_i / N_{cri}\right) d_i W_i \tag{5-11}$$

式中：I_{iE} 为液化指数；n 为在判定深度范围内每一个钻孔标准贯入试验点的总数；N_i、N_{cri} 分别为 i 点标准贯入锤击数的实测值和临界值，当实测值大于临界值时应取临界值，当只需要判别15 m范围以内的液化时，15 m以下的实测值可按临界值采用；d_i 为 i 点所代表的土层厚度（m），可采用与该标准贯入试验点相邻的上、下两个标准贯入试验点深度差的一半，但上界不高于地下水位深度，下界不深于液化深度；W_i 为 i 土层单位土层厚度的层位影响权函数（m^{-1}），当该层中点深度≤5 m时应采用10，等于20 m时应采用零值，5～20 m时应按线性内插法取值。

表5-6　液化等级与液化指数的对应关系

液化指数	$0 < I_{iE} < 6$	$6 \leqslant I_{iE} \leqslant 18$	$I_{iE} > 18$
液化等级	轻微	中等	严重

研究表明，I_{iE} 是表示地基液化程度的一个很好的指标。这种方法最大的缺陷在于液化指数实质上只反映了沙土层的液化程度，并未包含上层建筑物的作用，故不能完全反映液化危害性。液化指数与液化土层上层建筑物的震害现象有时并不相符，它们之间可能只在一定程度上存在着某种定性关系。液化指数的大小不能定量地反映建筑物的震害程度，有时还可能给出错误的结果。

5.2.2.2　震陷值法

液化震陷是指沙土和粉土由于地震液化引起的地表或建筑物的附加沉陷。谢君斐等曾以计算震陷值作为指标研究液化危害，编制了计算程序，在工程实践中有所应用。该方法考虑了上层建筑物的特点，优于液化指数法。计算震陷值实际上也只反映了地基失效程度，与土层液化对房屋遭到的地震荷载的影响无关。通常按计算震陷值划分出了轻微、中等和严重三个液化等级。

预测震陷有多种计算方法，主要有以下四种方法。

1.模量软化法

地震荷载的反复作用使土的刚度或模量减小。根据确定的土性经验参数和选择地震的地面运动时程，进行静动力有限元计算，据此分析震害。

2.有限元法

一般可考虑液化土层、非液化土层、建筑物特性以及输入地震特点等因素的作用。在某些情况下，用有限元法计算出的震陷值，不仅反映了地基失效的影响，而且考虑了液化层的减震作用，更适用于重要建筑物的震害分析。

3.有效应力分析法

丰万玲和王天颂根据有效应力原理，计算了孔隙水压力在地震过程中的变化过程，不仅可用于液化判别，也可估算出土层区液化范围的扩展。孙锐改进了有效应力法，通过每个应力循环模拟土的非线性进程以及液化导致的土刚度衰减过程，引入了新建立的适用于非均等固结随机地震荷载作用下的孔压增长模型。

4.简化法

Tokimatsu 和 Seed 在非排水条件下对不同密度的沙土施加不同程度的剪切荷载使其液化，然后测量排水重新固结以后土样的体积应变，建立起"相对密度-剪切应力比-体积应变"之间的关系，进而估算沉降量。Ishihara 和 Yoshimine 则引入日本抗震规范中的液化安全系数的概念，建立"相对密度-液化安全系数-体积应变"之间的关系，方便了工程师们在对场地进行液化风险评估后进一步估算其液化沉降量。

5.2.2.3　谱烈度比法

谱烈度是反映谱上某周期区间内谱曲线所围的面积，面积的大小反映了该周期区间地震作用和震害反应的大小。谱烈度比定义为含液化层实际剖面的谱烈度与不含液化层的比较用剖面的谱烈度之比，$0.1 \sim 0.3$ s 的短周期谱烈度比记为 S_{a1}，$0.8 \sim 1.0$ s 的长周期谱烈度比记为 S_{a2}。液化对震害的负效应是隔震滤波，可用谱烈度比衡量液化对多层建筑的减震作用。顾宝和将减震效果分为两级，$S_{a1} < 0.7$ 为显著减震；S_{a1} 在 $0.7 \sim 0.9$ 为轻度减震。

5.2.2.4　综合评估方法

液化会使地基失效，也对建筑有减震作用，即同时存在正负效应。依据液化指数或计算震陷值均可划分反映土层液化危害程度的等级，只是它们反映得并不全面。石兆吉等人分别计算出震陷和谱烈度比，在划分综合影响等级时，既考虑了地基失效，又考虑了液化土层的隔震作用。张荣祥在石兆吉研究的基础上，还考虑了差异沉陷及地基失稳等问题，重新划分了综合影响等级，见表5-7。

表5-7　地震液化综合影响等级

液化综合影响等级	条　件				影响程度
	计算震陷	局部倾斜	整体倾斜	谱烈度比	
I	≤4	—	—	—	轻微

液化综合影响等级	条 件				影响程度
	计算震陷	局部倾斜	整体倾斜	谱烈度比	
	48	≤0.0045	≤0.006	≤0.85	
Ⅱ	4~8	≤0.0045	≤0.006	>0.85	中等
	9~19	≤0.0045	≤0.006	<0.8	
	20~40	≤0.0025	≤0.004	<0.7	
Ⅲ	不满足Ⅰ、Ⅱ、Ⅳ条件者				重
Ⅳ	20~40	>0.0045	>0.006	任意	严重
	>40	任意	任意	任意	
	地基失稳、场地发生地裂滑移				

5.2.3 日本的沙土液化评估

日本根据所选用指标的不同,可将判断液化可能性的方法分为剪应力法、剪应变法、能量法以及综合判别法等。

日本在抗液化剪应力比方面常采用两种方法:室内试验和震害调查。研究表明土体的抗液化剪应力比不仅与土体的密度有关,而且受土层的结构性、应力历史和沉积年代效应等影响。基于室内重塑试样的试验只能用来确定人工填土的抗液化剪应力比,不能确定原位土的抗液化剪应力比。确定抗液化剪应力比的室内试验研究主要在于发展合理的能代表原位静动应力状态的试验装置和减少扰动的原位取样技术,由于原位取样困难且代价昂贵,只有极少数工程应用,现在主要通过震害调查确定土层的抗液化剪应力比。随着震害数据的不断累积,该方法的可靠性亦随之提高。现在已经建立了采用标准贯入锤击数 N、圆锥触探贯入阻力 q_c、重型贯入试验击数 c、剪切波速 V_s 等原位指标来确定抗液化剪应力比的经验图表。

京都大学防灾研究所利用震动台进行了地基液化的模型试验,并和新潟地震中的震害调查结果进行了对比分析。在大量的已有地震中液化和不液化场地调查的基础上,综合分析影响液化的主要因素,如土性条件、地基条件、初始应力条件、动力条件等,给出液化的综合判据。

5.2.4 地震液化区输气管道的应力反应分析研究

土体液化是强震区管道的主要危害之一。一旦土体发生液化,管道就如同漂浮在液体之中。输气管道由于重量较轻在液化区会发生上浮,当管道上浮位移较大时会使得管道产生较大的弯曲而失效。基于非线性有限元软件ABAQUS建立了液化区管道的有限元分析模型,给出了液化区管道应力的计算分析方法,对强震区管道的安全运行有着重要的实际意义。

5.2.4.1 液化区输气管道的受力形式

在工程实际中,土体对管道的约束通常使用土弹簧来描述。土体液化后其对管道的约束力大大减弱,工程中常将液化区土弹簧弱化为原土弹簧的1/1000～1/3000,从而可以得到液化区输气管道的受力状态,如图5-3所示。管道在液化区受到液化土浮力和重力合力的抬升作用及弱化土弹簧的约束作用,而在非液化区受到正常土弹簧的约束作用。

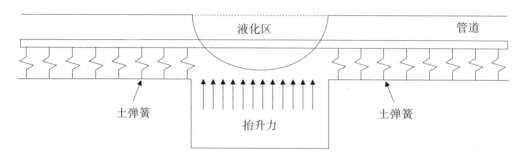

图5-3 液化区输气管道示意图

5.2.4.2 有限元分析模型

1.有限元模型描述

采用非线性有限元软件ABAQUS建立有限元分析模型,管道采用PIPE31单元离散,单元长度为0.5 m,对两侧非液化区管道各取500 m。土体对管道的作用使用一系列离散土弹簧表示,本模型采用ABAQUS软件提供的PSI单元模拟土弹簧,其中将液化区的土弹簧弱化为正常土弹簧的1/2000来模拟液化区的影响。对液化区管道施加均布的抬升力来模拟液化土对管道的浮力作用。

2.管材模型

有限元模型中采用R-O模型来描述管材的弹塑性模型。表达式如下:

$$\varepsilon = \sigma_s \Big/ E \Big[\sigma \Big/ \sigma_s + \alpha \big(\sigma / \sigma_s \big)^N \Big] \tag{5-12}$$

式中:ε 为应变,E 为管材的初始弹性模量,σ 为应力,σ_s 为管材的屈服应力,α 和 N 为R-O模型参数。

地壳稳定性等级和判别指标一览表见表5-8。

表5-8 地壳稳定性等级和判别指标一览表

稳定性	地壳结构	新生代地壳变形火山、地热	叠加断裂角α	布格异常梯度 $B_s/(10^5 \text{ ms}\cdot\text{km}^2)$	最大震级	基本烈度	地震动峰值加速度	工程建设条件
稳定区 I	块状结构,缺乏深熔断裂或仅有基底断裂,地壳完整性好	缺乏第四纪断裂,大面积上升,第四纪地壳沉降速率<0.1 mm/a,缺乏第四纪火山	0°～10° 70°～90°	比较均匀,缺乏梯度带	M<5.5	I≤6°	0.05～0.1	良好

稳定性	地壳结构	新生代地壳变形火山、地热	叠加断裂角 α	布格异常梯度 B_s /(10^5 ms·km²)	最大震级	基本烈度	地震动峰值加速度	工程建设条件
基本稳定区Ⅱ	镶嵌结构，深断裂连续分布，间距大，地壳较完整	存在第四纪断裂，长度不大，第四纪地壳沉降速率<0.1~0.4 mm/a，缺乏第四纪火山	11°~24° 51°~70°	地段性异常梯度带 B_s 在 0.5~2.0 之间	5.5≤M≤6.0	I=7°	0.11~0.15	适宜但需抗震设计
次稳定区Ⅲ	块状结构，深断裂成带出现，长度已大于百千米，地块呈条形、菱形地壳破碎	发育的晚更新世和全新世以来的活动断裂，延伸长度大于近百千米，存在近代活动断引起的 M>6 级地震，第四纪地壳沉降速率>0.4 mm/a，存在第四纪火山、温泉带	25°~50°	区域异常梯度带 B_s 在 2.0~3.0 之间	6.0<M≤7.0	8°≤I≤9°	0.20~0.4	中等适宜，须加强抗震和工程措施
不稳定区Ⅳ				区域异常梯度带 B_s > 3.0	M≥7.25	I≥10°	>0.4	不适宜

5.3　新疆地震分布情况

新疆处于印度洋板块和亚欧板块碰撞的前沿地带，主要有五大地震带，由北向南分别是阿尔泰地震带、北天山地震带、南天山地震带、西昆仑地震带和阿尔金山地震带。地震活动主要集中在以下区域。

5.3.1　乌恰—喀什地区（包括巴楚、伽师）

乌恰—喀什地区是中国大陆主要地震活动区，震度8°~9°，南疆铁路有547 km通过8°以上地震区。1985年8月23日乌恰7.4级大震，导致乌恰县城损毁严重。当年笔者受当地政府委托，主持并负责乌恰新县城岩土工程勘察和新城选址工作。自1990年以来，该地区平均2.5年左右会发生一次6级以上地震，尤其是1996—2003年，在伽师县发生12次6级以上地震，成为近年中国大陆6级以上地震最密集地区，损失也是最严重的。

5.3.2　乌什—柯坪地区

乌什—柯坪地区是新疆6级以上地震最主要活动区之一，共发生6级以上地震22次，约5年就会发生 1 次 6 级以上地震，地震活动频度远高于天山地震带其他区段。

5.3.3 南天山东段（库尔勒、轮台、库车、永丰城）

1906 年库车发生 2 次 7.3 级地震，1949 年该地发生 6 次 6 级以上地震。最近二十年多以 5 级地震为主，1998—1999 年经历一次 5 级地震活动；2018 年 4 月 5 日尉犁县发生 4.9 级左右地震，南疆铁路轨道变形、列车受阻。

5.3.4 北天山地震带（乌鲁木齐—西部边界）

北天山地震带（乌鲁木齐—西部边界）是新疆强震活动的主要地区之一，历史上曾发生 3 次 7 级以上地震和十余次 6 级以上地震。1965 年 11 月 13 日，天池附近发生 6.6 级地震，市区房屋大都产生不同程度破坏。2020 年 8 月 8 日，托克逊发生 4.8 级地震，乌鲁木齐震感强烈，多趟火车停滞，乌鲁木齐至盐湖西、吐鲁番等地区关停铁路线。

5.3.5 阿尔泰地区

该区地震活动强度大，曾是新疆强震活动的主要地区之一。1931 年新疆富蕴县发生 8 级地震，震中烈度 XI 度，震中卡拉先格尔发生大地震的断裂、塌陷、裂隙等地区破坏场面保存完好。该地震断裂带集中分布在富蕴县可可托海至青河县二台之间，狭长地带长达 159 km，最大错动幅度达 20 m，可谓是世界地震博物馆。在此可以看到地震断裂带主断裂面及其两侧破碎岩块，也能看到次级断面及破裂面组成的地震断裂全景。该断裂为右旋逆推为主的活断裂面，是一条有明显分段、活动程度不同的地震活动带。2003 年 9 月 27 日，在阿尔泰北部边境发生 7.9 级地震，整个阿尔泰境内均有不同程度震感，11 万 km² 范围内构筑物产生不同程度破坏，由于震中在人口稀少地区，未造成严重损失。

5.3.6 其他地震

21 世纪以来，新疆发生的最大地震为 2001 年发生在青海与新疆交界的阿尔金山上，震中在海拔 4900 m 高山上，由于震中为无人区，造成的损失不大。

5.4 地震对石油管道的影响

西部石油管道几乎全部都处于高震害区域，8°区域几乎占 1/2，新疆震害对石油管道的危害居全国石油管道震害之首。地震及活动断裂是引发管道重大事故的主要因素之一。地震可能在两个方面对油气长输管道造成危害：一是地震破坏土体的连续性和整体性，导致断层错动、滑坡、土壤液化、地裂等灾害；二是土体发生强烈震动，地震波在传播过程中破坏管道及附属设施，产生破坏或引发次生灾害。地震引发的直接破坏之一就是使管道下部地基发生沉陷，失去支撑作用，进而导致管道的不均匀沉降，使管道轴向承受的拉力增大。研究表明：当管道悬空长度超过临界值后，在多重应力作用下将使管道材料失效，产生裂纹，甚至拉断。震害调查表明，地震引发的大规模地层移动是导致油气管道损坏的主要原因；山区发生地震时往往伴有滑坡发生。

5.4.1　地震灾害对管道的危害

地震灾害对埋地管道主要有三种破坏方式，即地震波在传播过程中的压缩作用将管道扭曲、地震断裂将管道拉断和次生灾害（引起滑坡、泥石流、崩塌，保护层破坏，由液化产生浮管与地面沉降）。

地震波的传播效应是指地震发生时地震波在土壤中传播引起土体变形，使埋在其中的管道产生过大的变形而造成一定的损坏。这种土体变形不是永久变形，也未失去整体性和连续性。与铸铁质的输水管道不同，弹性良好的钢质输油气管道自重较小、抗屈服能力强，一般能经受住地震波的考验。地震波效应对焊接良好的钢质管道破坏较小，大量文献都没有它对输油气管道造成影响的报道，只有一篇对输水管道造成危害的资料。

5.4.2　永久地面变形

永久地面变形，主要是断层错动引起的地表开裂或沙土液化引起的侧向位移、滑坡、崩塌等地质灾害。永久地面变形可能发生在地震中，也可能发生在地震后。断层错动所致的永久地面位移可能高达数十米，管道一般难以抵御这种永久地面位移。永久地面变形是造成管道破坏的最主要因素，包括断层错动、沙土液化、滑坡等主要形式。

5.4.2.1　断层错动

地震中大部分管道破坏发生在断层错动附近。1976年我国唐山大地震中，秦京管道遭受地震损坏，其中3处管道损坏是由活动断层直接引起的。河北省香河段的皱褶破坏，发生在该管道与下垫断裂带相交的部位，此处产生一个皱褶，使管径减少了2/5，并在皱褶部位产生裂缝2处，长度分别为100 mm和200 mm，裂缝最宽处为40 mm。天津宝坻以西6 km处的震害，发生于该管道与沧东断裂带相交的部位。此处管道呈10°水平弯曲，曲率半径为500 m，管道内侧发现4条皱褶，皱褶间距为30 mm，皱褶最深处达80 mm，裂口长40 mm，宽度很小。昌黎站内管道的震害发生于该管道与昌黎至蓟县东西向活动断裂带相交的部位，管道破裂很多是由于场地断裂位移引起的压缩褶皱造成的。

2001年11月14日，青海省和新疆维吾尔自治区交界处的昆仑山南麓发生8.1级地震。在格拉管道的昆仑山口泵站上行8 km处，由于套管内主管道垂直穿越青藏公路段，正好位于断裂带上，致使10.5 m主管道扭曲，3.2 m主管道被拉断。由于当时处于停输期间，未造成重大损失。另外，也有成功防止断层错动对管道造成灾害的实例。地层错断引发管道破裂的形式如图5-4所示。

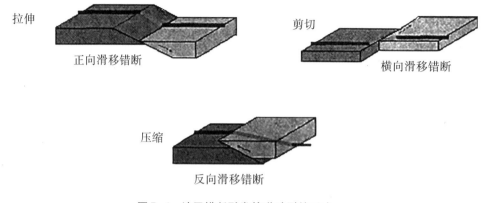

拉伸　正向滑移错断
剪切　横向滑移错断
压缩　反向滑移错断

图5-4　地层错断引发管道破裂的形式

活断层在地震中更容易对管道造成破坏。活断层是指现今还在持续活动的断层，或在人类历史时期和近期地质时期曾经活动过，极有可能在不远的将来重新活动的断层。后一种活断层也可称为潜在断层。

活断层有两种基本活动方式：

（1）以地震方式产生间歇性的突然滑动，这种断层称发震断层或黏滑性断层。黏滑性断层的围岩强度高，两盘粘在一起，不产生或仅有极其微弱的相互错动，从而不断积累应变能，当应力达到围岩锁固段的强度极限后，较大幅度的相互错动在瞬间突然发生，引发地震。

（2）断层两侧岩层连续缓慢地滑动，称为蠕变断层或蠕滑型断层。蠕滑型断层围岩强度低，断裂带内含有软弱充填物或孔隙水压，地温高的异常带内，断裂锁固能力弱，不能积累较大的应变能，在受力过程中会持续不断地相互错动而缓慢滑动。

活断层的研究可以通过航卫片解释、地质地貌调查、地质填图、探槽开挖等手段进行，在第四纪覆盖地区则必须使用各种地球物理探测和工程地质勘探方法。其目的就是要查明活断层的位置、活动时代、运动性质、滑动速率等。

5.4.2.2　沙土液化

沙土液化引起的地面侧向移动也是导致管道破坏的原因之一。目前文献资料报道的沙土液化事故并不多，对管道的危害也不太大。唐山大地震时，秦京输油管道经过7°、8°、9°烈度区的管道长度分别为140 km、50 km及25 km。这些地段的沙土出现过液化和喷砂现象，但未发现管道由于液化上浮而产生破裂事故。

5.5　小结

（1）地震对公路、铁路的危害十分明显，故遇震时应停车、下车避难，路基、桥梁出现损坏应及时修复，必要时可开设临时线路。

（2）地震对线性工程的危害分两类，即地震断裂带、土体液化。

（3）由于地震断裂是不可预测和监测的，地震断裂不可能在原来的断裂带上发生，具有突发性和偶然性。本书仅对活断层进行研究和探讨。

（4）现在国内外专家的注意力都放在地震液化的研究中，国内研究比较多的是在静力作用下液化发生的机理和评估，日本、美国等国家的研究学者研究的是在地震作用下液化发生的机理和评估。

（5）石油管道为国计民生的重大工程，而新疆、甘肃、青海、宁夏均为高震区，产生液化的区域大，应加大液化的勘查和评估。

第6章 地面塌陷

6.1 简介

本章研究只包含溶岩塌陷、采空区塌陷、地裂缝、地面沉降。洪水冲蚀作用产生的塌陷和湿陷性黄土地区产生的湿陷前面有详述，不在本章研究范畴。

6.2 地面塌陷分类

6.2.1 溶岩塌陷

在岩溶区石灰岩地层分布发育，受地下水侵蚀、渗透、渗流，石灰岩溶化产生溶蚀现象，出现空洞，即喀斯特现象。精伊霍铁路就遇到该现象，此类崩塌在南方石灰岩发育的西南非常普遍，在新疆较少出现。

6.2.2 采空区塌陷

采空区塌陷主要是由于地下开挖（采矿、地道）造成的空穴，上覆岩土失稳而引发的地面塌陷，如西部石油鄯乌线三道岭地段由于煤矿采空区的影响，地面塌陷而发生事故。

地面塌陷对普通铁路、公路危害较轻，主要原因是路基为土堆积而成属柔性结构，对沉降破坏影响较小。在公路上经常可以见到"沉降试验区，请减速"的警示牌。铁路通过地面塌陷区可加高路基减少塌陷产生的沉降影响，定时定期检查采空区路基下沉情况。由于地面沉降是个缓慢的沉降过程，出现路基变形也是非常缓慢的，如不能及时发现路基沉降，积少成多也能产生铁轨变形。地面塌陷对高速公路、高铁及石油管道影响非常大。

6.2.3　地裂缝

地裂缝是地表岩石或土体在地基断裂活动，地下水及地表水冲刷和侵蚀，气候干湿变化引起的岩土体膨胀，地表滑动、拉裂，地面塌陷式过量开采地下水以及矿山地下采空等因素作用下产生开裂，并在地表形成长度不一，宽度多变的地表缝隙。它是地面塌陷的一种表现形式。在涩宁线和鄯乌线有该类灾害发生。

6.2.4　地面沉降

地面沉降是人类近期采挖砂、石料产生的新生地质灾害，国家要求对筛砂坑进行回填治理，而回填治理单位只是将筛砂坑填平，未对坑进行加密处理，随着沉降和雨水作用，地面逐渐变形，最终使通过的线路沉降扭曲，甚至破坏。

6.3　采空区灾害的辨识

6.3.1　辨识

新疆地产丰富，各种矿藏星罗棋布，特别是新疆的煤矿储量达到全国储量的三分之一，线路工程不可能规避采空区的影响，本书主要研究的采空区有井工矿和露天矿两种类型。

6.3.1.1　井工矿

主要线路工程下伏采空区（尤其是煤矿采空区）是一类特殊的岩土工程问题，由于线路工程的重要性和区别于一般建（构）筑物的特殊性，线路与下伏采空区的相互影响给采空区线路的设计、建设和运营带来了特殊的困难。井工矿是采空区塌陷的一种类型。井工矿埋置深度较深，大部分矿层均远离地表，因此无法使用露天开采的方式。地下开采占世界采矿生产的60%。矿坑里通常使用房柱法在矿层中推进，梁柱用来支持矿坑，图6-1为井工矿。

6.3.1.2　露天矿

当矿层接近地表时，使用露天开采的方式较为经济。矿层上方的土称为表土。在尚未开发的表土带中埋设炸药爆破，接着使用挖泥机、挖土机、卡车等设备移除表土，这些表土被填入之前已开采的矿坑中。表土移除后，矿层将会暴露出来，这时将矿石钻碎或炸碎，使用卡车将矿石运往选矿厂做进一步处理。露天开采的方式比地下开采的方式可获得较大比率的矿石，因此较多的矿区多利用此方法。露天开采矿石可以覆盖数平方公里的面积，世界上约40%的矿石生产使用露天开采方式，如图6-2所示。如世界最大、最深的可可托海三号矿——"地质圣坑"，世界上已知的矿种共140个，三号矿就占了86个，二号矿原高出地面200 m以上，如今变成深143 m，长250 m，宽240 m的矿坑，一圈一圈的内壁旋环车道，形状如古罗马的巨型斗兽场。

图6-1　井工矿

图6-2　露天采矿

新疆地区露天矿以筛沙坑居多，政府部门通常对于露天矿的处理措施主要以回填处理为主。回填过程中没有注意回填土的密实度，通常都会产生大面积的沉降。

井工矿和露天矿（筛沙坑）开采结束后都会导致采空区的地面塌陷。当采空区地面塌陷直接作用到管道时，地层变形产生的地表移动和塌陷会导致管道受到拉、压、剪、扭、弯等荷载的作用，从而使管道极易遭受破坏。由于土体结构的各向异性，造成了采空区地面塌陷时土体对油气管道的作用十分复杂，同时采空塌陷现象自身具有隐蔽性、复杂性、突发性和长期性的特点，因此使得油气管道在采空塌陷作用下受到的荷载并不是一成不变的，从而造成管土相互作用方式随着采空塌陷过程的变化而变化。

6.3.2 辨识调查

采空区是由于固体矿产在地下开采造成的。采空区上部覆岩在重力、应力和自然力扰动作用下，引发地面裂缝、岩体错位并导致地面塌陷等地质灾害。

对采空塌陷区的调查主要分为以下几步：

（1）调查采空区地表的微地貌特征、地面沉降、洼地和地裂缝等，调查采空塌陷区地下水发育情况。

（2）查明采空区的开采厚度、深度和高度，以及采空区顶板岩体力学参数、岩层产状、顶板厚度和顶板悬空周界大小等。

（3）查明采空区开采的范围、时间、支护方法和顶板管理，以及采空区的塌陷范围、陷落体密实程度、空隙和积水等。

（4）分析计算，判定采空塌陷发生的可能性，以及采空区塌陷波、地面范围和沉降量。

（5）查明采空塌陷区管道敷设情况、管道的结构特征以及管道的埋深和位置。采空塌陷区的辨识除以上调查的内容外，采空区影响范围内的水系也是辨识的组成部分，因为这些水系会对管道造成较大的威胁。水流往下层地势低洼的采空区直泻而下，夹带着碎屑物，增加了采空塌陷的可能性，加大了线性工程事故发生的可能性。

6.4 地面塌陷对铁路和公路的影响

在选线和设计前探明的地面塌陷区包括采空区、溶岩区、地裂缝等，处理及治理都比较简单。

6.4.1 对公路的影响

6.4.1.1 井工矿

乌鲁木齐四道岔是老煤矿采空区，修建乌鲁木齐市环线和西山高架时，提前对采空区进行高压注浆，将矿洞填实，现道路已运行十多年未见地面塌陷发生。

6.4.1.2 露天矿

乌鲁木齐东绕城高速路在铁矿沟遇到露天煤矿，不能规避，筑路前先对露天矿进行回填处理，建成后运营数年未有沉降。

6.4.1.3　G315国道喀什火车站附近

G315国道喀什火车站附近,有一宽400 m以上的深沟,沟深18 m,采用分层回填强夯处理,喀什城区公路全线采用砼路面,笔者建议该段采用沥青路面以调节深坑产生的沉降,现该路面历经多年不断沉降,最大沉降量达1128 mm。

6.4.2　对铁路的影响

精伊霍铁路越岭区有大面积石灰岩,是构成越岭隧道的主要地层,受背斜构造影响,岩体垂直及顺层节理发育。在越岭地区两侧均见到沿节理裂隙发育而产生的长期溶洞,并发现有基岩裂隙水出露,泉水受冰雪融化及雨水补给,长年不断,水质清澈,口感微甜。

在岭南F16断层可见接触下降泉群,在岭北苏尔古苏沟、么遮拜萨依沟两侧山坡多处可见下降泉群,均以股状泉群出露,基岩裂隙水有良好的通道。由此可以推断岭脊两侧大面积分布着石灰岩,出现溶洞的可能性非常大。通过物探和深孔钻探也证明岩溶现象存在,但是溶洞规模较小。在隧道施工时充分证明岩溶现象的存在,发生岩溶水集中释放,产生突水事故,并且地面悬空和塌陷也时有发生,给施工造成不少困难。

6.5　采空塌陷对石油管道的作用特征

采空塌陷是一个动态的变化过程,因此在采空塌陷的不同阶段,对管道的作用亦不同,本书根据线性管道工程敷设的特点,将采空塌陷对管道的作用进行如下阐述。

6.5.1　采空塌陷对管道的作用

6.5.1.1　土体下塌蠕变

由于采空塌陷具有隐蔽的性质,即塌陷过程十分缓慢,速度每年只有几个毫米。在这种情况下,地表很少出现变形。基于此原因,管道中由于采空塌陷作用产生的应力和应变会逐渐累积,而不能及时发现管道的危险状态,时间长了就有可能使管道失效,甚至破裂。该阶段土体移动具有蠕变性,地表变形刚刚开始,尚未造成管体悬空,如图6-3(a),土体蠕变荷载由管道承担。

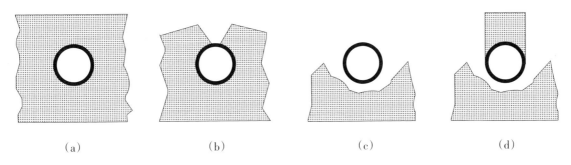

（a）　　　　　　（b）　　　　　　（c）　　　　　　（d）

图6-3　管道周边围土作用方式

6.5.1.2　管道局部暗悬

该阶段采空区土体塌陷过程明显加快，地表出现裂缝等变形迹象，起初管道随土体同步下沉，但由于管道刚度远大于土体，当土体下沉继续增大时，管道变形与地表下沉逐渐出现不同步，管道与其下方中部土体脱离。此时由于管道上方及周边土体尚无沿管道周边滑落至管道以下的空间，从而造成该区域管道局部暗悬并且悬空长度随着时间逐渐增加，因此管道除受自身及输送介质荷载作用之外，上覆土体荷载全部由悬空段管道承担，如图6-3（b）。

6.5.1.3　管道完全悬空外露

该阶段由于采空塌陷的继续进行以及管道与地表变形的不一致，导致管道与下方土体距离越来越大，管道四周土体与管道脱离，并沿管壁逐渐垮塌至塌陷盆地中，塌陷区土体已完全塌陷至管道以下，造成管道完全垂悬外露，如图6-3（c），此时管道只受自身及输送介质荷载作用。

6.5.1.4　管道悬空受压

管道悬空受压，土体突发沉陷，由于采空塌陷机理的不同还可能出现突发沉陷的情况，该阶段土体在瞬时发生垮塌，直接造成管道上覆的覆土剪切破坏，因此该阶段管道承受的荷载包括覆土土柱荷载、管道自身及输送介质荷载以及管道两旁土体突然剪切造成的剪力，如图6-3（d）。

6.5.2　油气管道应力——应变关系

传统的应力分析是以管道的最小屈服强度为荷载极限进行的，而对于地面变形等位移载荷控制下的情形（如遇到地震、滑坡、采空塌陷区敷设等情况时）在保证管道安全运营的前提下，允许管道的应变超过屈服应变，此时的管道虽发生一定塑性变形，但仍能满足生产要求，也就充分发挥了管道能力。因此，诸多管道普遍都采用了抗大变形钢和应变设计。

基于应变设计要求获取抗大变形管道钢材的应力-应变全曲线，即Round House（RH）曲线，如图6-4所示。该曲线上不含屈服平台，在屈服应变4%以内对实际的管道钢材的应力-应变曲线能够模拟得很好，可以避免双折线模型中判断到达哪种状态的麻烦。

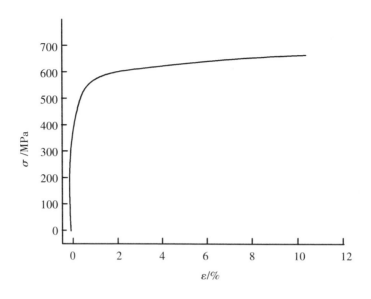

图6-4 管道钢材的应力-应变曲线

采空塌陷区管土相互作用的主要因素来自管道受到的上覆荷载和土体摩擦荷载的大小。根据采空塌陷的地表变形特征，结合线性管道工程敷设的特点以及作用于管道顶面上荷载的变化，将采空塌陷对管道的作用划分为土体下塌蠕变、管道局部暗悬、管道完全悬空外露和土体悬空受压四个阶段，由于造成地表采空塌陷的因素十分复杂，因此这四个阶段既可能是单一情况，也可能是一次塌陷过程中管道经历的几个不同阶段。此外，急倾斜煤层的开采极易造成地表的非连续性破坏，实例中管道经过了蠕变、局部暗悬和完全悬空外露三个阶段，但是也会出现因为地层的抽冒破坏，导致突发沉陷的情况。因此，通过采空区的油气管道在实际运行过程中，应当首先根据现场采空塌陷的程度来判断管道所处的受力阶段和变形特征，然后通过各种阶段的受力特征进行有针对性的管道安全评估，这对确保采空区油气管道的安全运营具有重大意义。

6.5.3 采空区对管道本体的危害

在采空沉陷区，充分采动结束后地表移动和变形对埋地管道带来的危害，可按照地表移动盆地特征分为中间区、内边缘区和外边缘区三个区域对管道进行分析。

（1）外边缘区的管道拉裂与沉降变形区。管道一般在采空区沉陷盆地外边缘区产生拉伸变形。由于埋设在该区域平行盆地长轴开采方向附近的管道与移动到外边缘区的岩土体之间的管土亲和作用，管道及地表岩土共同受到拉伸，以至于在管道的拉应力较大处产生变形，受预应力的弯管、弯头或有焊接缺陷的焊缝在长期变形作用下会导致失效。埋设在外边缘区与采空区开采推进方向呈一定角度的管道不仅要承受拉应力的破坏，也会承受剪切应力的破坏。

（2）内边缘区的管道局部鼓胀与扭曲变形。充分采动后，最终采空区沉陷盆地形成，在靠近盆地内边缘区，会出现少量的地表下沉。内边缘区会因为受压在地表某些局部区域可能出现鼓胀，埋设的管道通过内边缘区随着地表局部鼓胀的出现会因受压发生变形，引起管道外层防腐修补带卷边、褶皱，甚至管体发生褶皱；由于盆地内边缘区的下沉值较外边缘区大，下沉不一致可能造成管道长距离悬空或者弯曲变形，内边缘区的形成对管道依然产生破坏力。

（3）中间区的管道大沉降与塌陷悬空变形区。沉陷盆地中间区位于采空区域正上方中心，地表沉陷量达到最大值。中间区是发生地表采空塌陷的主要区域，当地表发生大沉降或塌陷时，管道极易悬空，裸露悬空后的管道将承受更大的弯矩、拉应力和剪应力，不仅很有可能发生断管事故，而且裸露悬空的管道更容易受到其他人为因素或偶然因素的破坏（如工程施工、落石等），管道经过此区域受到危害的影响最大。

综上所述，地下开采引起的地表岩土体的受拉、受压、大沉降或塌陷，都会给埋设在采空区的管道的安全运营带来不同程度的不利影响，甚至破坏、低估。

6.6　地面塌陷量的计算

一般按照《工程地质手册》（第五版）预测地面塌陷量的估算方法。

6.6.1　分层总和法

黏性土及粉土按下式计算：

$$s_\infty = \frac{a}{1+e_0} \Delta p H \tag{6-1}$$

沙土按下式计算：

$$s_\infty = \frac{1}{E} \Delta p H \tag{6-2}$$

式中：s_∞ 为土层最终沉降量（cm）；a 为土层压缩系数（MPa⁻¹），计算回弹量时用回弹系数；e_0 为土层原始孔隙比；Δp 为水位变化施加于土层上的平均附加应力（MPa）；H 为计算土层厚度（cm）；E 为砂层弹性模量（MPa），计算回弹量时用回弹模量。地面沉降量等于各土层最终沉降量之和。

6.6.2　单位变形量法

根据预测期前3~4年中的实测资料，按式（6-3）和式（6-4）计算土层在某一特定时段内，含水层水头每变化1 m时其相应的变形量，称为单位变形量。

$$I_s = \frac{\Delta S_s}{\Delta h_s} \tag{6-3}$$

$$I_c = \frac{\Delta S_c}{\Delta h_c} \tag{6-4}$$

式中：I_s、I_c 为水位升、降期的单位变形量（mm/m），Δh_s、Δh_c 为某一时期内水位升、降幅度（m），ΔS_s、ΔS_c 为相应于该水位变化幅度下的土层变形量（mm）。

为了反映地质条件和土层厚度与 I_s、I_c 参数之间的关系，将上述单位变形量除以土层的厚度 H，称为土层的比单位变形量，按式（6-5）和式（6-6）计算。

$$I_s' = \frac{I_s}{H} = \frac{\Delta S_s}{\Delta h_s H} \tag{6-5}$$

$$I_c' = \frac{I_c}{H} = \frac{\Delta S_c}{\Delta h_c H} \tag{6-6}$$

式中：I_s'、I_c' 为水位升、降期的比单位变形量（m^{-1}）。

在已知预测期的水位升、降幅度和土层厚度的情况下，土层预测沉降量按式（6-7）和式（6-8）计算。

$$S_s = I_s \Delta h = I_s' \Delta h H \tag{6-7}$$

$$S_c = I_c \Delta h = I_c' \Delta h H \tag{6-8}$$

式中：S_s、S_c 为水位上升或下降 Δh 时，厚度为 H 的土层预测的回弹量或沉降量（mm）。

6.6.3 地面塌陷发展趋势的预测

在水位升降已经稳定不变的情况下，土层变形量与时间的变化关系可用式（6-9）、式（6-10）和式（6-11）计算。

$$S_t = s_\infty U \tag{6-9}$$

$$U = 1 - \frac{8}{\pi^2}\left[e^{-N} + \frac{1}{9}e^{-9N} + \frac{1}{25}e^{-25N} + \cdots \right] \tag{6-10}$$

$$N = \frac{\pi^2 C_v}{4H^2} \tag{6-11}$$

式中：S_t 为预测某时刻 t 月后地面沉降量（mm）；U 为固结度，以小数表示；t 为时间（月）；N 为时间因素；C_v 为固结系数（mm^2/月）；H 为土层的计算厚度，两面排水时取实际厚度的一半，单面排水时取全面厚度（mm）。注：C_v 单位为 mm^2/月，实验室一般用 cm^2/s，换算关系为 $1\ cm^2/s = 2.59 \times 10^8\ mm^2$/月。

6.7 提升措施

采空区对管道危害较大，主要表现为地表沉降将造成管道埋设基础下沉，加大地表的倾斜和拉伸变形，对管道的稳定性产生影响。沿管道纵向的地表水平变形使管道受到拉伸与压缩，同时会使管道发生坡度、竖曲线形状和管道走向的变化等。管道随地表的下沉而下沉，必然导致管道在竖直方向上弯曲，对管道造成危害。因此，在管道选线方面，应尽量不穿越采空区；无法规避的应在采空区段管道建设完成后的运营期间，加强其区域管道的应力状态及变形特征评估，必要时采取采空区注浆工程等治理措施。

6.8　小结

1.对于管道穿越的采空区均应建立地质灾害档案，设立为地质灾害点。

2.对井工矿应探明巷道的走向、长度、规模、埋置深度、背覆情况、采矿时间等因素。

3.当管道穿越露天矿时，应探明露天矿的规模、深度、回填的物质、碾压质量等因素。

第7章　地质灾害危险性评估

地质灾害危险性评估是在查清地质灾害活动历史形成条件、变化规律与发展趋势上，对地质灾害活动程度和危害程度进行分析评判。

反映地质灾害活动的基本指标是地质灾害活动强度（活动规模）、活动频次、速率、范围及延续时间等。不同的地质灾害控制指标和参数是不相同的，应根据不同的地质灾害种类按其活动程度指标分别评估。

地质灾害的危害能力的基本标志是地质灾害的危害范围和强度。地质灾害危险性分为历史灾害危险性和潜在灾害危险性。

（1）历史灾害评估：地质灾害评估是对地质灾害活动程度的调查、监测、分析评估工作。危害程度指灾害具有的破坏能力，是综合指标，用灾害等级进行相对量证。

（2）潜在灾害评估：评价对地质条件、地形地貌、气候、水文、植被、人为活动等综合研究，分析出灾害的周期、平衡点阶面、灾害的内在因素和外在因素，评价出潜在灾害的可能性、规模、危害程度。

7.1　地质灾害评估通用规定

7.1.1　地质灾害评估程序

按《地质灾害危险性评估技术规范》的要求，地质灾害评估应按如下程序进行：

（1）阐明项目地质环境条件的基本特征，分析论证项目各种灾害的危险性，进行现状评估、预测评估和综合评估，提出防治措施与建议及适宜性评估结论。

（2）地质灾害的灾种很多，本书只探讨水毁、滑坡、泥石流、崩塌、地震、地面塌陷。

7.1.2　评估工作方法

（1）收集规划、水文、地质、气象、地形、地貌、区域地质等资料。

（2）对有疑问和短缺的资料现场收集。

（3）广泛采集当地的地区经验。

7.1.3　评估工作要求

（1）应在总体规划阶段和可行性研究阶段前完成评估。

（2）如评估在5年前完成，应重新评估原先及现况差异。

（3）如评估完成后地质地貌及环境发生重大变化应重新评估。

（4）评估结果须经专家审查、备案后，方可立项用地审批。

7.1.4　评估工作程序

（1）接受任务后应进行现场踏勘，收集资料，对项目进行初步分析。

（2）根据已有资料确定工作范围，评估等级，编制评估计划书。

（3）现场勘查，确定收集资料的真实性和完整性，不足时应补勘。

（4）周边和附近地质灾害的情况和资料。

（5）根据收集的资料及周边经验，对场地适宜性进行评估。

（6）提交评估报告。

7.1.5　评估工作

7.1.5.1　评估工作范围

（1）线性工程的评估范围一般向线路两侧扩展500～1000 m为宜，并应根据灾害类型和工程特点扩展到地质灾害影响边界。

（2）滑坡、崩塌评估范围划至第一斜坡带，单斜基岩应划至占工程建设影响层对应的斜坡顶部坡面的反倾地带，松散层应在斜坡带上有人活动的地段。

（3）水毁、泥石流评估范围为完整的河、沟流域及下游危害区。

（4）溶岩塌陷评估应确定可溶岩范围分布，应收集钻孔和物探资料验证。

（5）采空区应收集矿山开挖图及相关资料，必要时应钻探、物探证实。

（6）地面塌陷和地裂缝应收集断层分布图，以及新构造运动、降水人防地道、地下管道等资料，确定评估范围。

7.1.5.2　评估级别分级表

地质灾害危险性评估分级表见表7-1。

表7-1　地质灾害危险性评估分级表

建设项目重要性	地质环境条件复杂程度		
	复杂	中等	简单
重要	一级	一级	二级
较重要	一级	二级	三级
一般	二级	三级	三级

7.1.5.3　地质灾害的危害程度

地质灾害危害程度分级表见表7-2。

表7-2　地质灾害危害程度分级表

危害程度	灾　情		险　情	
	死亡人数 R/人	直接经济损失 J/万元	受威胁人数 R/人	可能直接经济损失 J/万元
大	$R>10$	$J>500$	$R>100$	$J>500$
中等	$3<R<10$	$100<J<500$	$10<R<100$	$100<J<500$
小	$R<3$	$J<100$	$R<10$	$J<100$

注　1：灾情指已发生的地质灾害，采用"死亡人数""直接经济损失"指标评价。

　　2：险情指可能发生的地质灾害，采用"受威胁人数""可能直接经济损失"指标评价。

　　3：危害程度采用"灾情"或"险情"指标评价。

7.1.5.4　地质灾害诱发因素

地质灾害诱发因素分类表见表7-3。

表7-3　地质灾害诱发因素分类表

分类	滑坡	崩塌	泥石流	岩溶塌陷	采空塌陷	地裂缝	地面沉降
自然因素	地震、降水、融雪、融冰、地下水位上升、河流侵蚀、新构造运动	地震、降水、融雪、融冰、温差变化、河流侵蚀、树木根劈	降水、融雪、融冰、堰塞湖溢流、地震	地下水位变化、地震、降水	地下水位变化、地震	地震、新构造运动	新构造运动
人为因素	开挖扰动、爆破、采矿、加载、抽排水	开挖扰动、爆破、机械振动、抽排水、加载	水库溢流或垮坝、弃渣加载、植被破坏	抽排水、开挖扰动、采矿、机械振动、加载	采矿、抽排水、开挖扰动、震动、加载	抽排水	抽排水、油气开采

7.1.5.5　地质灾害危险性分级

地质灾害危险性分级表见表 7-4。

表 7-4　地质灾害危险性分级表

危害程度	发育程度		
	强	中等	弱
大	危险性大	危险性大	危险性中等
中等	危险性大	危险性中等	危险性中等
小	危险性中等	危险性小	危险性小

7.1.5.6　道路交通工程地质灾害预测评估

速度大于 200 km/h 铁路工程遭受地质灾害危险性预测评估分级见表 7-5，隧道进出口遭受地质灾害危险性预测评估分级见表 7-6，桥梁基础遭受地质灾害危险性预测评估分级见表 7-7，路基遭受地质灾害危险性预测评估分级见表 7-8。

表 7-5　速度大于 200 km/h 铁路工程遭受地质灾害危险性预测评估分级

建设工程位置及遭受地质灾害的可能性	危害程度	发育程度	危险性等级
建设工程位于地质灾害影响范围内，遭受地质灾害的可能性大	大	强	大
		中等	大
		弱	大
建设工程邻近地质灾害影响范围内，遭受地质灾害的可能性中等	中等	强	大
		中等	大
		弱	中等
建设工程位于地质灾害影响范围外，遭受地质灾害的可能性小	小	强	大
		中等	中等
		弱	小

表7-6　隧道进出口遭受地质灾害危险性预测评估分级

建设工程位置及遭受地质灾害的可能性	危害程度	发育程度	危险性等级
建设工程位于地质灾害影响范围内,遭受地质灾害的可能性大	大	强	大
		中等	大
		弱	中等
建设工程邻近地质灾害影响范围内,遭受地质灾害的可能性中等	中等	强	大
		中等	中等
		弱	中等
建设工程位于地质灾害影响范围外,遭受地质灾害的可能性小	小	强	中等
		中等	小
		弱	小

表7-7　桥梁基础遭受地质灾害危险性预测评估分级

建设工程位置及遭受地质灾害的可能性	危害程度	发育程度	危险性等级
建设工程位于地质灾害影响范围内,遭受地质灾害的可能性大	大	强	大
		中等	大
		弱	大
建设工程邻近地质灾害影响范围内,遭受地质灾害的可能性中等	中等	强	大
		中等	中等
		弱	中等
建设工程位于地质灾害影响范围外,遭受地质灾害的可能性小	小	强	中等
		中等	小
		弱	小

表7-8　路基遭受地质灾害危险性预测评估分级

建设工程位置及遭受地质灾害的可能性	危害程度	发育程度	危险性等级
建设工程位于地质灾害影响范围内,遭受地质灾害的可能性大	大	强	大
		中等	中等
		弱	中等

建设工程位置及遭受地质灾害的可能性	危害程度	发育程度	危险性等级
建设工程邻近地质灾害影响范围内,遭受地质灾害的可能性中等	中等	强	大
		中等	中等
		弱	小
建设工程位于地质灾害影响范围外,遭受地质灾害的可能性小	小	强	中等
		中等	小
		弱	小

7.1.5.7　油气管道工程地质灾害预测评估

油气管道遭受地质灾害危险性预测评估分级见表7-9。

表7-9　油气管道遭受地质灾害危险性预测评估分级

建设工程位置及遭受地质灾害的可能性	危害程度	发育程度	危险性等级
建设工程位于地质灾害影响范围内,遭受地质灾害的可能性大	大	强	大
		中等	大
		弱	大
建设工程邻近地质灾害影响范围内,遭受地质灾害的可能性中等	中等	强	大
		中等	中等
		弱	中等
建设工程位于地质灾害影响范围外,遭受地质灾害的可能性小	小	强	中等
		中等	中等
		弱	小

7.1.6　油气管道地质灾害评估

7.1.6.1　国内石油管道地质灾害评估

2000年，国内开展了忠武管道建设期间的地质灾害评估；2005年，针对兰成渝管道进行了在役输油管道的地质灾害区域评估，形成了管道区域地质灾害易发性评估方法体系。另外，对西气东输管道、涩宁兰输气管道、乌兰管道等油气管道的地质灾害评估研究也相继完成。这些研究不仅使得管道水毁灾害的形成机理与防治、地质灾害作用下管道的破坏机制及管道地质灾害的调查与整治规划等方面的研究有了较大的进步，并且对于地质灾害风险的评估模型与指标体系、管道地质灾害的危险性评估与分区、管道地质灾害风险评估软件的开发等方面的研究也取得了一定的进展。

2005 年，常景龙调查了我国东北和西北地区输油管道的河沟穿越情况，用理论计算和数值模拟等方法研究了穿河管道的安全性，从管道力学的角度进行安全性评估，丰富了水毁灾害的评估方法。2006 年，西气东输管道公司联合西南石油大学，专题研究了西气东输管道沿线的水毁灾害、湿陷性黄土灾害、泥石流灾害等 9 种地质灾害的形成、演化过程以及对管道的危害特征，基于 Kent 模型建立了我国首个管道地质灾害风险评估模型，并开发了风险评估系统软件。

2007 年，中国石油管道研究中心开展了管道地质灾害风险评估技术研究，开发了崩塌、滑坡、水毁、泥石流等 11 种常见的管道地质灾害的半定量评估技术，建立了管道地质灾害风险评估模型及与各种灾害相对应的风险评估指标体系。西气东输管道公司在对西气东输管道全线所经地区环境地质条件进行调查分析的基础上，针对西气东输管道环境地质灾害类型，建立了西气东输管道环境地质灾害风险评估的半定量指标体系，开发了相应的评估软件，为西气东输管道的地质灾害预防提供决策。

目前，管道地质灾害风险评估方法主要有定性法、半定量法和定量法。

（1）国内目前常用的方法为定性法：主要根据经验进行相对评估，有风险评价指数法、危险与可操作性分析、安全检查表等。

（2）国内教科研单位试行的方法为半定量法：以风险的数量指标为基础，以受灾体和致灾体为评估对象，首先按照一定权重对风险影响因素赋值，然后用数学方法计算组合，一般通过相加，从而形成一个相对风险指标。主要有指标评分法（专家打分法）、修正专家打分法、层次分析法等，以专家打分法最为常用。

（3）国外科研单位（日本东京大学、京都大学）正在研究的方向为定量法：这是一种基于直接评价失效概率和失效后果的、评价事故绝对风险概率的数学统计方法。常用的定量方法有模糊综合评判法、故障树分析法、概率风险评估法等。

风险评估方法不但容易理解、操作简单，而且还能对所有灾害点进行风险排序、分级，为风险防治规划提供依据。

7.1.6.2　油气管道地质灾害风险管理

按《油气管道地质灾害风险管理技术规范》（SYT 6828—2017），管道地质灾害风险管理应遵循以下要求。

1. 一般要求

地质灾害风险评价应在管道地质灾害调查的基础上进行。管道地质灾害风险评价应分为以下两个层次实施：区域管道地质灾害易发性评估和单体管道地质灾害风险评估。

（1）区域管道地质灾害易发性评估分区标准。区域管道地质灾害易发性评估分区主要依据地质环境条件和地质灾害的发育密度进行划分，分为四个等级：高易发区、中易发区、低易发区和非易发区，必要时可进一步划分为亚区和段。区域地质灾害易发性评价应考虑以下因素：

①地质灾害形成的地质环境条件和主要诱发因素：地形地貌、地层岩性、地质构造、气象水文、地质作用、人类工程活动等。

②灾害点的类型、发育密度、威胁程度，统计管道沿线地质灾害发育密度，以"处/千米"表示；调查曾经发生的地质灾害险情、管道损伤事件，考察目前管道受地质灾害威胁的程度。

③区域管道地质灾害易发性评估分区方法。

④区域管道地质灾害易发性评估方法可用因子叠加法或信息量模型法，评价过程中宜借助GIS技术，用电子信息化手段完成，并形成基于GIS技术的管道地质灾害易发性分区图。

⑤区域管道地质灾害易发性评价宜采用1∶100000或更小比例尺。

（2）单体管道地质灾害风险评估。单体管道地质灾害风险评估由地质灾害易发性评估、管道易损性评估和管道失效后果评估组成；按照地质灾害可接受风险等级，确定某一单点的地质灾害风险是否可接受，并提出防治建议。

2.基本要求

（1）单体地质灾害风险评估可采用定性评估法、半定量评估法和定量评估法。在地质灾害防治规划阶段，宜采用定性评估法、半定量评估法，实施单体地质灾害风险评估，推荐采用半定量评估法。对列入近期治理规划的规模较大的滑坡、崩塌灾害点，宜采用定量风险评价法进行评估。

（2）定性评估法和半定量评估法应将单体地质灾害风险分为五级：高、较高、中、较低、低。

（3）在管道地质灾害防治规划阶段，对不同风险等级的地质灾害点，宜按照表7-10采取基本防治措施。

表7-10　各风险等级相应的基本防治建议

风险等级	基本防治建议
高	实施防治工程
较高	采取专业监测或风险减缓措施
中	重点巡检或简易监测
较低	巡检
低	暂不采取措施

3.单体管道地质灾害风险定性评估

（1）定性评估内容应包括地质灾害易发性、管道易损性和环境影响评估，每个评价内容分为三个等级，分级方法按表7-11规定。

表7-11　单体管道地质灾害风险定性评估分级表

级别	地质灾害易发性	管道易损性	治理难度
高	滑坡不稳定,正在变形中,或2年内有过明显变形(如滑坡出现拉裂、沉降、前缘鼓胀或剪出);危岩(崩塌)主控裂隙拉开明显,后缘拉张裂隙与基脚软弱、发育岩腔构成不利的危岩体结构,有小规模崩塌事件或预计近期要发生灾害,崩塌岩块破坏强度大;泥石流形成条件充分,泥石流沟的发育阶段处于发展期或旺盛期,近年来有过泥石流发生事件;沟道或坡面侵蚀严重,2年内地貌改变明显,发生过坍塌、堤岸后退等水毁现象且具备一定规模,河沟槽摆动明显,河床掏空或下切深度达1 m以上;陷穴发育,形成串珠状的湿陷坑和潜蚀洞穴;采空区地面出现沉降,错位大于10 cm,地面建筑物发生明显变形	危害性大,如管道破裂或断裂,将发生泄漏,或严重扭曲变形造成输油气中断。管道存在以下情况时可判定为危害性大:管道在滑坡内部;崩塌落石块体可能的直接冲击区域;管道在泥石流流通区;管道发生悬空、漂浮、流水冲击管道;管道位于塌陷区或潜在塌陷区内	管道从地质灾害地段通过,不能治理或治理非常困难
中	滑坡潜在不稳定,目前变形迹象不明显或局部有轻微变形,但从地形地貌及地质结构判断,有发展为滑坡的趋势;危岩主控裂隙拉开较明显,或有基脚软弱、发育岩腔,具有崩塌的趋势,崩塌岩块破坏强度较大;泥石流形成条件较充分,泥石流沟的发育阶段处于较旺盛期,泥石流堆积;沟道或坡面发生侵蚀,近年来地貌有改变,有坍塌、堤岸后退等水毁现象;黄土有湿陷性,陷穴有发育但规模小;地下有采空区,地表有零星塌陷坑,地裂缝发育特征不甚明显	危害性较大,如管道裸露、悬空、漂浮、变形及损伤等,可能引起介质少量泄漏,可以在线补焊和处理的事故。管道处在以下情况时可判定为此级:管道处在滑坡、崩塌影响区,泥石流堆积区,管道发生露管和埋深严重不足,管道位于塌陷区边缘	管道受地质灾害的影响较大,治理困难
低	一般条件下不会发生地质灾害,但在地震或特大暴雨、长时间持续降雨条件下可能出现崩塌、滑坡或泥石流;有发生水毁、黄土湿陷、采空塌陷的可能性,但表现不明显	不构成明显危害,各种灾害影响到管道安全的可能性小	管道受地质灾害的影响,但能治理

（2）基于地质灾害易发性、管道易损性和环境影响评估的三个等级,将风险评价结果分为5个等级,分级方法按表7-12规定。

表7-12　定性评价风险等级分级

风险等级	各评价内容的结合
高	(高,高,高)、(高,高,中)、(高,高,低)、(高,中,高)、(中,高,高)
较高	(高,中,中)、(高,中,低)、(中,高,中)、(中,高,低)、(高,低,高)、(高,低,中)、(中,中,高)、(中,中,中)、(低,高,高)、(低,高,中)
中	(高,低,低)、(中,中,低)、(低,高,低)、(中,低,高)、(中,低,中)、(低,中,高)、(低,中,中)、(低,低,高)
较低	(低,中,低)、(中,低,低)、(低,低,中)
低	(低,低,低)

注:括弧里自左至右表示依次表示地质灾害易发性、管道易损性、环境影响评价的等级。

4.单体管道地质灾害风险半定量评估

（1）半定量风险评估内容应包括风险概率评估和失效后果评估。

（2）风险概率$P(R)$按式（7-1）计算：

$$P(R) = H \times (1 - H') \times S \times V \times (1 - V') \tag{7-1}$$

式中：$P(R)$为风险概率，H为自然条件下灾害发生概率，H'为灾害体防治措施发挥完全作用（完全阻止灾害发生）的概率，S为灾害发生影响到管道的概率，V为没有任何防护的管道受到灾害作用后发生破坏的概率，V'为管道防护措施发挥完全作用（完全防止管道破坏）的概率。

（3）风险概率的半定量评估宜采用指标评分法，对式7-1中每一组成部分建立评价指标体系，按式（7-2）计算风险概率指数。

$$P(R) = \frac{\sum_{i=1}^{n_1} u_{1i} \cdot w_{1i}}{10} \cdot \left(1 - \frac{\sum_{i=1}^{n_2} u_{2i} \cdot w_{2i}}{10}\right) \cdot \frac{\sum_{i=1}^{n_3} u_{3i} \cdot w_{3i}}{10} \cdot \frac{\sum_{i=1}^{n_4} u_{4i} \cdot w_{4i}}{10} \cdot \left(1 - \frac{\sum_{i=1}^{n_5} u_{5i} \cdot w_{5i}}{10}\right) \tag{7-2}$$

式中：n为各评价指标体系中指标个数；u_i为各评价指标体系中第i个指标所处状态的分值，取值范围为0～10；w_i为各评价指标体系中第i个指标的权重，取值范围为0～1。

（4）失效后果损失指数E按式（7-3）计算

$$E = PH \times SP \times DI \times RC \tag{7-3}$$

式中：PH为产品危害系数，取值范围为5～10；SP为泄漏系数，取值范围为1～5；DI为扩散系数，取值范围为1.5～5；RC为受体，取值范围为0.5～4。

（5）依据风险概率值应将风险概率评估结果分为五级，依据后果损失值应将后果损失评估结果分为五级。单体管道地质灾害风险按风险概率等级和后果损失等级综合确定。

5.单体管道地质灾害风险定量评估

（1）风险定量评估内容包括灾害发生概率评估和灾害作用下管道易损性评估两部分。定量风险评估应基于详细的工程地质勘察资料和管道物理力学参数。

（2）灾害作用下管道易损性评估宜采用解析分析法、数值模拟法等方法，以确定灾害影响下管道的最大实际轴向应力。按式（7-4）确定管道易损性V：

$$V = \frac{\sigma_a}{[\sigma_a]} \tag{7-4}$$

式中：σ_a为灾害影响下管道的最大实际轴向应力，$[\sigma_a]$为管道可接受应力阈值。

（3）确定管道地质灾害防治计划时应综合考虑灾害发生概率评价结果和管道易损性评估结果。

7.1.6.3 西部管道地质灾害风险评估模型

风险评估模型包括基本模型和修正模型。

1.风险评估基本模型

风险评估基本模型如式（7-5）所示：

$$R = 85 - \frac{S}{C} \tag{7-5}$$

$$S = S_1 + S_2 + S_3 + S_4 \tag{7-6}$$

$$C = \frac{U}{D} \tag{7-7}$$

$$U = N + R_D \tag{7-8}$$

$$S = N_f + N_r + N_h \tag{7-9}$$

$$D = \frac{L}{H} \tag{7-10}$$

$$H = P_D + C_S \tag{7-11}$$

式中：R 为相对风险分值，S 为失效可能性各项指标总和，C 为泄漏影响系数，S_1 为自然因素指标得分，S_2 为管道敷设情况指标得分，S_3 为灾害活动指标得分，S_4 为设计与误操作指标得分，U 为管输介质危险性系数，D 为扩散系数，N 为当时性危险系数，R_D 为长期性危险系数，N_f 为燃烧性系数，N_r 为反应性系数，N_h 为有毒性系数，L 为管输介质泄漏率，P_D 为管道周围环境系数，C_S 为高后果区敏感系数。

2. 风险评估修正模型

地质灾害风险评估修正模型如式 7-12 所示：

$$S = X_1 \cdot S_1 + X_2 \cdot S_2 + X_3 \cdot S_3 + X_4 \cdot S_4 \tag{7-12}$$

式中：X_1 为因素灾害历史修正系数，X_2 为管道敷设状况灾害历史修正系数，X_3 为灾害活动灾害历史修正系数，X_4 为设计及误操作灾害历史修正系数。

3. 灾害历史修正系数

根据灾害历史次数，按如下原则选取灾害历史修正系数：

①从未发生过，灾害历史修正系数取 1。

②发生过 1 次灾害，灾害历史修正系数取 0.95。

③发生过 2 次灾害，灾害历史修正系数取 0.9。

④发生过 3 次灾害，灾害历史修正系数取 0.85。

4. 输气中断修正模型

对于长距离输气管道，进行环境及地质灾害风险评估时宜考虑输气中断修正模型：

$$C = K \cdot \frac{U}{D} \tag{7-13}$$

式中：K 为输气中断修正系数，U 为管输介质危险性系数，D 为扩散系数。

5. 输气中断修正系数

用户对输气中断影响的敏感程度由用户的重要程度和用户对连续供气的依赖程度表示，长距离输气管道支线的输气中断修正系数根据用户对输气中断影响的敏感程度确定。

6. 采用修正模型时应遵循的原则

采用修正模型时应由熟悉本标准并且具有长期环境以及地质灾害风险评估经验的评估人员在基本模型的基础上确定修正模型。修正模型仅适用于其针对的管道。

7. 风险评估指标体系

（1）输气管道环境及地质灾害风险评估指标体系中各类影响因素分为以下几类：自然环境、管道敷设情况、灾害活动、设计与误操作。

（2）输气管道各类环境及地质灾害风险要素调查内容应按照规定执行。

8.输气管道环境及地质灾害风险评估体系中各类影响因素的评分原则

（1）自然因素、管道敷设情况、灾害活动和设计与误操作四类因素中的子因素应以最不利于管道安全的情况评最低分，最利于管道安全的情况评最高分。

（2）泄漏影响系数中的子因素应以管道事故损失最大的情况评最高分，管道事故损失最小的情况评最低分。

7.1.6.4　西部管道地质灾害风险等级划分标准

风险评估的结果是相对风险值，风险等级划分标准见表7-13。

表7-13　输气管道环境及地质灾害风险等级划分标准

风险等级	风险分值	风险描述
低风险	<50	处于该风险等级的灾害点较安全,灾害点目前的各项保护条件较好,无灾害历史记录
中等风险	50～70	处于该风险等级的灾害点灾害迹象正在萌生,大多数灾害点目前的保护条件基本满足正常使用的要求,或个别有灾害历史记录
高风险	>70	处于该风险等级的灾害点灾害迹象已很明显,多数灾害点目前的保护条件已丧失应有的保护功能,或灾害历史记录很高

7.2　水毁地质灾害的危险性评估

由于水毁灾害未列入地质灾害名录，故《地质灾害危险性评估规范》未将水毁灾害列入。现根据水毁的特征及危害，结合公路、铁路、石油管道的特征及研究者多年积累的经验和前期工作对水毁的安全性进行评估。

7.2.1　水毁灾害前期调研

（1）收集气象、水文、水系水域、地形地貌、生态环境等基本资料。

（2）收集冰雪融化和暴雨强度、前期降雨量、地表河流平均和最大流量、地下水基本参数和出露情况。

（3）探明水毁的地形、地貌特征、切割情况、发育程度、坡度、弯曲、粗糙程度，并圈给沟谷江水面积，以测量洪水量、流速、冲刷强度。

（4）根据河沟凸岸和凹岸水流冲刷的特征，推断出塌岸、掏蚀以及形成冲刷破坏的程度。

（5）探明湿陷性黄土湿陷和次生回填土的分布特征。

（6）对已建成的线性工程要进行雨前、雨中、雨后"三巡"工作，发生水毁的及时抢修，做到"堵小洞，防大害"，防患于未然。

7.2.2 铁路各类建构筑物等级与防洪标准

铁路各类建构筑物等级与防洪标准见表7-14。

表7-14 铁路各类建构筑物等级与防洪标准

等级	重要程度	运输能力/（万t/年）	防洪标准/（重现期·年）			
			路基	涵洞	桥梁	大桥、特大桥
I	各干线铁路、高速铁路	>1500	100	50	100	300
II	主要铁路、联络铁路	1500～750	100	50	100	300
III	地区（地方）铁路	<750	50	50	50	100
IV	专用线	<500	50	50	50	100

7.2.3 公路各类建构筑物的等级及防洪标准

公路各类建构筑物的等级及防洪标准见表7-15。

表7-15 公路各类建构筑物的等级及防洪标准

等级	重要程度	防洪标准/（重现期·年）				
		路基	特大桥	大中桥	小桥	涵洞、排水沟
高速	政治经济意义特别重要，分道行驶，控制出入的公路	100	300	100	100	100
I	连接省城、重点工矿、机场，分道行驶，控制出入的公路	100	300	100	100	100
II	连接大城市、工矿、机场、港口，专供汽车行驶的公路	50	100	50	50	50
III	省道、县道	25	100	50	25	25
IV	通达公路	—	100	50	25	—

7.2.4　油气管道等级及防洪标准

油气管道等级及防洪标准见表7-16。

表7-16　油气管道等级及防洪标准

等级	工程规模	防洪标准/（重现期·年）
I	大型	100
II	中型	50
III	小型	25

注：对冲刷较剧烈地域（水域）穿过的管道，其埋深应在相应的防洪标准洪水冲刷深度之下。

7.2.5　危险评价因子选取

7.2.5.1　水毁分布密度

水毁分布密度分为点密度和线密度，点密度指单位长度内水毁分布数量，单位为处/km。线密度表示单位长度公路内路基水毁的总长度，单位为m/km。为了统一指标分级，采用下列公式确定：

$$K_M = \frac{1}{2}\left(100K_P + K_L\right) \tag{7-14}$$

式中：K_M 为综合指标，K_P 为点密度，K_L 为线密度。

7.2.5.2　河流形态

河流形态的变化往往会导致河道压缩、河流凹岸冲刷等现象，从而改变水流的流速及流向，加剧对沿河公路路基的冲刷。根据河流形态与公路的位置关系，将奥依塔克—布伦口段划分为开阔河道顺直段、开阔河道凹岸、开阔河道凸岸、峡谷河道顺直段、峡谷河道凹岸、峡谷河道凸岸。

7.2.5.3　河床比降

河床比降的大小往往直接影响水流的流速，山区河流一般比降较大，流速较快，挟沙能力强，特别是河床比降大的河段，可以带动沿途河床质，从而对沿河公路路基造成严重威胁。

7.2.5.4　线路类型

根据沿线地形地貌，线路类型可划分为沿河公路、边坡公路、跨河公路和平原公路，不同类型的公路受水毁灾害的影响程度也不一样。因此线路类型是公路水毁风险性评估的一个重要指标。

7.2.5.5 地形起伏度

一般情况下，地势起伏大的地方比地势起伏小的地方更容易遭受河水的侵袭，即起伏度越高，公路水毁危险性越大。

7.2.5.6 岩性条件

不同的岩性条件，其结构特征、力学性质、透水性等都具有差异性，在降雨与河流的冲刷作用下，其稳定性和敏感性也不一致。根据不同岩组与水流相互作用的强弱，将研究区分为Ⅰ、Ⅱ、Ⅲ、Ⅳ4个岩组，其抗水毁能力依次减弱。

7.2.5.7 地质构造

区域地质构造发育越集中的路段，其岩土体的变形和破坏就越严重，在洪水作用下，公路路基遭受毁坏的可能性也越大。因此地质构造的发育在一定程度上影响了公路水毁的分布。

7.2.5.8 24 h降雨量

降雨是导致洪灾的一个主要因素，尤其在山区，充足的降雨量可使地表径流增加，导致洪水，从而直接影响公路水毁灾害的程度。本书采用24 h降雨量作为奥依塔克—布伦口段公路水毁危险性评估因子。

7.2.6 危险性评估

在线路水毁风险性评价指标体系基础上，对评价指标基础数据进行量化处理，进而转化为各路段基础信息，最终建立线路水毁危险性分区数据。在对奥依塔克—布伦口段公路水毁进行危险性评估过程中，综合考虑了评价指标间的权重以及不同指标分级对水毁灾害的影响。因此，应将两者联合起来确定危险性分区综合量化值，其计算公式为：

$$LSP = \sum_{i=1}^{n} W_i \times CF_{ij} \tag{7-15}$$

式中：LSP 为危险性分区综合指数，n 为评价体系中评价指标总数，W_i 为评价指标的权重，CF_{ij} 为指标第 j 个分类的确定性系数。

根据上述公式，赋予评价单元综合权重值，然后通过GIS平台对各评价指标进行加权叠加。通过自然分类法对水毁危险性进行分级，按危险性可分为4个等级，分别为极高危险区、高危险区、中危险区和低危险区。

7.2.7 易损性评估

基于GIS平台对易损性评价指标进行量化处理，进而建立公路水毁易损性分区数据库。在此，易损性分区综合量化值的计算与上述风险性评价指标体系原理相同，其计算公式同式（7-15）。

根据上述评价模型，基于 GIS 平台对评价指标加权叠加，最终推出奥依塔克—布伦口段公路水毁灾害易损性分区。

7.2.8 风险性评估

本书风险性评价模型采用国际上比较常用的 RHxV 模型，其中 R 代表风险度，H 代表危险性，V 代表易损性。该模型为联合国提出的自然灾害风险性评价模型，可以较全面地反映风险的本质。根据公路水毁危险性和易损性分区图，基于 GIS 平台将其进行空间叠加，最终推出奥依塔克—布伦口段公路水毁风险性等级分区图。

根据水毁风险分区结果，奥依塔克—布伦口段水毁风险以低风险为主，其中低风险路段为 39.25 km，占总里程的 55.88%；中风险路段为 10.15 km，占总里程的 14.45%；高风险路段为 12.55 km，占总里程的 17.86%；极高风险路段为 8.30 km，占总里程的 11.81%。根据喀什公路管理局对该路段 2005—2015 年公路水毁统计结果，受灾损毁路段主要集中于 K1559—K1615 路段。

7.2.9 水毁灾害的风险管理

水毁灾害的管理是一种风险管理，是贯穿水毁灾害应对周期的动态过程。对潜在自然灾害的识别是进行灾害管理的基础。识别（或判识、判别）是在破坏现象发生前，运用相关原则和方法鉴别、辨认灾害的危险因子及其来源、类型和危险程度。明确水毁灾害风险的危险因子、灾害类型，判断可能的破坏类型、范围，估计灾害风险，特别是危险性的大小，为风险评价和选择灾害防治对策提供决策参考。灾害风险等级划分及相应建议措施见表 7-17。

表 7-17 灾害风险等级划分及相应建议措施

风险等级	建议风险控制措施
高	近期内实施防治工程
较高	采取专业监测或其他削减措施
中	重点巡检或简易监测
较低	巡检
低	不采取措施

由此可见，灾害识别是评价和预测的前提。在对水毁灾害基础资料收集分析，必要时进行现场调查、勘测的基础上，对水毁灾害危险因子及其危险性进行快速评判，科学地识别灾害，使灾害管理脱离盲目性，有助于灾害的应对和处置。

本书将水毁灾害类型划分为坡面水毁、河沟道水毁和台田地水毁 3 大类。水毁灾害的类型多样、成灾机理复杂，受到管道沿线自然环境条件的影响，是多种环境因素共同作用的结果。这些自然环境因素包括工程地质条件、气象水文以及植被条件等，且各因素对水毁的影响程度是不同的。单一影响因素对水毁的作用可以通过经验判断、理论试验等方法进行定性或定量分析，并建立相关分析模型，但是对于各因素的综合影响效果，往往需要某一反映上述因素综合作用的参数予以衡量，此时多因素叠加法是常用的方法之一。

7.2.10 水毁灾害识别的技术方法

水毁灾害识别需要借助各种技术手段，根据客观性、时效性、区域与管道沿线相结合、定性与定量相结合等方面的要求，获取必要的基础资料，并进行相应的整理统计、水文分析、参数计算，从而实现对水毁灾害的全面系统识别。

7.2.10.1 遥感影像

利用卫星图像等进行综合解译，结合野外地质调绘和已有的各种资料，可以快速查明管道沿线一定范围内的河流水系、地形地貌、地层岩性、地质构造等，实现满足一定精度的管道水毁灾害识别，具有省时省力、节约成本等特点。该方法较为适用于宏观和中观层面的水毁灾害识别，微观层面则需要高分辨率的遥感数据。

利用遥感技术得到基础数据，再通过数据库的分析，得出灾害信息，形成灾害报告，并针对灾害形成遥感应急制图，如图7-1所示。通常使用简易方法分析地形地貌，降水量通过地形中池塘的储水量及平常的储水量比较得出。通过分析解析出遥感应急制图，利用GIS软件追加管道设施数据等，评价具体受害量。

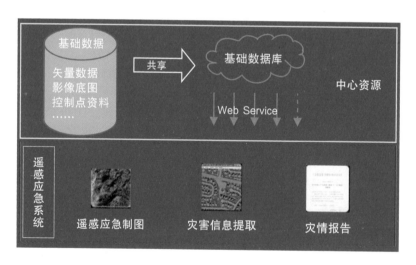

图7-1 遥感应急制图

7.2.10.2 试验研究

试验研究可以为水毁灾害机理分析和识别提供理论依据。一般有现场试验、室内试验两种。试验方法能够直观模拟岩土体的应力大小和分布情况、变形机制和发展过程等。图7-2为水动力测试设备（成都山地所的试验设备），可模拟洪水冲刷、水运动模拟等试验。

图7-2　水动力测试设备

7.2.10.3　模拟分析

　　模拟分析是通过建立仿真系统的数学模型，用模型模拟来代替真实系统进行研究。随着科技发展，模拟分析日益成为重要的辅助分析和研究手段。

　　油气管道水毁灾害模拟评价方法已十分完善，油气管道水毁灾害风险评价的主要工作内容就是确定水毁威力和管段的抵御能力，其模拟分析体系如图7-3所示。

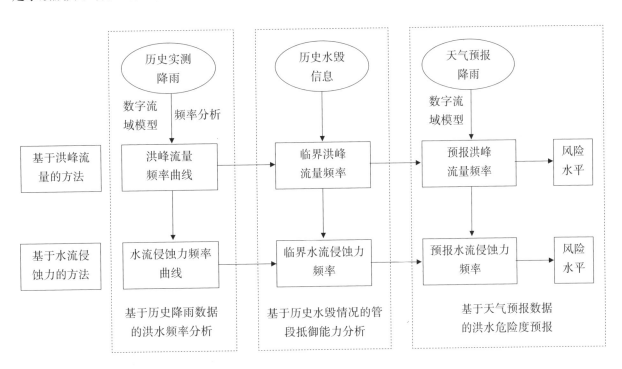

图7-3　水毁灾害模拟评价方法

7.2.11　石油管道水毁灾害评估

7.2.11.1　水毁灾害评估方法

一般而言，灾害评价的范围应该包括灾害的全部过程以及各个方面的情况，可将管道水毁灾害评估分为三个方面，即易发性评估、易损性评估、后果损失评估。其中易发性评估用于评价灾害发生的概率，主要内容是分析水毁灾害的活动条件，确定水毁灾害的活动强度、频率、密度、危害范围以及各种防治工程措施的有效性。易损性评估用于评估灾害发生后管道受到影响而发生失效的概率，主要内容是划分管道设施类型，统计分析可能受灾损失程度以及管道保护设施的有效性。水毁灾害评估方法如图7-4所示。后果损失评估用以评价管道破坏后的经济损失，主要内容是核算各种损失，并评定灾害风险等级（见表7-18）。

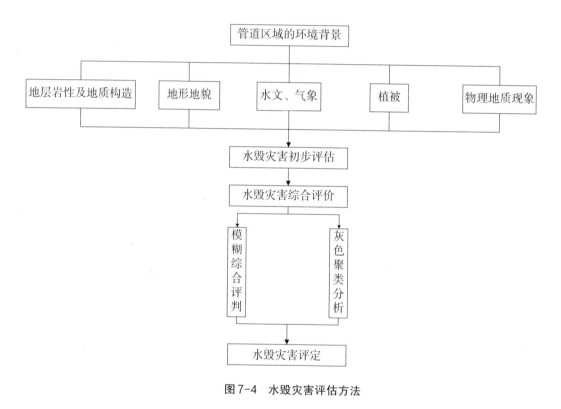

图7-4　水毁灾害评估方法

表7-18　水毁灾害风险等级

风险概率	后果损失				
	高	较高	中	较低	低
高	高	高	高	高	高
较高	高	较高	较高	较高	较高

风险概率	后果损失				
	高	较高	中	较低	低
中	较高	较高	中	中	中
较低	中	中	中	较低	较低
低	较低	较低	较低	低	低

7.2.11.2 评价理论

1.定性评价理论

定性评价方法是以野外地质灾害调查取得的数据为依据，通过宏观分析与定性判断来进行风险评价和风险等级的划分。主要作用是找出管道系统存在的地质灾害危险，诱发地质灾害的各种因素，这些因素对管道系统的作用大小以及导致管道失效的条件，最后确定防治措施对管道事故进行控制。

以管道沿线水毁灾害的特点及保护管道为出发点，定性分级的原则主要考虑：可操作性强；水毁灾害本身特点，如规模、易发性等；对管道造成危害性的大小，如可能导致管道防护层损坏、变形甚至断裂；水毁灾害发生后因管道泄漏对周围环境的影响，如周围是否存在城镇、生命线工程等。

2.半定量评价理论

半定量评价方法是一般使用风险评估软件来进行评价，评估软件采用的分析模型是地质灾害行业通用的关系式主流评价模型。风险概率评估是指分析统计影响各种地质灾害的主要影响因子，将这些因子作为评估指标建立体系。采用 W. Kent. Muhlbauer 后果评价模型来进行管道失效后果损失评估。

对于半定量评价方法，本书采用以指标评分法为基础的中国石油管道公司研发的风险评估软件 PGRAS 来进行评估。

（1）PGRAS 软件理论模型

PGRAS 软件采用目前地质灾害行业通用的主流评价模型，其关系式如下：

$$R = P(H) \cdot P(V) \cdot E \qquad (7-16)$$

式中：R 为管道地质灾害的风险，即管道地质灾害造成的损失大小；$P(H)$ 为地质灾害的易发性，即地质灾害发生失稳变形的可能性；$P(V)$ 为管道的易损性，这里指管道在地质灾害作用下发生强度破坏或失稳的容易程度；E 为管道失效后的后果损失。

为了消除掩盖事实上存在的潜在风险，单独计算管道破坏的可能性，即管道风险概率指数 $P(R)$ 和管道破坏的后果损失 E，最后综合风险概率指数和后果损失划分风险等级。所以可得下列关系式：

$$P(R) = P(H) \cdot P(V) \cdot E \qquad (7-17)$$

地质灾害易发性 $P(H)$ 由两部分组成，即自然条件下地质灾害发生的概率 $P(H_1)$ 和已采取的灾害体防治措施能完全阻止灾害发生的概率指数 $P(H_2)$，有如下关系式：

$$P(H) = P(H_1) \cdot \left[1 - P(H_2) \right] \tag{7-18}$$

管道易损性 $P(V)$ 由三部分组成，即灾害发生后，影响到管道的概率 $P(S)$、没有任何防护的管道在受到灾害完全影响时发生破坏的概率 $P(V_1)$、管道防护措施能完全防止管道破坏的概率 $P(V_2)$。它们之间关系如下：

$$P(V) = P(S) \cdot P(V_1) \cdot \left[1 - P(V_2) \right] \tag{7-19}$$

则风险概率指数可表示为：

$$P(R) = P(H_1) \cdot \left[1 - P(H_2) \right] \cdot P(S) \cdot P(V_1) \cdot \left[1 - P(V_2) \right] \cdot E \tag{7-20}$$

（2）风险概率评价

分析统计影响各种地质灾害的主要影响因子，将这些因子作为评价指标建立体系。另外，考虑到不同评价指标对地质灾害的贡献值，应对不同指标赋予不同的权重。分析现场各评价指标可能存在的状态，用分值 1～10 表示指标不同状态下灾害的易发性或管道的易损性。

（3）管道失效的后果损失评估

采用 W. Kent. Muhlbauer 建立的后果评价模型，该模型认为在管道失效以后，整个过程由三个部分组成，即输送的介质发生泄漏、泄漏的介质在周围环境中逐渐扩散、发生扩散的泄露介质对周围环境造成的影响。因此管道失效后的后果损失 E 值由下式计算：

$$E = PH \cdot SP \cdot DI \cdot RC \tag{7-21}$$

式中：PH 为输送介质危害系数，SP 为泄漏系数，DI 为介质扩散系数，RC 为受体。

（4）风险概率评估指标权重的确定

关于指标权重的确定，软件采用的是美国著名运筹学专家 L. Saaty 教授于 20 世纪 70 年代提出的层次分析法（AHP）。

①采用评价指标两两比较确定标度值的方法来构造判断矩阵，即请专家到现场对两种元素的重要性打分，确定矩阵里的标度值。

②计算判断矩阵的最大特征值，求出其对应的特征向量，并对特征向量进行归一化处理。

③对判断矩阵进行一致性检验。

（5）水毁灾害风险的等级划分

根据《油气管道地质灾害风险管理技术规范》（SY/T6828—2017）对水毁灾害进行风险等级划分，有助于有效管理控制水毁灾害。在风险管理中，不同风险等级的灾害点，采取的风险控制措施也不同，风险等级划分合理与否，决定了防治规划是否合理。考虑到水毁灾害风险的精细化管理，同时为了使不同灾种间具有可比性，满足生产要求，根据风险概率指数和后果损失的指数划分的等级，采用风险矩阵法，将灾害风险等级划分为 5 个等级，灾害风险等级划分及相应建议措施见表 7-17。

①风险概率等级划分。根据风险控制分类和国外划分标准，及不同灾害类型的特点确定更为合理的标准，同时尽量使不同灾害的标准统一，最终确定了风险概率分级标准，水毁灾害风险等级见表 7-19。

表7-19　水毁灾害风险等级

风险概率值	<0.01	0.01~0.05	0.06~0.10	0.11~0.20	>0.20
风险等级	低	较低	中	较高	高

②管道失效后果等级划分。划分标准采用《油气管道地质灾害风险管理技术规范》（SY/T6828—2017）的分级标准。水毁灾害风险分级标准见表7-20。

表7-20　水毁灾害风险分级标准

后果（E）	<12	12~86.4	86.5~302.4	302.5~864	>864
分级	低	较低	中	较高	高

风险矩阵方法能够评估出项目风险的潜在影响，在项目管理的过程中能识别出项目风险的重要性，易于操作并且结合了定性分析和定量分析。风险矩阵方法是将风险影响和风险概率两个方面的因素综合考虑，然而考虑到国内管道地质灾害的现状和防治规划的需要，分级时应偏重风险概率。

7.2.11.3　定性评价及半定量评价的实例

根据《油气管道地质灾害风险管理技术规范》（SY/T6828—2017），将管道水毁灾害按水毁灾害易发性、管道易损性和后果损失三个方面各自分为三级。分级考虑的因素：

（1）危害的大小，较小的水毁灾害也可能造成对管道的重大危害，如河沟道水毁灾害可能导致管道露管、悬管，小范围的悬管不会导致管道的直接变形破裂，但普通的河流漂浮物撞击、挤压却可能导致管道破裂。

（2）危害的程度，同样在水毁灾害危害范围之内，危害程度也存在差异，因此管道水毁灾害风险的大小与管道受危害的程度是密切相关的。

（3）社会经济环境，考虑管道水毁灾害风险，有必要考虑灾害周围的社会经济环境，水毁灾害风险分级中，将城镇、交通干线（如高等级公路、主要通航河道、铁路等）纳入水毁灾害风险分级的一个要素加以考虑。

从轮南—鄯善段油（气）管道段选择50个有代表性的水毁灾害点，含25个河沟道水毁灾害点和25个坡面水毁灾害点，涵盖了沿线所有的地貌类型，然后分别采用定性风险评价和半定量风险评价方法对这些灾害点进行风险评价，并对评价结果进行比较分析。轮南—鄯善段油（气）管道段定性分析结果表见表7-21。轮南—鄯善段油（气）管道段半定量分析结果表见表7-22。

表7-21　轮南—鄯善段油（气）管道段定性分析结果表

管道	灾害点编号	灾害类型	易发性评价	易损性评价	环境影响	综合风险等级
轮南—库尔勒输油老线	LKL-SG-1	河沟道水毁	高	中	低	较高
	LKL-SG-2	河沟道水毁	高	高	低	高
	LKL-SG-3	河沟道水毁	高	高	低	高

续表7-21

管道	灾害点编号	灾害类型	易发性评价	易损性评价	环境影响	综合风险等级
	LKL-SG-4	河沟道水毁	高	高	低	高
	LKL-SG-5	河沟道水毁	高	中	低	较高
	LKL-SG-6	河沟道水毁	高	高	低	高
	LKL-SG-7	河沟道水毁	高	中	低	较高
	LKL-SG-8	河沟道水毁	高	中	低	较高
	LKL-SG-9	河沟道水毁	中	高	低	较高
	LKL-SG-10	河沟道水毁	中	中	低	中
	LKL-SG-11	河沟道水毁	中	中	低	中
	LKL-SG-12	河沟道水毁	高	低	低	中
	LKL-SG-13	河沟道水毁	中	中	低	中
	LKL-SG-14	河沟道水毁	低	低	中	较低
	LKL-SG-15	河沟道水毁	低	低	低	低
轮南—库尔勒输气管道	LKQ-SG-1	河沟道水毁	高	中	低	较高
	LKQ-SG-2	河沟道水毁	高	中	低	较高
	LKQ-SG-3	河沟道水毁	高	中	低	较高
	LKQ-SG-4	河沟道水毁	低	低	低	低
	LKQ-SG-5	河沟道水毁	低	低	低	低
库尔勒—鄯善输油管道	KS-SG-1	河沟道水毁	高	中	低	较高
	KS-SG-2	河沟道水毁	高	中	低	较高
	KS-SG-3	河沟道水毁	高	中	低	较高
	KS-SG-4	河沟道水毁	中	中	低	中
	KS-SG-5	河沟道水毁	低	低	中	较低
轮南—库尔勒输油老线	LKL-SP-1	坡面水毁	高	中	中	较高
	LKL-SP-2	坡面水毁	高	中	低	较高

管道	灾害点编号	灾害类型	易发性评价	易损性评价	环境影响	综合风险等级
	LKL-SP-3	坡面水毁	中	中	低	中
	LKL-SP-4	坡面水毁	高	低	低	中
	LKL-SP-5	坡面水毁	低	低	低	低
轮南—库尔勒输气管道	LKQ-SP-1	坡面水毁	高	中	低	较高
	LKQ-SP-2	坡面水毁	高	中	低	较高
	LKQ-SP-3	坡面水毁	高	中	低	较高
	LKQ-SP-4	坡面水毁	中	中	低	中
	LKQ-SP-5	坡面水毁	中	中	低	中
	LKQ-SP-6	坡面水毁	高	低	低	中
	LKQ-SP-7	坡面水毁	中	低	低	较低
	LKQ-SP-8	坡面水毁	低	低	中	较低
库尔勒—鄯善输油管道	KS-SP-1	坡面水毁	高	中	低	较高
	KS-SP-2	坡面水毁	高	中	低	较高
	KS-SP-3	坡面水毁	高	中	低	较高
	KS-SP-4	坡面水毁	高	中	低	较高
	KS-SP-5	坡面水毁	高	中	低	较高
	KS-SP-6	坡面水毁	高	中	低	较高
	KS-SP-7	坡面水毁	中	中	低	中
	KS-SP-8	坡面水毁	高	低	低	中
	KS-SP-9	坡面水毁	中	低	中	中
	KS-SP-10	坡面水毁	中	低	低	较低
	KS-SP-11	坡面水毁	中	中	低	中
	KS-SP-12	坡面水毁	中	低	低	较低

表7-22　轮南—鄯善段油（气）管道段半定量分析结果表

管道	灾害点编号	灾害类型	风险概率分级	后果损失分级	综合风险等级
轮南—库尔勒输油老线	LKL-SG-1	河沟道水毁	中	中	中
	LKL-SG-2	河沟道水毁	高	较低	高
	LKL-SG-3	河沟道水毁	高	较低	高
	LKL-SG-4	河沟道水毁	高	中	高
	LKL-SG-5	河沟道水毁	中	中	中
	LKL-SG-6	河沟道水毁	高	中	高
	LKL-SG-7	河沟道水毁	较高	较低	较高
	LKL-SG-8	河沟道水毁	较高	较低	较高
	LKL-SG-9	河沟道水毁	较高	较低	较高
	LKL-SG-10	河沟道水毁	中	中	中
	LKL-SG-11	河沟道水毁	中	较低	中
	LKL-SG-12	河沟道水毁	中	较低	中
	LKL-SG-13	河沟道水毁	中	较低	中
	LKL-SG-14	河沟道水毁	低	中	较低
	LKL-SG-15	河沟道水毁	低	较低	低
轮南—库尔勒输气管道	LKQ-SG-1	河沟道水毁	较高	较低	较高
	LKQ-SG-2	河沟道水毁	较高	较低	较高
	LKQ-SG-3	河沟道水毁	较高	较低	较高
	LKQ-SG-4	河沟道水毁	低	较低	低
	LKQ-SG-5	河沟道水毁	低	较低	低
库尔勒—鄯善输油管道	KS-SG-1	河沟道水毁	较高	较低	较高
	KS-SG-2	河沟道水毁	较高	较低	较高
	KS-SG-3	河沟道水毁	高	较低	高

管道	灾害点编号	灾害类型	风险概率分级	后果损失分级	综合风险等级
	KS-SG-4	河沟道水毁	中	中	中
	KS-SG-5	河沟道水毁	低	中	较低
轮南—库尔勒输油老线	LKL-SP-1	坡面水毁	较高	中	较高
	LKL-SP-2	坡面水毁	较高	中	较高
	LKL-SP-3	坡面水毁	较高	中	较高
	LKL-SP-4	坡面水毁	中	中	中
	LKL-SP-5	坡面水毁	低	较低	低
轮南—库尔勒输气管道	LKQ-SP-1	坡面水毁	较高	较低	较高
	LKQ-SP-2	坡面水毁	较高	较低	较高
	LKQ-SP-3	坡面水毁	较高	中	较高
	LKQ-SP-4	坡面水毁	中	低	中
	LKQ-SP-5	坡面水毁	中	中	中
	LKQ-SP-6	坡面水毁	中	较低	中
	LKQ-SP-7	坡面水毁	低	中	较低
	LKQ-SP-8	坡面水毁	低	中	较低
库尔勒—鄯善输油管道	KS-SP-1	坡面水毁	较高	较低	较高
	KS-SP-2	坡面水毁	较高	较低	较高
	KS-SP-3	坡面水毁	较高	较低	较高
	KS-SP-4	坡面水毁	较高	较低	较高
	KS-SP-5	坡面水毁	较高	较低	较高
	KS-SP-6	坡面水毁	较高	较低	较高
	KS-SP-7	坡面水毁	较低	中	中
	KS-SP-8	坡面水毁	中	中	中

续表7-22

管道	灾害点编号	灾害类型	风险概率分级	后果损失分级	综合风险等级
	KS-SP-9	坡面水毁	中	中	中
	KS-SP-10	坡面水毁	较低	较低	较低
	KS-SP-11	坡面水毁	中	较低	中
	KS-SP-12	坡面水毁	低	低	较低

从以上两表可知，两种评价方法得到的结果大部分是相同，4个灾害点结果有所出入，指标状态选择不准确，对结果精确性会产生一定影响。因此在对水毁灾害进行风险评价的时候，当水毁灾害点指标状态选择，按定性评价方法得出的评价结果较符合实际发育情况，按定性评价方法取值。其余情况下，半定量评价方法得出的评价结果较符合实际发育情况，以半定量评价方法为准。

7.2.12 公路水毁危险性评估

以中巴公路G314奥依塔克—布伦口段为例，中巴公路G314线奥依塔克—布伦口段共有水毁灾害25处，水毁类型以路基冲刷水毁和防护工程水毁为主。为了便于评价，将公路按河谷特征和水毁状态分为25个评价单元，详见表7-23至表7-27。

表7-23　中巴公路G314线奥依塔克—布伦口段弯道冲蚀水毁特征及危险性评价表

序号	水毁段落	水毁长度/m	水毁原因	总体危害程度	建议
1	K1581+800—K1582+150	350	路线位于高河床上，河床高8～10 m，宽约50 m。在洪水期冲蚀严重，但道路底部为基岩，防冲蚀能力强	轻微	线路右移，加强后期观测
2	K1604+520—K1604+640	120	路线位于坡积碎石层上，左侧邻河床，河床宽40 m，路面高出河床30～35 m。该河段呈"S"形，洪水期对线路左侧冲蚀较严重，老路无防护措施	轻微	挡墙防护
3	K1605+050—K1606+240	1190	路线位于坡积碎石层上，青灰色，砾砂充填，含较多块石，左侧邻河床，河床宽40 m，路面高出河床30～35 m。该河段呈"S"形，洪水期对线路左侧冲蚀较严重，老路无防护措施	轻微	1.挡墙防护+挑水坝 2.路线右移切山嘴布设

序号	水毁段落	水毁长度/m	水毁原因	总体危害程度	建议
4	K1607+400—K1607+660	260	路线位于泥石流洪积体下游，左侧邻河床，河床宽40 m，路面高出河床20~25 m。该线路左侧受河流冲蚀较严重，其中K1607+400-K1607+523因泥石流排水时造成下边坡挡墙垮塌，导致路面下陷	严重	1.完善路面排水系统，设置汇水沟及涵洞 2.设置挡墙，挡墙基础应深埋
5	K1608+110—K1608+300	190	路线位于洪积扇下游，左侧邻河床，河床宽40~50 m，路面高出河床30~35 m。该线路左侧受河流冲蚀较严重，路面左侧已经毁坏约3 m宽。老路无防水措施	严重	1.挡墙防护挑水坝 2.路线右移切山嘴布设

表7-24 中巴公路G314线奥依塔克—布伦口段弯道及顺流冲蚀水毁特征及危险性评价表

序号	水毁段落	水毁长度/m	水毁原因	总体危害程度	建议
1	K1550+000—K1550+245	245	路线位于宽敞河床边缘，路基高约3 m。右侧邻山体，左侧为主流河道边缘，老路以护坡防护，局部冲毁严重。线路略有右移	中等	挡墙防护
2	K1550+245—K1550+700	455	路线位于宽敞河床边缘，路基高3~4 m。右侧贴山体，左侧邻河床，为当前主河道，在丰水期和洪水期受支流冲蚀影响大，老路以护坡防护，其中K1552+200处水毁较严重	中等	挡墙防护
3	K1554+140—K1555+390	1250	路线位于上坡坡底，部分路基在河床内。路基高4 m。老路以挡墙防护，局部有铅丝笼挑水坝，挡墙多处基础下冲空，现有河流正在冲刷	中等	挡墙防护并设挑水坝
4	K1563+300—K1564+720	1420	路线位于宽敞河床边缘，路基高2.5 m。右侧贴山体，河床宽>200 m，老路整段有挡墙防护，长期受河水冲刷。除局部基础外露外，其余完整	轻微	挡墙防护+挑水坝

续表7-24

序号	水毁段落	水毁长度/m	水毁原因	总体危害程度	建议
5	K1573+120—K1575+000	1880	路线位于宽敞河床边缘,左侧临河床,右侧为山坡体。路基高为2~4 m。老路有挡墙护坦防护,效果较好。其中K1574+600—K1574+640长期受河流冲刷。K1573+135—K1573+170及K1573+500—K1573+640设有挑水坝,K1573+630—K1573+645挡墙冲毁。	中等至严重	增挡墙防护+挑水坝
6	K1587+360—K1587+560	200	路线位于高河床上,河床高5 m。河道宽50 m。先用挡墙做防护,其中K15872+4600—K1587+520挡墙已全部冲毁。现使用道路水毁严重	中等至严重	设置挡墙,挡墙基础应深埋
7	K1602+600—K1603+380	780	路线位于宽敞河床边缘,路面高出河床25~30 m。右侧邻山体,左侧邻河床,河床宽30~40 m,为当前主河道,受冲蚀影响大,老路以护坡及钢筋笼挑水坝防护,其中K1602+740—K1602+840及K1602+890—K1603+060设有挡墙,效果较好。但K1602+840—K1602+890及K1603+290—K1603+360水毁严重。现使用道路水毁严重	严重	1.挡墙防护 2.局部路线右移切山嘴布设
8	K1608+880—K1608+960	80	路线位于洪积扇下游,左侧邻河床,河床宽30~50 m,路面高出河床20 m。该线路左侧受河流冲蚀较严重,原废弃老路已经全部冲毁。老路无防水毁措施	中等至严重	挡墙防护+挑水坝
9	K1609+500—K1609+800	300	路线位于宽敞河床边缘,距河岸边约30 m。目前河流对老路暂无影响,但河流对岸有山沟型泥石流,每年淤积放量较多,迫使河流改道右侵,对道路左侧形成弯道侵蚀	中等	挡墙防护+挑水坝
10	K1613+820—K1614+890	1070	路线位于泥石流洪积扇下游,右侧邻河床,河床宽40~60 m,路面高出河床5~15 m。洪水期对该线路右侧冲蚀较严重。其中K1613+820—K1614+680设有防水挡墙,K1614+680处设有铅丝笼挑水坝,效果较好,其余段无防水毁措施	中等	增挡墙防护+挑水坝

表7-25　中巴公路G314线奥依塔克—布伦口段漫流冲蚀水毁特征及危险性评价表

序号	水毁段落	水毁长度/m	水毁原因	总体危害程度	建议
1	K1552+200—K1553+150	950	路线位于宽敞河床边缘,路基高1.5～2 m。除1553+100处涵洞流出的水对附近有影响外,其余在丰水期和洪水期受分支河道冲蚀影响较大,老路以挡墙防护	轻微	挡墙防护
2	K1557+160—K1558+250	1090	路线位于河床边缘。洪水期受分支河道冲蚀影响较大,老路路基已完全冲毁。勘查期间车辆在右侧新修便道行驶	严重	挡墙防护且路线右移
3	K1559+370—K1560+080	710	路线位于宽敞河床边缘,路基高1.5～2 m。右侧贴山体,河床宽200 m,长期冲蚀影响大,老路整段有挡墙防护,除局部基础外露,其余完整	轻微	挡墙防护+挑水坝
4	K1562+380—K1563+300	920	路线位于宽敞河床边缘,路基高1.5～2 m。右侧贴山体,河床宽200 m,在丰水期和洪水期受分支河道冲蚀影响大,老路整段有挡墙防护	轻微	挡墙防护+挑水坝

表7-26　中巴公路G314线奥依塔克—布伦口段顺流冲蚀水毁特征及危险性评价表

序号	水毁段落	水毁长度/m	水毁原因	总体危害程度	建议
1	K1613+000—K1613+050	50	路线位于泥石流洪积扇下游,右侧邻河床,河床宽40～60 m,路面高出河床20 m。该线路右侧受河流及泥石流冲蚀严重。泥石流排水时造成下边坡挡墙垮塌毁坏,道路右侧形成"V"形冲沟。底部受河流冲刷,使道路破坏严重	严重	1.完善路面排水系统,设置汇水沟及涵洞 2.挡墙防护+挑水坝

表7-27　中巴公路G314线奥依塔克—布伦口段漫流及顺流冲蚀水毁特征及危险性评价表

序号	水毁段落	水毁长度/m	水毁原因	总体危害程度	建议
1	K1558+655—K1559+370	715	该段为新建道路,位于河床边缘,在丰水期和洪水期受冲蚀影响较大	轻微	挡墙防护+挑水坝

续表7-27

序号	水毁段落	水毁长度/m	水毁原因	总体危害程度	建议
2	K1569+100—K1570+420	1320	路线位于宽敞河床边缘,路基高2 m。右侧贴山体,河床宽150 m,在丰水期和洪水期受分支河道冲蚀影响,其中K1569+165—K1570+080设有挡墙护坦,K1569+960—K1570+380设有挑水坝,效果较好。但K1569+780—K1569+820挡墙冲毁	轻微至中等	增挡墙防护+挑水坝
3	K1571+100—K1573+120	2020	路线位于宽敞河床边缘,左侧为河床,右侧为山体。河床宽约150 m。该段河漫滩与主流区高差较小,在洪水期河水冲蚀河床。老路无防护措施	轻微至中等	增挡墙防护,每隔200 m设挑水坝
4	K1584+980—K1586+730	1750	路线位于河床边缘。漫滩比河床高1.5 m。主河道宽约30 m,河漫滩宽约80 m。在洪水期对路基冲蚀严重。现有道路以挡墙做防护	轻微至中等	增挡墙防护+挑水坝
5	K1584+980—K1586+732	1752	路线位于宽敞河床边缘,左侧下河床当前路面离河床较远约有45 m。只有洪水期对路基有影响。现使用道路无防护措施	轻微	挡墙防护

7.2.12.1 水毁原因

水毁原因可分为三点:

(1)设计存在缺陷,安全储备太低,设计参数取值不合理,冲刷深度考虑不足。

(2)护坡施工和路基不匹配,护坡结构不合理。

(3)水流变化,水量变化,尤其是平原路基水毁,防不胜防。

7.2.12.2 水毁评估

奥依塔克—布伦口段公路水毁评估,按下八种指标:

(1)水毁分布密度(K_m)

$$K_m = \frac{1}{2}\left(100K_P + K_L\right) \tag{7-22}$$

式中:K_m为综合指标,K_P为点密度,K_L为线密度。

(2)河流形态:弯道及顺流冲蚀、弯道冲蚀、漫流冲蚀、顺流冲蚀、顺流及漫流冲蚀。

(3)河床比降:河床比降直接影响流速。

(4)公路类型:沿河公路、边坡公路、跨河公路、平原公路及山区公路。

(5)地形起伏:地形起伏越大,水流变化越大,水毁越严重。

（6）岩性：不同岩性抗冲刷能力不同。

（7）地质构造；构造运动发育破碎严重，抗冲发能力弱。

（8）24 h雨量。

7.2.12.3　危险性评价

用评价参数对危险性进行量化分析，其公式如下：

$$LSP = \sum_{i=1}^{n} W_i \times CF_{ij} \qquad (7-23)$$

式中：LSP为危险指数，n为危险点数，W_i为评价参数，CF_{ij}为第j个分类参数。

该段公路共25处水毁路段，低风险区10处，中风险区8处，高风险区2处，极高风险区5处。

7.2.12.4　易损性评价

易损性评价计算公式与危险性评价计算公式相同，易损性里程评价包括低易损性里程、中易损性里程、高易损性里程、极高易损性里程。

7.3　滑坡地质灾害的危险性评估

7.3.1　滑坡灾害前期调研

（1）查明滑坡体影响范围，分级滑移面和滑坡面空间分布特征。

（2）根据场区地层露头和产状判断滑坡体结构组合特征。

（3）查明滑坡体前缘挤压变形、地鼓、水体、湿地、泉水露头等，分析推断剪出口地下埋深和地表位置。

（4）查明滑坡反缘拉张裂缝带宽度和后期填充状况以及滑坡体两侧岩土错位情况，推断滑坡体量和滑移长度。

（5）根据滑坡体前部、中部、后部裂缝，分布特征以及力学属性，推出滑坡抗滑段、主滑段、张拉段的主滑方向。

（6）明确滑坡体上居住、生活、生产及财产情况，确定危害等级。

（7）根据各种参数分析滑坡成因、诱发因素，推算下滑力和体积。

7.3.2　滑坡稳定性（发育程度）分析表

滑坡稳定性（发育程度）分级表见表7-28。

表7-28　滑坡稳定性（发育程度）分级表

判据	稳定性（发育程度）分级		
	稳定（弱发育）	欠稳定（中等发育）	不稳定（强发育）
发育特征	1.滑坡前缘斜坡较缓，临空高差小，无地表径流流经和继续变形的迹象，岩土体干燥 2.滑体平均坡度<25°，坡面上无裂缝发展，其上建筑物、植被未有新的变形迹象 3.后缘壁上无擦痕和明显位移迹象，原有裂缝已被填充	1.滑坡前缘临空，有间断季节性地表径流流经，岩土体较湿，斜坡度为30°～45° 2.滑体平均坡度为25°～40°，坡面上局部有小的裂缝发展，其上建筑物、植被无新的变形迹象 3.后缘壁上有明显变形迹象，后缘有断续的小裂缝发育	1.滑坡前缘临空，坡度较陡且常处于地表径流的冲刷之下，有发展趋势并有季节性泉水出露，岩土潮湿、饱水 2.滑体平均坡度>40°，坡面上有多条新发展的裂缝，其上建筑物、植被有新的变形迹象 3.后缘壁上可见擦痕或有明显位移迹象，后缘有裂缝发育
稳定系数F_s	$F_s>Fst$	$1.00<F_s≤Fst$	$F_s≤1.00$

注：Fst为滑坡稳定安全系数，根据滑坡防治工程等级及其对工程的影响综合确定。

7.3.3　滑坡变形阶段及特征表

滑坡变形阶段及特征表见表7-29。

表7-29　滑坡变形阶段及特征表

变形阶段	滑动带（面）	滑坡前缘	滑坡后缘	滑坡两侧	滑坡体
弱变形阶段	主滑段滑动带（面）在蠕动变形，但滑体尚未沿滑动带位移	无明显变化，未发现新的泉点	地表建（构）筑物出现一条或数条与地形等高线大体平行的拉张裂缝，裂缝断续分布	无明显裂缝，边界不明显	无明显异常，偶见"醉树"
强变形阶段	主滑段滑动带（面）已大部分形成，部分探井及钻孔发现滑动带有镜面、擦痕及搓揉现象，滑体局部沿滑动带位移	常有隆起、发育放射状裂缝或大体垂直等高线的压张裂缝，有时有局部坍塌现象或出现湿地或泉水溢出	地表或建（构）筑物拉张裂缝多而宽且贯通，外侧下错	出现雁形羽状剪裂缝	有裂缝及少量沉陷等异常现象，可见"醉汉林"
滑动阶段	滑动带已全面形成，滑带土特征明显且新鲜，绝大多数探井及钻孔发现滑动带有镜面、擦痕及搓揉现象，滑带土含水量常较高	出现明显的剪出口并经常错出；剪出口附近湿地明显，有一个或多个泉点，有时形成了滑坡舌、鼓张及放射状裂缝加剧，并常伴有坍塌	压张裂缝与滑坡两侧羽状裂缝连通，常出现多个阶坎或地堑式沉陷带；滑坡壁常较明显	羽状裂缝与滑坡后缘张裂缝连通，滑坡周界明显	有差异运动形成的纵向裂缝，中、后部有水塘，不少树木成"醉汉林"；滑坡体整体位移

变形阶段	滑动带(面)	滑坡前缘	滑坡后缘	滑坡两侧	滑坡体
停滑阶段	滑体不再沿滑动带位移,滑带土含水量降低,进入固结阶段	滑坡舌伸出,覆盖于原地表上或到达前方阻挡体而壅高,前缘湿地明显,鼓丘不再发展	裂缝不再增多,不再扩大,滑坡壁明显	羽状裂缝不再扩大,不再增多甚至闭合	滑体变形不再发展,原始地形总体坡度显著变小,裂缝不再扩大增多甚至闭合

7.3.4　滑坡地质灾害危险性预测评优分级

滑坡地质灾害危险性预测评优分级表见表7-30。

表7-30　滑坡地质灾害危险性预测评优分级表

建设工程位置及遭受地质灾害的可能性	危害程度	发育程度	危险性等级
工程建设位于滑坡影响范围内,对其稳定性影响大,引发或加剧滑坡的可能性大	大	强	大
		中等	大
		弱	中等
工程建设部分位于滑坡影响范围内,对其稳定性影响中等,引发或加剧滑坡的可能性中等	中等	强	大
		中等	中等
		弱	中等
工程建设对滑坡稳定性影响小,引发或加剧滑坡的可能性小	小	强	中等
		中等	中等
		弱	小

7.3.5　铁路滑坡危险性评估

7.3.5.1　以精伊霍铁路为例对该区典型滑坡进行分析

按《滑坡的稳定性判别表》(引自《铁路工程地质手册》表4-15,中国铁道出版社)中的判别标准,根据滑坡的地形地貌特征、地层岩性、地质构造、水文地质条件等因素的调查和分析,对套苏布台村下滑坡(DK136+700—DK1136+900右约50 m克其克苏布台沟右岸)(H7)进行典型性分析。

7.3.5.2 工程建设引发或加剧滑坡的危险性评估

工程建设引发或加剧滑坡取决于工程所在地形地貌、岩土体本身的工程性质及工程影响和破坏扰动自然边坡的程度。工程处于中山区和低山丘陵区，除隧道工程和桥梁工程以外，其他部分为展布在斜坡上的路基工程，或填或挖；难以避免地对自然边坡有扰动，尤其是填挖选择不当或不采取防治措施时，对于线路经过的处于极限平衡状态的斜坡、滑坡、崩塌体及顺层岩层分布地段来说，将引发其失稳、复活、滑移的可能性是比较大的。根据滑坡及不稳定斜坡的分布、稳定性特征，结合工程设置与施工扰动情况等对拟建工程建设引发或加剧滑坡灾害的危险性进行预测评估，见表7-31。从表中可以看出，线路对大部分的滑坡地段以及不稳定斜坡地段进行了绕避或以隧道在滑坡体下方穿过，使工程建设引发或加剧滑坡的危险性降到了最低程度；仅在天山特长隧道进口（DK109+200—DK109+287）、套苏布台滑坡群（H5、H6、H7）前缘和DK177+520—DK178+900有路基桥梁工程，工程开挖引发和加剧滑坡或斜坡失稳的危险性大。

表7-31 工程建设引发、加剧滑坡灾害的段落及危险性预测评估表

序号	线路位置	斜坡特征	现状稳定性	铁路通过方式或工程类型	对斜坡的扰动情况	加剧或引发灾害的程度	危害对象	危险性等级
1	DK86+900—DK87+030线路右侧约200 m	克孜勒萨依沟左侧古滑坡错落体	基本稳定	铁路在其右侧以隧道桥梁通过	不扰动	轻微	进山便道	小
2	DK90+500—DK91+000线路右侧约2 km	尼勒克河右岸滑坡古滑坡错落体	基本稳定	铁路在距其后壁约2 km山体内以隧道通过	不扰动	轻微	进山便道	小
3	DK109+200—DK109+287（X1）	顺层岩层，石炭系砂岩夹灰岩，层状构造，节理发育，强风化—弱风化，岩层产状：EW-N75°E/35°～40°N，走向与线路方向大角度相交	基本稳定	天山特长隧道进口	隧道口开挖，扰动严重	严重	拟建铁路隧道洞门	大
4	DK123+000—DK124+000线路左侧约2 km	博尔博松河右岸古滑坡错落体	不稳定	线路从错落体后壁下方以隧道工程通过	施工拓宽现有便道时扰动错落体	中等	进山便道	小
5	DK132+350—DK132+850	克色克阔兹1号滑坡	不稳定	线路在滑坡体下方以隧道通过	扰动轻微	轻微	拟建铁路	小

序号	线路位置	斜坡特征	现状稳定性	铁路通过方式或工程类型	对斜坡的扰动情况	加剧或引发灾害的程度	危害对象	危险性等级
		克色克阔兹2号滑坡(H4-2):	不稳定	线路在滑坡体下方以隧道通过	扰动轻微	轻微	拟建铁路	小
		克色克阔兹3号滑坡(H4-3):	不稳定	线路在滑坡体下方以隧道通过	扰动轻微	轻微	拟建铁路	小
6	DK136+100—DK136+300	套苏布台村上滑坡群(H5)	活动	线路在其前缘半挖半填路基通过	扰动严重	严重	拟建铁路	大
7	DK136+400—DK136+600	套苏布台村后滑坡(H6)	活动	线路在其前缘半挖半填路基通过	扰动严重	严重	拟建铁路	大
8	DK136+700—DK136+900	套苏布台村下滑坡(H7)	不稳定	线路在其前缘半挖半填路基通过	扰动严重	严重	拟建铁路	大
9	DK170+330—DK170+470左侧20～150 m	古滑坡	基本稳定	线路绕避	不扰动	轻微	牧民,拟建铁路	小
10	DK177+520—DK178+900(X2)	顺层岩层,岩性为变质砂岩,层状构造,节理发育,强风化至弱风化,岩层产状:EW-N55°E/20°～35°S,走向与线路方向大致平行或小角度夹角	基本稳定	线路以路基方式通过	挖填扰动严重	严重	拟建铁路	大
11	DK179+400右侧50～1800 m	阿克巴斯陶萨依滑坡群	不稳定	线路绕避	不扰动	轻微	牧民,拟建铁路	小
12	DK179+760—DK179+900	小型滑坡	临界稳定状态	线路在其坡脚以桥梁、填方路基通过	施工桥台开挖扰动	中等	拟建铁路	中等
13	DK180+120—DK180+175左侧20～40 m	表层溜滑现象	基本稳定	线路绕避	不扰动	轻微	牧民,拟建铁路	小

续表7-31

序号	线路位置	斜坡特征	现状稳定性	铁路通过方式或工程类型	对斜坡的扰动情况	加剧或引发灾害的程度	危害对象	危险性等级
14	DK180+175—DK180+640左侧20～40 m	表层溜滑现象	基本稳定	线路绕避	不扰动	轻微	牧民，拟建铁路	小
15	DK180+910—DK181+070右侧140～180 m	表层溜滑现象	临界稳定	线路绕避	不扰动	轻微	牧民，拟建铁路	小
16	DK181+910—DK181+930右侧120～220 m	表层溜滑现象	基本稳定	线路绕避	不扰动	轻微	牧民，拟建铁路	小

7.3.5.3　工程建设本身可能遭受滑坡灾害的危险性评估

　　工程建设本身可能遭受滑坡灾害的危险性就是指已有滑坡和不稳定的斜坡发生滑动后对工程设施可能带来的损失与破坏程度。评估的主要依据是滑坡和不稳定斜坡的分布和发育状况，以及与工程建设的关系等。拟建工程可能遭受滑坡灾害的地段主要就是表7-32中所列举的施工时对滑坡体和不稳定顺层斜坡有扰动的段落：天山特长隧道进口（DK109+200—DK109+287）、套苏布台村滑坡群（DK136+000—DK136+800）、顺层岩层（DK177+520—DK178+900）、小型滑坡（DK179+760—DK179+900）等地段，这些区段滑坡发育或为顺层岩层分布区，自然斜坡的稳定性较差，拟建工程从滑坡前缘以路基或桥梁通过，滑坡体不稳定，因此上述段落遭受滑坡灾害的危险性大。其他滑坡灾害点，线路均绕避，不会遭受其危害，危险性小。

　　滑坡灾害危险性大的地段有：天山特长隧道进口（DK109+200—+287）、套苏布台滑坡群（H5、H6、H7）及顺层岩层地段（DK177+520—DK178+900）。危险性中等的地段有DK179+760—DK179+900（H12）。其他滑坡分布地段，危险性小。

7.4　泥石流地质灾害的危险性评估

7.4.1　泥石流灾害评估前期调研

泥石流调研范围包括沟谷至分水岭的全部汇水区域。

（1）沟谷暴雨程度：一次最大降雨量，融雪和降雨产生最大洪水量。

（2）地下水对泥石流的影响。

（3）沟谷区地质构造、岩性、塌落堆积、滑坡等不良地质现象，松散堆积物分布位置、组成、方量。

（4）根据河谷地形、地貌、河谷发育、切割和河床弯曲程度、堵塞程度、粗糙程度、纵坡坡度，以推断泥石流形成区、流通区和堆积区。

（5）形成区的水源类型、水量、汇水条件、水力坡度、岩土性质、松散程度。

（6）流通区的河床纵坡坡度，跌水、弯曲程度，河床两侧的坡度，稳定河床冲刷情况和泥石流的痕迹。

（7）堆积区洪积扇的分布范围、表面形态、植被、沟道改迁和冲刷堆积物的成分、粒径、分布和体积。

（8）历次泥石流发生的时间、频率、规模、形成过程、历时、流体性质，暴发前降雨状况和产生的危害程度。

7.4.2　泥石流发育程度

泥石流发育程度分级表见表7-32。

表7-32　泥石流发育程度分级表

发育程度	易发程度(发育程度)及特征
强	评估区位于泥石流冲淤范围内的沟中和沟口,中上游主沟和主要支沟纵坡大,松散物源丰富,可堵塞成堰塞湖(水库)或水流不通畅,区域降雨强度大
中等	评估区局部位于泥石流冲淤范围内的沟上方两侧和距沟口较远的堆积区中下部,中上游主沟和主要支沟纵坡较大,松散物源较丰富,水流基本通畅,区域降雨强度中等
弱	评估区位于泥石流冲淤范围外历史最高泥位以上的沟上方两侧高处和距沟口较远的堆积区边部,中上游主沟和支沟纵坡小,松散物源少,水流通畅,区域降雨强度小

7.4.3　泥石流的诱发因素

详见本章表7-3地质灾害诱发因素分类表。

7.4.4　泥石流的危害程度

详见本章表7-2地质灾害危害程度分级表。

7.4.5 泥石流危险性现状评估

7.4.5.1 泥石流危险程度的判别

按照《泥石流灾害防治工程勘查规范》（DZ/T 0220—2006），泥石流危险程度评估的核心是通过调查分析确定泥石流活动度或灾害发生的概率。暴雨泥石流活动危险程度或灾害发生概率的判别式为：

$$\frac{\text{危险程度及灾害发生概率}(D)}{} = \frac{\text{泥石流的致灾能力}(F)}{\text{受灾体的承(抗)灾能力}(E)} \tag{7-24}$$

泥石流的致灾能力可以通过对泥石流活动的强度、规模、发生频率、堵塞程度等外动力参数进行综合量化分析后取值。受灾体的承（抗）灾能力包括人、财产、建筑物、土地资源等，在综合量化分析抗灾能力时取建筑物的设计标准、工程质量、所在区位条件、有无防护建筑物及效果等参数进行综合量化分析后取值。

（1）$D<1$，受灾体处于安全工作状态，成灾可能性很小。

（2）$D>1$，受灾体处于危险工作状态，成灾可能性很大。

（3）$D=1$，受灾体处于灾变的临界工作状态，成灾与否的概率各占50%，要警惕可能成灾的那部分。

7.4.5.2 泥石流的综合致灾能力（F）评价

泥石流综合治救能力分组量化表见表7-33。泥石流发生规模分级见表7-34。按泥石流发生频率分类表见表7-35。泥石流堵塞系数 D_c 值见表7-36。

表7-33　泥石流综合治救能力分组量化表

活动强度	很强	4	强	3	较强	2	弱	1	表7-32确定
活动规模	特大型	4	大型	3	中型	2	小型	1	表7-34确定
发生频率	极低频	4	低频	3	中频	2	高频	1	表7-35确定
堵塞程度	严重	4	中等	3	轻微	2	无堵塞	1	表7-36确定

表7-34　泥石流发生规模分级

分级指标	特大型	大型	中型	小型
泥石流一次堆积总量/万㎡	>100	10～100	1～9	<1
泥石流洪峰流量/（m³·s⁻¹）	>200	100～200	50～99	<50

表7-35　按泥石流发生频率分类表

高频泥石流	中频泥石流	低频泥石流	极低频泥石流
一年多次至5年1次	5～20年1次	20～50年1次	>50年1次

表7-36　泥石流堵塞系数 D_c 值

堵塞程度	特　征	堵塞系数 D_c
严重	河槽弯曲,河段宽窄不均,卡口、陡坎多。大部分支沟交汇角度大,形成区集中。物质组成黏性大,稠度高,沟槽堵塞严重,阵流间隔时间长	>2.5
中等	沟槽较顺直,沟段宽窄较均匀,陡坎、卡口不多。主支沟交角多<60°,形成区不太集中。河床堵塞情况一般,流体多呈稠浆或稀粥状	1.5～2.5
轻微	沟槽顺直均匀,主支沟交汇角小,基本无卡口、陡坎,形成区分散。物质组成黏度小,阵流的间隔时间短而少	<1.5

综合致灾能力的判别标准按4个因素分级量化总分的 F 值判别:

（1）$13 \leqslant F \leqslant 16$,综合致灾能力很强。

（2）$10 \leqslant F \leqslant 12$,综合致灾能力强。

（3）$7 \leqslant F \leqslant 9$,综合致灾能力较强。

（4）$4 \leqslant F \leqslant 6$,综合致灾能力弱。

7.4.5.3　受灾体（建筑物）的综合承（抗）灾能力（E）评价

受灾体（建筑物）的综合承（抗）灾能力分级量化表见表7-37。

表7-37　受灾体（建筑物）的综合承（抗）灾能力分级量化表

设计标准	<5年一遇	1	5～10年一遇	2	11～50年一遇	3	>50年一遇	4
工程质量	较差,有严重隐患	1	合格,有隐患	2	合格	3	良	4
区位条件	极危险区	1	危险区	2	影响区	3	安全区	4
工程效果	较差或工程失效	1	存在较大问题	2	存在部分问题	3	较好	4

综合承（抗）灾能力的判别标准按4个因素分级量化总分的 E 值判别:

（1）$13 \leqslant E \leqslant 16$,综合承（抗）灾能力好。

（2）$10 \leqslant E \leqslant 12$,综合承（抗）灾能力较好。

（3）$7 \leqslant E \leqslant 9$,综合承（抗）灾能力差。

（4）$4 \leqslant E \leqslant 6$,综合承（抗）灾能力很差。

7.4.6　泥石流活动性评估

开展泥石流的活动性和危险性评估可为线性工程的布设提供重要依据。泥石流的活动性对线路的影响主要表现在泥石流发生的频率和泥石流的破坏强度，泥石流发生的频率越高、破坏强度越大，其对线性工程的危害概率和破坏强度也就越高（大）。泥石流活动性评估可以大致确定在不同频率条件下泥石流可能危害的范围。

7.4.6.1　区域性泥石流活动性评估

区域性泥石流活动性评估可根据对暴雨资料的统计分析，按 24 h 雨量 $Q_{SP} = C_* Q_p / (C_* - Cd)$ 等值线图分区，并结合前述泥石流形成的相关地质环境条件进行区域性泥石流活动综合评判量化，按表 7-38 中的项目进行统计分析，确定泥石流活动性分区。

表 7-38　区域性泥石流活动综合评判量化表

地面条件类型	极易活动区	评分	易活动区	评分	轻微活动区	评分	不易活动区	评分
综合雨情	$R>10$	4	$4.2 \leqslant R \leqslant 10$	3	$3.1 \leqslant R \leqslant 4.1$	2	$R<3.1$	1
阶梯地形	二个阶梯的连接地带	4	阶梯内中高山区	3	阶梯内低山区	2	阶梯内丘陵区	1
构造活动影响（断裂、抬升）	大	4	中	3	小	2	无	1
地震	$M_s>7$ 级	4	M_s 为 5～7 级	3	$M_s<5$ 级	2	无	1
岩性	软岩、黄土	4	软、硬相间	3	风化和节理发育的硬岩	2	质地良好的硬岩	1
松散物及人类不合理活动 $/10^4$（$m^3 \cdot km^{-2}$）	很丰富（>10）	4	丰富（5～10）	3	较少（1～4）	2	少（<1）	1
植被覆盖率 /%	<10	4	10～30	3	31～60	2	>60	1

表中 R 为暴雨强度指标，可根据《泥石流灾害防治工程勘查规范》（DZ/T 0220—2006）推荐的公式进行计算：

$$R = K \left(\frac{H_{24}}{H_{24(D)}} + \frac{H_1}{H_{1(D)}} + \frac{H_{1/6}}{H_{1/6(D)}} \right) \tag{7-25}$$

式中：K 为前期降雨量修正系数，无前期降雨时 $K=1$，有前期降雨时 $K>1$，但目前尚无可信的成果可供应用，现阶段可暂时假定：$1.1 \leqslant K \leqslant 1.2$；$H_{24}$、$H_1$、$H_{1/6}$ 为 24 h、1 h、10 min 最大降雨量（mm）；$H_{24(D)}$、$H_{1(D)}$、$H_{1/6(D)}$ 为该地区可能发生泥石流的 24 h、1 h、10 min 的界限雨值（见表 7-39）。

表 7-39　可能发生泥石流的 $H_{24(D)}$、$H_{1(D)}$、$H_{1/6(D)}$、$H_{0(D)}$ 的限界值表

年均降雨量分区 /mm	$H_{24(D)}$	$H_{1(D)}$	$H_{1/6(D)}$	$H_{0(D)}$	代表地区
>1200	100	40	12	70	浙江、福建、广东、广西、江西、湖南、湖北、安徽、云南西部、西藏东南部等地区的山区
800～1200	60	20	10	35	四川、贵州、云南东部和中部、陕西南部、山西东部、内蒙古、黑龙江、吉林等地区的山区
500～799	30	15	6	20	陕西北部、甘肃、内蒙古、宁夏、山西、四川西北部、西藏等地区的山区
<500	25	15	5	15	青海、新疆、西藏及甘肃、宁夏两省区的黄河以西地区

注：新疆东疆和南疆不适用该表。

根据统计分析结果：

（1）$R<3.1$，安全雨情。

（2）$R\geq3.1$，可能发生泥石流的雨情。

（3）$3.2\leq R\leq4.2$，发生概率<0.2。

（4）$4.3\leq R\leq10$，发生概率<0.8。

（5）$R>10$，发生概率>0.8。

按表 7-38 得到的区域性泥石流活动量化值，分级按以下标准划分：

（1）极易活动区：总分 22～28 分。

（2）易活动区：总分 15～21 分。

（3）轻微活动区：总分 8～14 分。

（4）不易活动区：总分<8 分。

7.4.6.2　单沟泥石流活动性调查评判

（1）单沟泥石流活动性调查范围。根据《泥石流灾害防治工程勘查规范》（DZ/T0220—2006），主要以泥石流发育的小流域周界为调查单元。主河有可能被堵塞时，则应扩大到可能淹没的范围和主河下游可能受溃坝水流波及的地区。

（2）调查的主要内容。参见《泥石流灾害防治工程勘查规范》（DZ/T 0220—2006）附录 H《泥石流调查表》中的项目进行调查。在一般调查内容中突出以下重点，主要包括以下一些内容：

①确认诱发泥石流的外动力。一般有暴雨、地震、冰雪融化和堤坝溃决。其中暴雨资料包括气象部门或泥石流监测专用雨量站提供的该沟或紧邻地区的年、日、时和 10 min 最大降雨量、多年平均雨量、前期降雨及前期累计降雨量等。对冰川泥石流地区，应增加日温度、冰雪可融化的体积、冰川移动速度、可能溃决水体的最大流量的调查。

②沟槽输移特性。实测或在地形图上量取河沟纵坡、产沙区和流通区的沟槽横断面、泥沙沿程补给长度比、各区段运动的巨石最大粒径和巨石平均粒径，现场调查沟谷堵塞程度、两岸残留泥痕。

③地质环境。根据地质构造图了解震级和区域构造情况，按《泥石流灾害防治工程勘查规范》（DZ/T 0220—2006）附录 G "泥石流沟易发程度和流域环境动态因素综合分级评判表"中的要求实地调查核实，并按流域环境动态因素综合分级确定构造影响程度。现场调查流域内的岩性，按软岩、黄土、硬岩、软硬岩互层、风化节理发育的硬岩等五类划分。

④松散物源。调查崩塌、滑坡、水土流失（自然的、人为的）等的发育程度，不稳定松散堆积体的处数、体积、所在位置、产状、静储量、动储量、平均厚度、弃渣类型及堆放形式等。

⑤泥石流活动史。调查发生年代、受灾对象、灾害类型、灾害损失、相应雨情、沟口堆积扇活动程度及挤压大河程度，并分析当前所处的泥石流发育阶段。

⑥防治措施现状。调查防治建筑物的类型、建设年代、工程效果及损毁情况。

7.4.6.3 单沟泥石流活动强度

单沟泥石流活动强度按表7-40进行判别。

表7-40 泥石流活动强度

活动强度	堆积扇规模	大河河型发生变化	主流偏移程度	泥沙补给长度比 /%	松散物补给形式	松散物贮量 / ($10^4m^3 \cdot km^{-3}$)	松散物变形量	暴雨强度指标 R
很强	很大	被逼弯	偏向对岸	>60	集中补给	>10	很大	>10
强	较大	微弯	微偏移	30～60	较集中	5～10	较大	4.2～10
较强	较小	无变化	大水偏	10～29	分散、集中	1～4	较小	3.1～4.1
弱	小或无	无变化	不偏	<10	分散	<1	小或无	<3.1

7.4.7 公路泥石流危险性评估

以中巴公路G314奥依塔克—布伦口段公路为例，中巴公路G314线奥依塔克—布伦口段山坡型泥石流灾害特征及危险性评价表见表7-41。

表7-41　中巴公路G314线奥依塔克—布伦口段山坡型泥石流灾害特征及危险性评价表

起讫桩号 （路线测设）	沿路线 的数量 及长度	性质	暴发 频率	活跃 程度	泥石流特征说明	危害 程度	整　治 措　施
K1548+600—K1549+64 右侧 k1550+290—K1550+31 右侧 k1550+32 右侧 k1550+378 右侧 k1550+423—K1550+47 k1550+557—K1550+580 右侧 k1550+725 右侧 k1550+960—K1550+980 右侧 k1551+008 右侧 k1551+065 右侧 k1551+146 右侧 k1551+170 右侧 k1551+255 右侧 k1553+030—K1553+480 右侧 K1554+200—K1554+242 右侧 K1555+565—K1555+670 右侧 K1556+500 右侧 K1557+400—K1557+600 右侧 K1558+380—K1558+440 右侧 K1563+950—K1563+980 K1564+100—K1564+420 右侧 K1572+380 右侧 K1572+680—K1573+200 右侧 K1573+670—K1573+680 右侧 K1574+160—K1574+260 右侧 K1591+750 右侧 K1591+928 右侧 K1574+350—K1574+390 右侧 K1574+660—K1574+680 右侧 K1589+578—K1589+598 左侧 k1550+020—K1550+070 右侧 K1591+630—K1591+670 右侧 K1561+500—K1561+970 右侧 K1562+400—K1562+500	34处 共计 3500 m	稀性 泥石流	每年 暴发	中强	1.大部分线路靠近山体,山坡型泥石流群,沟谷呈"V"形,冲沟宽度0.5～2.0 m,补给来源为山体坡面强风化物及山顶卵漂石层。堆积物青灰色或土黄色,有卵石、漂石、块石、碎石及砾砂,夹有少量粉土,以卵石为主 2.现使用道路处理措施及效果:大部分线路未采取任何处理措施,造成堆积物覆盖路面;小部分路段设有2.0 m左右的堆土石坝、小涵洞以及简易过水路面,由于处理措施不到位,这些路段也覆盖着堆积物	轻微	现建议: 1.泥石流冲出量小的路段,设过水路面、边沟、急流槽、涵洞等 2.泥石流冲出量中等的路段,在上有设施基础上加设拦石坝、挡土墙、砌石护坡、导流坝等 3.泥石流冲出量大的路段,主冲沟设置桥梁,沟内两侧修筑护坡,沟内桥墩做好防巨石冲撞措施 4.已有处理设施尺寸偏小的,加大加强 5.对于已损毁路面,及时修复,加强养护,及时清淤

续表7-41

起讫桩号 （路线测设）	沿路线的数量及长度	性质	暴发频率	活跃程度	泥石流特征说明	危害程度	整治措施
k1550+608—K1550+690右侧 k1550+850—K1550+930右侧 K1551+478—K1551+800右侧 K1553+760—K1553+920右侧 K1554+950右侧 K1555+030—K1555+108右侧 K1556+280—K1556+340右侧 K1556+375—K1556+460右侧 K1556+540—K1556+600右侧 K1556+640—K1556+765右侧 K1556+780—K1556+835右侧 K1557+160—K1557+185右侧 K1557+260—K1557+280右侧 K1559+180—K1559+260右侧 1559+840—K1560+000右侧 K1569+090—K1569+400右侧 K1569+520—K1569+860右侧 K1569+980—K1570+100右侧 K1570+260—K1570+660右侧 K1570+900—K1570+936右侧 K1573+310—K1573+360右侧 K1573+400右侧 K1578+060—K1578+500左侧 K1589+630—K1589+665左侧 K1591+225—K1591+280右侧 K1591+050—K1591+332右侧 K1595+765—K1596+810左侧 k1612+079—K1612+320右侧 K1549+640—K1549+980右侧 K1616+800—K1618+666左侧 k1551+395右侧 K1554+100—K1554+150右侧 k1564+540—K1564+620右侧 K1571+460—K1571+680右侧 K1585+115—K1585+684右侧 K1586+525—K1586+570右侧 K1586+725—K1586+800右侧 K1587+960—K1588+280右侧 K1611+433—K1611+920右侧 K1614+300—K1614+340左侧 K1614+340—K1616+408左侧	41处共计7600 m	大部分区域为稀性泥石流，局部有稀性水石流、黏性泥石流	每年暴发，个别区域两年暴发	中强，个别区域为弱	1.路线靠近山体，坡面形成多条冲沟，沟谷呈"V"形，冲沟宽度2~10 m，补给来源为山体坡面强风化物及山顶卵漂石层。堆积扇纵向长度10~20 m，扇缘弧长30 m左右，堆积物土层为红褐色角砾，含有卵石、漂石、块石、碎石 2.现使用道路处理措施及效果：未采取措施的路段，堆积物已高出路面2 m左右，道路受到一定程度损毁；有边沟、涵洞路段大部分已淤积，个别已淤满	一般	

起讫桩号 （路线测设）	沿路线的数量及长度	性质	暴发频率	活跃程度	泥石流特征说明	危害程度	整治措施
K1564+025—K1564+065	1处 共计 40 m	稀性泥石流	两年暴发	中强	1.坡面有冲沟,沟宽2.0 m,补给来源为山体顶部的卵漂石,堆积区地层有卵石,含有漂石、块石、碎石、砾砂,少量粉土,最大粒径为1.2 m。局部有零星植物,纵坡6% 2.现使用道路处理措施及效果：K1564+025—K1564+065过水路面,堆积物覆盖路面	中等	
K1554+686—K1554+756右侧 K1554+960—K1554+995右侧 1555+120—K1555+400右侧 K1556+060—K1556+170右侧 K1556+180—K1556+246右侧 K1574+540—K1574+630右侧 K1589+720—K1589+760左侧 K1592+700—K1593+000右侧 K1605+860—K1606+730右侧 K1608+040—K1608+320右侧 K1613+600—K1614+210左侧 K1558+615—K1558+905右侧 K1606+730—K1607+860右侧 K1614+860—K1616+800左侧 K1553+600—K1553+760右侧 K1555+675—K1555+900右侧 K1555+900—K1556+000右侧 K1557+750—K1557+840右侧 K1557+900—K1558+180右侧 K1560+190—K1561+500右侧 K1561+970—K1562+325右侧 K1565+000—K1566+210右侧 K1567+293—K1568+320右侧 K1568+320—K1568+990右侧	49处 共计 26000 m	大部分区域为稀性泥石流,局部有稀性水石流、黏性泥石流	每年暴发,个别区域两年暴发	中强至强烈	1.路线靠近山体,坡面形成很多条冲沟,沟谷呈"V"形,冲沟宽度10 m以上,补给来源为山体坡面强风化物及山顶卵漂石层。堆积扇纵向长度100 m左右,表面巨石多,有少量草丛,纵坡8°～10°,堆积区为碎石土,含有卵石、漂石、块石,以砾砂充填 2.现使用道路处理措施及效果:未处理路段的堆积物覆盖路面,且路面有不同程度的损坏,现有沟槽剥蚀严重,现有涵洞淤积严重,部分桥跨下也有淤积	严重	

续表7-41

起讫桩号 （路线测设）	沿路线 的数量 及长度	性质	暴发 频率	活跃 程度	泥石流特征说明	危害 程度	整 治 措 施
K1573+770—K1573+840 右侧							
K1575+600—K1577+000 右侧							
K1578+500—K1579+100 右侧							
K1579+100—K1580+100 右侧							
K1582+100—K1583+920 右侧							
K1584+532—K1584+900 右侧							
K1585+684—K1586+390 右侧							
K1591+405—K1591+418.8 右侧							
K1591+580-622 右侧							
K1591+705—K1591+728 右侧							
K1591+797—K1591+852 右侧							
K1592+022—K1592+050 右侧							
K1592+322—K1592+485 右侧							
K1592+485—K1592+640 右侧							
K1595+810—K1596+272 左侧							
K1596+272—K1597+285 左侧							
K1597+640—K1598+120 右侧							
K1598+440—K1598+500 右侧							
K1600+600—K1602+000 右侧							
K1608+320—K1609+500 右侧							
K1609+500—K1610+260 右侧							
K1610+260—K1611+433 右侧							
K1612+336—K1613+600 左侧							
K1614+408—K1614+480 左侧							
K1614+660—K1616+860 左侧							

7.4.8 铁路泥石流危险性评估

以精伊霍铁路为例对存在的泥石流灾害危险性现状评估如下：天山山区泥石流比较发育，评估区泥石流沟有10条。根据现状调查结果，依据《县（市）地质灾害调查与区划基本要求（实施细则）》中的相关要求（见表7-42至表7-45），对影响泥石流易发的15项因子逐项打分，累加得总分N，根据相关条件综合评判区内的泥石流沟，进行易发程度分类；对评估区内主要泥石流沟现状进行了评估，从表7-46可以看出，评估区主要发育的10条泥石流沟中，高易发泥石流沟2条，现状致灾危险性大，中易发泥石流沟8条，现状致灾危险性中等。

表7-42　泥石流沟堵塞程度分级

堵塞程度	特　征
严重	沟槽弯曲,河段宽窄不均,卡口、陡坎多。大部分支沟交汇角度大,形成区集中,沟槽堵塞严重,阵流间隔时间长
中等	沟槽较顺直,河段宽窄较均匀,卡口、陡坎不多。主支沟交汇多数<60°,形成区不太集中,河床堵塞情况一般
轻微	沟槽顺直均匀,主支沟交汇角度小,基本无卡口、陡坎。形成区分散,阵流间隔时间短而少

表7-43　松散堆积体严重程度分级

严重程度	堆积体边坡高	总贮量(W)
严重	30 m以上高边坡松散堆积	$>1.0\times10^4$ m³/km²
中等	10～30 m高边坡松散堆积	0.5×10^4～1.0×10^4 m³/km²
轻微	10 m以下高边坡松散堆积	$<0.5\times10^4$ m³/km²

表7-44　泥石流规模级别划分标准

级　别	滑坡/10^4 m³
巨型	>50
大型	20～50
中型	2～19
小型	<2

表7-45　泥石流沟易发程度按判别因素数量化指标的分类

泥石流按易发程度的分类	判别因素数量化指标/分
高易发(严重)	>114
中易发(中等)	84～114
低易发	40～90
不易发	<40

表7-46 泥石流沟现状评估一览表

编号	沟名及位置	流域概况	主要诱发因素	一次最大淤积量 /10⁴ m³	危害对象	量化指标（N）	易发程度	拟建铁路通过情况	现状致灾危险性等级
N1	无名1号 DK39+800—DK40+500	沟长约1.7 km，流域总面积约2.2 km²，沟口宽约200 m，沟槽比较顺直，沟床纵坡11°～12°，上游很陡，主流方向N。沟口有现代堆积，沟内还存有松散物质，以块石土为主，成分以砂岩、砾岩为主	暴雨	4.2	拟建铁路	94	中易发	桥梁跨越	中等
N2	无名2号 DK40+800—DK41+200	沟长约1.4 km，流域面积约0.85 km²，沟口宽约100 m，沟槽比较顺直，沟床纵坡13°～14°；主流方向N30°W。沟口有现代堆积，沟内还存有松散物质，以块石土为主，成分以砂岩、砾岩为主	暴雨	2.7	拟建铁路	98	中易发	桥梁跨越	中等
N3	无名3号 DK41+250—DK41+500	沟长1.2 km，流域面积约0.8 km²，沟口宽约100 m，沟槽顺直，沟床纵坡14°～16°，上游陡立；主流方向N45°W。沟口有现代堆积，沟内还存有松散物质，以块石土为主，成分以砂岩、砾岩为主	暴雨	2.7	拟建铁路	93	中易发	桥梁跨越	中等
N4	无名4号 DK42+900—DK43+600	沟长1.9 km，流域面积约2 km²，沟口宽约200 m，沟槽比较顺直，沟床纵坡11°～12°；主流方向N20°E。沟口有现代堆积，沟内还存有松散物质，以块石土为主，成分以砂岩、砾岩为主	暴雨	3.7	拟建铁路	100	中易发	桥梁跨越	中等
N5	喀拉萨依沟 DK83+550—DK83+565	沟长约3.5 km，流域面积约5 km²，"V"形沟，沟宽50～200 m，沟槽比较顺直，沟床纵坡11°～13°；流向N65W，沟口有现代堆积，沟内还存有松散物质，以块石土为主，成分以砂岩、砾岩为主	暴雨，冰雪融化水	25.3	拟建铁路	106	中易发	桥梁跨越	中等

编号	沟名及位置	流域概况	主要诱发因素	一次最大淤积量/10⁴ m³	危害对象	量化指标（N）	易发程度	拟建铁路通过情况	现状致灾危险性等级
N6	小喀拉萨依沟 DK85+500—DK85+700	沟长约4 km，流域面积约6 km²，"V"形沟，沟宽50～200 m，沟槽比较顺直，沟床纵坡11°～13°；流向N85W，于线路位置下游约1 km处汇入阿萨勒。沟口有现代堆积，沟中堆积物成分以砂岩、砾岩为主	暴雨，冰雪融化水	20	拟建铁路	103	中易发	桥梁跨越	中等
N7	阿萨勒左岸的卡隆拜喀英迪沟 DK106+600—DK106+700	沟长约4 km，流域面积约4.2 km²，"V"形沟，沟宽50～150 m，沟槽比较顺直，沟床纵坡12°～15°；流向S35E，沟口有现代堆积，规模较小；沟中还存有松散堆积物，成分以砂岩为主，粒径多在200～1000 mm	暴雨，冰雪融化水	12.9	进山便道，拟建铁路	107	中易发	桥梁跨越	中等
N8	阿萨勒左岸的科博巴斯套沟 DK107+400—DK107+500	沟长约1.5 km，流域面积约1.2 km²，"V"形沟，沟宽50～100 m，沟槽顺直，沟床纵坡12°～15°；流向S，沟口有现代堆积，规模较小；沟中还存有松散堆积物，成分以砂岩为主，粒径多在200～1000 mm	暴雨，冰雪融化水	11.5	进山便道，拟建铁路	92	中易发	桥梁跨越	中等
N9	博提塔勒德 DK129+000—DK129+100	沟长约9 km，流域面积约10.5 km²，"V"形沟，沟宽50～100 m，沟槽比较顺直，沟床纵坡13°～16°；流向S50W，于线路位置下游约2 km处汇入博尔博松河。以水石流为主，沟口堆积冲、洪积碎石土，尖棱状，两岸地形陡峻，河床纵坡大，上游坡角松散坡积物质较为丰富	暴雨，冰雪融化水	12.9	牧民，拟建铁路	117	高易发	桥梁跨越	大
N10	博提塔勒德支沟克色克阔兹 DK132+000—DK132+200	沟长约5 km，流域面积约5.5 km²，"V"形沟，沟宽50～100 m，沟槽曲折，沟床纵坡12°～15°；流向W。以水石流为主，沟口堆积冲、洪积碎石土，尖棱状，两岸地形陡峻，河床纵坡大，上游坡角松散坡积物质较为丰富	暴雨，冰雪融化水	1.8	牧民，拟建铁路	117	高易发	桥梁跨越	大

现状调查，拟建铁路将会穿越10条泥石流沟。工程建设引发或加剧泥石流灾害主要表现在以下几个方面：

（1）桥台、路堑、隧道弃碴弃置位置不当，置于沟谷上游或挤压沟床，无异于为泥石流的形成提供了丰富的松散物质来源。

（2）采用了不当的工程类型跨越泥石流沟（如本该设桥处设涵，本该大孔径改成小孔径），会加剧泥石流危害，造成严重淤积，严重时因无法排导泥石流物质导致桥涵被冲塌，路线中断，从而增大了泥石流的危害性。

（3）跨越沟谷时，改变了沟谷两侧的自然边坡及沟床环境，对沟谷纵坡产生影响（如下挖设桥），加大了沟谷纵坡坡率，泥石流流速加快，将会加剧泥石流的冲毁能力。

（4）在泥石流形成区随意取土，破坏原有的岩土体结构及斜坡稳定，可能增大泥石流物质来源。

实地调查，区域内泥石流以水石流为主，沟口洪积扇多为块石构成，并多有巨大块石，可见其携带能力极强。因此，工程建设在泥石流发育区，这10条泥石流沟加剧发生灾害的可能性大，其危险性在现状评估的基础上相应有所提高，为中等或大；同时，工程建设也可使现状条件下没有泥石流灾害的沟谷，引发泥石流灾害，其危险性中等。

根据现状调查，评估区内天山山区为泥石流发育区，与线路相关的泥石流沟有10条，均为山坡型单沟泥石流，流域内岩体受构造影响严重，风化破碎，固体物质来源丰富。沟短坡陡、沟床纵坡大，山区夏季多暴雨，泥石流易发程度高，危害程度多为中等或严重。DK39+800—DK43+600段线路在4条泥石流沟形成的洪积扇前缘以路堤和主沟设桥通过，在不设拦截收拢洪流的情况下，路堤在泥石流出山口后遭受漫流冲蚀的危险性大，主沟桥梁孔跨和桥长不足够排洪时，遭受泥石流危害的危险性大。其余泥石流沟，拟建铁路位置比较高，因此均以高桥在泥石流"通过区"跨越而过，桥梁跨度大，净空高，因此工程遭受泥石流灾害的危险性小。

天山岭南、岭北山前为泥石流灾害发育区，在评估区内共有10条泥石流沟，通过预测评估，其中有4条（N1、N2、N3、N4）危险性大，其余危险性中等。值得指出的是，在这一区域内，由于工程建设的开挖，弃碴、取土等不当行为，仍有可能引发除上述10条以外的新的泥石流灾害。

7.5　崩塌地质灾害的危险性评估

7.5.1　崩塌评估的前期调研

（1）场地崩塌史、易崩塌地层分布、地质构造及水文、气象资料。

（2）场地地形地貌特征、山坡高度和坡角、基岩风化程度。

（3）融雪和雨水时间、降水量、地下水出露等。

（4）基岩产状、构造、岩性、充填情况、节理延展和贯穿特征。

（5）崩塌（危岩）的塌落方向、位置、规模和影响范围。

7.5.2 崩塌体稳定性的定性评价

（1）确定潜在崩塌体的边界条件。通过调查、挖探或钻探等方法，发现贯通性结构面或可能挤出的软弱结构面，将稳定岩体与潜在崩塌体区分开，从而确定崩塌体边界。

（2）确定崩塌类型，通过各种勘查手段和分析方法，依据形态特征、受力状态、结构面的组合情况和岩土体特性，综合确定潜在崩塌体的类型。

（3）定性评价，主要根据调查、勘测和分析结果，从崩裂松动、开裂变形和崩落活动的历史演变，岩性和结构面的综合特征，开裂变形和破碎程度现状，地表水冲切和地下水出露特征以及地形地貌等方面，通过综合分析，定性确定潜在崩塌体的稳定程度，按稳定性极差、差和较差三级评价。定性评价崩塌体稳定程度标准见表7-47。

表7-47 定性评价崩塌体稳定程度标准

稳定程度	定性分析判断条件
极差	崩落活动历史较长，崩裂松动破碎程度高，开裂变形明显，地形陡峻高差大，地表水冲切强烈，坡体有地下水出露，有经常性崩落现象存在
差	崩落历史较短，破碎程度较高，有开裂变形迹象，地形高差较大，地表水、地下水活动明显，断续有落石现象
较差	新近发生崩落，有潜在崩塌现象，地形较陡高差较大，有垂直节理裂隙发育，有地表水、地下水影响，落实间隔较长

7.5.3 崩塌体稳定性的定量评估

崩塌体稳定性定量分析计算可按照形成机理崩塌类型进行稳定性评估见表7-48。

崩塌落石冲击力的计算是进行埋地管道在崩塌落石冲击荷载作用下安全评价的基础，也是进行崩塌落石威胁区管道防护结构设计的主要荷载依据。

表7-48 稳定性评估

崩塌方式	计算公式	式中参数
倾倒式	$k = \dfrac{6aw}{10h_0^3 + 3Fh}$	k 为崩塌体抗倾覆稳定性系数 h 为岩体高（m） h_0 为裂缝充水高度，暴雨时等于岩体高 F 为水平地震力（kN） w 为崩塌体重力（kN） a 为转点至重力延长线的垂直距离，取崩塌体宽的二分之一
滑移式	同滑坡稳定性	

续表7-48

崩塌方式	计算公式	式中参数
鼓胀式	$k = \dfrac{AR_n}{w}$	k 为稳定系数 A 为上部岩体的底面积(m^2) w 为上部岩体质量(kN) R_n 为下部软岩在天然状态下的(雨季为饱水的)无侧限抗压强度(kPa)
拉裂式	$k = \dfrac{h\left[\sigma_{拉}\right]}{3L^2\gamma}$	k 为稳定系数 h 为突出岩体厚度(m) $\left[\sigma_{拉}\right]$ 为岩体单宽允许抗拉强度(kPa) L 为突出岩体厚度(m) γ 为突出岩体的重度(kN/m^3)
错断式	$k = \dfrac{4[\tau]}{\gamma(2h-a)}$	k 为稳定系数 $[\tau]$ 为岩石允许抗剪强度(kPa) γ 为岩体重度(kN/m^3) h 为岩体高度(m) a 为岩体宽度(m)

崩塌落石撞击上覆土体的速度不高，冲击力的求解大都基于经典弹性材料的Hertz碰撞理论和理想弹塑性材料的Thornton理论。但崩塌落石同上覆土体的撞击问题同一般的弹性体、弹塑性体碰撞有所不同，碰撞过程中可能发生崩塌落石的崩解，参与碰撞体的质量损失（土层飞溅）的既有弹性变形、塑性变形过程，也伴随有黏性、硬化和摩擦能量耗散等行为，一直以来这些特点为冲击力的求解带来了困难。许多学者根据大量的试验数据，拟合得到了一些有用的经验公式，如杨其新等通过采用重锤下落撞击土槽的试验方法，得出落石对不同厚度上覆土体的冲击力的计算方法；日本道路公团V. Labiouse等在落石现场进行试验，并根据试验数据拟合出了合理的崩塌落石冲击力的计算公式。

叶四桥等经过研究发现，国内有关规范推荐的崩塌落石冲击力的计算方法实际上计算的是落石冲击过程的平均冲击力，而并非最大冲击力，而以日本道路公团为代表的基于落石现场冲击实测冲击力拟合得到的经验算法比较符合实际，但该算法也有其不足之处，主要是不能反映冲击角度和上覆土体厚度对崩塌落石冲击力的影响。基于这些缺陷，叶四桥等依据冲量定理和日本道路公团拟合出的公式，考虑冲击过程中落石自重和反弹效应对落石冲击力的影响，导出了适用于不同冲击速度、不同上覆土体厚度和不同冲击角度的崩塌落石最大冲击力的计算方法，并得到了实践检验。该崩塌落石最大冲击力的计算公式为：

$$F_{\max} = k\left[\frac{mv_{bn}\left(1+e_n\right)}{\Delta t}\right] + mg\cos\alpha \qquad (7-26)$$

$$\Delta t = \frac{1}{100}\left(0.097mg + 2.21h + \frac{0.045}{H} + 1.2\right) \tag{7-27}$$

式中：F_{max} 为崩塌落石最大冲击力（kN）；e_n 为法向恢复系数，无量纲，具体取值参见表7-49；m 为崩塌落石质量（t）；g 为重力加速度（m/s²）；α 为上覆土体坡面倾角（°）；h 为结构顶部或背后缓冲土层的厚度（m）；H 为落石崩落高度（m）；v_{bn} 为沿上覆土体坡面冲击前的法向速度（m/s）；Δt 为落石冲击坡面上覆土体的历时（s）；k 为冲击力放大系数，无量纲。

表7-49　法向恢复系数 e_n 的取值

上覆土体类型	法向恢复系数 e_n
光滑坚硬的表面，如铺砌面或光滑的	0.37～0.42
层状岩石表面	0.37～0.42
基岩表面和砾石边坡	0.33～0.37
崩塌堆积和坚硬的土质边坡	0.30～0.33
软土质边坡	0.28～0.33

7.5.4　崩塌发育程度

崩塌（危岩）发育程度分级表见表7-50。

表7-50　崩塌（危岩）发育程度分级表

发育程度	发育特征
强	崩塌(危岩)处于欠稳定至不稳定状态,评估区或周边同类崩塌(危岩)分布多,大多已发生。崩塌(危岩)体上方发育多条平行沟谷的张性裂隙,主控裂隙面上宽下窄,且下部向外倾,裂隙内近期有碎石土流出或掉块,底部岩土体有压碎或压裂状;崩塌(危岩)体上方平行沟谷的裂隙明显
中等	崩塌(危岩)处于欠稳定状态,评估区或周边同类崩塌(危岩)分布较少,有个别发生。危岩体主控破裂面直立呈上宽下窄,上部充填杂土,生长灌木杂草,裂面内近期有掉块现象;崩塌(危岩)上方有细小裂隙分布
弱	崩塌(危岩)处于稳定状态,评估区或周边同类崩塌(危岩)分布但均无发生,危岩体破裂面直立,上部充填杂土,灌木年久茂盛,多年来裂面内无掉块现象,崩塌(危岩)上方无新裂隙分布

7.5.5　崩塌诱发原因

详见本章表7-3地质灾害诱发因素分类表。

7.5.6 崩塌危害程度

详见本章表7-2地质灾害危害程度分级表。

7.5.7 崩塌危险性现状评估

详见本章表7-4地质灾害危险性分级表。

7.5.8 公路崩塌危险性评估

以中巴公路G314奥依塔克—布伦口段公路为例，详细内容见表7-51至表7-54。

表7-51 中巴公路奥依塔克—布伦口段山沟型崩塌灾害特征及危险性评价表（一）

序号	崩塌段落	长度/m	坡高/m	坡度/°	崩塌特征说明	危害程度	整治措施
1	K1549+990—K1550+030	40	12～15	50～80	右侧坡体为岩质边坡,基岩为青灰色砂岩,含有砾岩、泥岩夹层,产状:255°∠72°,反倾、强风化。风化层厚度1.0～2.0 m,受构造运动影响,岩体局部破碎。坡高12～15 m,下部人工修坡80°,上部自然坡度50°。基岩表面有危岩体,易产生崩塌。较软岩,土石等级Ⅴ级	轻微	爆除危岩体,修坡,锚喷支护、边沟
2	K1550+290—K1550+500	90	7～30	30～70	右侧坡体为岩质边坡,基岩为青灰色砂岩,含有砾岩、泥岩夹层,产状:245°∠71°,反倾、强风化,裂隙发育,风化层厚度1.0～3.0 m,受构造运动影响,岩体局部破碎,呈块石及碎石状,山体前部局部有坡积碎石土。山体自然坡度30°～60°,人工修坡70°,危岩体较多,易产生崩塌。较软岩,土石等级Ⅴ级	轻微或一般	1.爆除危岩体,修坡,锚喷支护、边沟 2.爆除危岩体,设置7 m高挡墙、碎落台、边沟
3	K1554+151—K1551+220	69	3～5	50～60	右侧坡体为岩质边坡,基岩为红褐色砂岩,含有砾岩夹层,产状:236°∠60°,反倾、强风化,风化层厚度1.0～2.0 m,受构造运动影响,岩体局部破碎。坡高3.0～5.0 m,坡度50°～60°易产生碎落。较软岩,土石等级Ⅴ级	轻微	设置碎落台、边沟

序号	崩塌段落	长度/m	坡高/m	坡度/°	崩塌特征说明	危害程度	整治措施
4	K1554+680—K1554+720	40	6.0	50~60	右侧坡体为岩质边坡,基岩为红褐色砂岩,含有砾岩夹层,产状:236°∠60°,反倾,强风化,风化层厚度0.5~2.0 m,受构造运动影响,岩体局部破碎。坡高6.0 m,下部人工修坡坡度65°。易产生碎落。较软岩,土石等级V级	轻微	1.设置碎落台、挡墙、边沟 2.修坡、锚喷支护
5	K1554+350—K1555+440	90	30	50~60	右侧坡体为岩质边坡,基岩为凝灰岩,青灰色或土黄色,裂隙产状:226°∠68°,反倾,强风化,局部裂隙发育,风化层厚度0.5~1.0 m,受构造运动影响,呈块石及碎石状,50°~60°,有危岩体,易产生崩塌。较软岩,土石等级V级	一般	1.爆除危岩,修坡,设置碎落台、挡墙、边沟 2.爆除危岩,修坡、锚喷支护、边沟
6	K1555+980—K1556+370	390	30	30~45	右侧坡体为岩质边坡,基岩为红褐色砂岩和砾岩互层,产状:234°∠51°,反倾,强风化,裂隙发育,风化层厚度1.0~3.0 m,受构造运动影响,呈块石及碎石状,坡度30°~45°,有较多危岩体,易产生崩塌。山体顶部有卵石。较软岩,土石等级V级	轻微或严重	1.爆除危岩,设置碎落台、挡石墙、边沟 2.爆除危岩,修坡、锚喷支护、边沟
7	K1556+820—K1556+840	20	30	30~45	右侧坡体为岩质边坡,基岩为红褐色砂岩和砾岩互层,产状:232°∠51°,反倾,强风化,裂隙发育,风化层厚度1.0~3.0 m,受构造运动影响,呈块石及碎石状,30°~45°,有较多危岩体,易产生崩塌。山体顶部有卵石。较软岩,土石等级V级	一般	1.爆除危岩,设置碎落台、挡石墙、边沟 2.爆除危岩,修坡、锚喷支护、边沟
8	K1557+160—K1557+260	100	30~50	40~55	右侧坡体为岩质边坡,基岩为红褐色砂岩,产状:233°∠51°,反倾,强风化,裂隙发育,风化层厚度1.0~3.0 m,受构造运动影响,呈块石及碎石状,40°~55°,有较多危岩体,易产生崩塌。山体顶部有卵石。较软岩,土石等级V级	一般	1.爆除危岩,设置碎落台、2 m高挡石墙、边沟 2.爆除危岩,修坡、锚喷支护、边沟

续表7-51

序号	崩塌段落	长度/m	坡高/m	坡度/°	崩塌特征说明	危害程度	整治措施
9	K1559+370—K1559+500	130	38~80	40~65	右侧坡体为岩质边坡,基岩为红褐色砂岩,产状:230°∠48°,反倾,强风化,裂隙发育,风化层厚度1.0~3.0 m,受构造运动影响,局部呈块石及碎石状,40°~65°,有较多危岩体,易产生崩塌。较软岩,土石等级Ⅴ级	轻微或一般	爆除危岩,设置碎落台、2 m高挡石墙、边沟
10	K1560+040—K1560+070	30	70~80	70	右侧坡体为岩质边坡,基岩为红褐色砂岩,强风化,节理发育,风化层厚度1.0~2.0 m,受构造运动影响,呈块石及碎石状,坡度70°。有较多危岩体,易产生崩塌。山体顶部有卵石。较软岩,土石等级Ⅴ级	轻微或一般	1.爆除危岩,设置碎落台、3 m高透水性挡墙、边沟 2.爆除危岩,锚喷支护、边沟
11	K1562+675—K1562+740	65	35~70	70	右侧坡体为岩质边坡,基岩为黄色火山碎屑岩,强风化,裂隙发育,风化层厚度1.0~2.0 m,受构造运动影响,局部呈块石及碎石状,坡度70°,有危岩体,易产生崩塌。较软岩,土石等级Ⅴ级	一般	1.爆除危岩、设置碎落台、3 m高透水性挡墙、边沟 2.爆除危岩,挂网、边沟
12	K1562+940—K1563+020	80	80~90	70	右侧坡体为岩质边坡,基岩为黄色火山碎屑岩,强风化,裂隙发育,风化层厚度1.0~2.0 m,受构造运动影响,局部呈块石及碎石状,坡度70°,坡顶有卵石层,易产生碎落,有崩塌隐患。较软岩,土石等级Ⅴ级	轻微	设置碎落台、2 m高透水性挡墙、边沟,悬挂警示牌
13	K1563+140—K1563+445	305	100	80	右侧坡体为岩质边坡,基岩为黄色火山碎屑岩,强风化,裂隙发育,风化层厚度1.0~2.0 m,受构造运动影响,局部呈块石及碎石状,坡度70°,坡顶有卵石层,易产生碎落,有崩塌隐患。较软岩,土石等级Ⅴ级	一般	设置碎落台、2 m高透水性挡墙、边沟,悬挂警示牌
14	K1563+750—K1563+860	110	60	70	右侧坡体为岩质边坡,基岩为黄色火山碎屑岩、墨绿色安山岩,强风化,裂隙发育,风化层厚度1.0~2.0 m,受构造运动影响,局部呈块石及碎石状,坡度70°,坡顶有卵石层及危岩,易产生崩塌及碎落。较软岩,土石等级Ⅴ级	一般	1.爆除危岩,设置碎落台、2 m高透水性挡墙、边沟 2.爆除危岩,修建1:0.3的坡,中间设置2 m平台,锚喷支护

序号	崩塌段落	长度/m	坡高/m	坡度/°	崩塌特征说明	危害程度	整治措施
15	K1569+000—K1569+030	30	7.0	80	右侧坡体为岩质边坡,基岩为黄褐色火山碎屑岩,强风化,裂隙发育,风化层厚度0.5～1.5 m,呈块石,局部碎石状,坡度80°,易产生崩塌。较软岩,土石等级Ⅴ级	一般	设置锚喷支护、碎落台、边沟及2.2 m挡墙
16	K1570+100—K1570+260	160	7.0	50～80	右侧坡体为岩质边坡,基岩为灰白色花岗岩,强风化,裂隙发育,风化层厚度0.5～1.5 m,呈块石,局部碎石状,上部自然坡度50°,下部人工修理坡度80°,易产生崩塌。较硬岩,土石等级Ⅴ级	严重	设置锚喷支护、碎落台、边沟及2.2 m挡石墙
17	K1570+890—K1570+960	70	8.0	40～70	右侧坡体为岩质边坡,基岩为灰白色花岗岩,强风化,裂隙发育,风化层厚度0.5～1.5 m,呈块石,局部碎石状,上部自然坡度40°,下部人工修理坡度70°,前缘高度8 m,易产生崩塌。较硬岩,土石等级Ⅴ级	轻微	设置锚喷支护、碎落台、边沟及2.3 m挡墙
18	K1572+190—K1572+220	30	15.0	60～70	右侧坡体为岩质边坡,基岩为灰白色花岗岩,强风化,裂隙发育,风化层厚度1.0～2.0 m,呈块石,局部碎石状,坡度60°～70°,易产生崩塌。较硬岩,土石等级Ⅴ级	一般	设置锚喷支护、碎落台、边沟及2.3 m挡石墙
19	K1573+250—K1573+360	110	15～30	70	右侧坡体为岩质边坡,基岩为灰白色花岗岩,强风化,裂隙发育,风化层厚度0.5～1.5 m,呈块石状,局部碎石状,自然坡度70°,局部人为爆破造成倒坡,易产生崩塌。较硬岩,土石等级Ⅴ级	一般	1.修除倒坡,锚喷支护、碎落台、边沟 2.修除倒坡,设置2 m挡石墙、碎落台、边沟
20	K1573+420—K1573+540	120	30～45	60～80	右侧坡体为岩质边坡,基岩为灰白色花岗岩、黄褐色安山岩,强风化,裂隙发育,风化层厚度0.5～1.5 m,呈块石状,局部碎石状,自然坡度60°～80°,局部有危岩,易产生崩塌。较硬岩,土石等级Ⅴ级	一般	1.爆除危岩,锚喷支护、碎落台、边沟 2.爆除危岩,设置2 m挡石墙、碎落台、边沟

续表7-51

序号	崩塌段落	长度/m	坡高/m	坡度/°	崩塌特征说明	危害程度	整治措施
21	K1573+700—K1573+770	70	60~70	60~70	右侧坡体为岩质边坡，基岩为灰白色花岗岩，强风化，裂隙发育，风化层厚度1.0~1.5 m，呈块石状，局部碎石状，坡度60°~70°，局部有危岩，易产生崩塌。较硬岩，土石等级Ⅴ级	一般	爆除危岩，设置2 m挡石墙、碎落台、边沟
22	K1573+840—K1573+900	60	60~80	70	右侧坡体为岩质边坡，基岩为灰白色花岗岩，强风化，裂隙发育，风化层厚度1.0~1.5 m，呈块石状，局部碎石状，坡度70°，局部有危岩，易产生崩塌。崩塌最大粒径1 m，一般粒径80~200 mm。较硬岩，土石等级Ⅴ级	一般	爆除危岩，设置2 m挡石墙、碎落台、边沟
23	K1574+080—K1574+600	520	60~80	65~85	右侧坡体为岩质边坡，基岩为灰白色花岗岩，强风化，裂隙发育，风化层厚度1.0~3.0 m，构造运动剧烈，呈块石、碎石状，坡度65°~85°，有危岩及倒坡，易产生崩塌。崩塌最大粒径1.5 m，一般粒径50~150 mm。较硬岩，土石等级Ⅴ级	一般或严重	1.爆除危岩，锚喷支护、碎落台 2.路线远离山体，设置8 m挡墙、碎落台、边沟
24	K1574+830—K1574+895	65	30	60~70	右侧坡体为岩质边坡，基岩为灰色砾岩，产状：249°∠53°，强风化，裂隙发育，风化层厚度1.0~2.0 m，呈块石、碎石状，坡度60°~70°，易产生崩塌。较软岩，土石等级Ⅴ级	轻微	1.爆除危岩，设置3 m挡墙、碎落台、边沟 2.爆除危岩，锚喷支护、碎落台
25	K1595+680—K1595+760	80	15~20	85	左侧坡体为岩质边坡，基岩为灰绿色千枚岩，强风化，裂隙发育，风化层厚度1.0~2.0 m，局部呈块石、碎石状，坡度85°，前缘高度15~20 m，有危岩体，易产生崩塌。已崩塌最大粒径2.7 m×1.0 m×1.0 m。较软岩，土石等级Ⅴ级	一般或严重	爆除危岩，设置8 m高挡墙。桥桩做好防冲撞措施
26	K1597+760—K1597+960	200	80	50~70	右侧坡体为岩质边坡，基岩为青灰色千枚岩，强风化，裂隙发育，风化层厚度1.0~3.0. m，局部呈块石、碎石状，坡度50°~70°，高度80 m，有危岩体，易产生崩塌。坡脚处堆积物多。较软岩，土石等级Ⅴ级	轻微或严重	爆除危岩，提高路基，右侧设置挡石墙，桥桩处做好防冲撞措施

序号	崩塌段落	长度/m	坡高/m	坡度/°	崩塌特征说明	危害程度	整治措施
27	K1603+140—K1603+380	240	150	70～87	右侧坡体为岩质边坡,基岩为灰白色花岗岩,裂隙发育,裂隙产状:114°∠76°,顺倾,不利面,强风化,风化层厚度0.5～1.0 m,局部呈块石、碎石状,山体坡度70°～87°,高度150 m,有危岩体,易产生崩塌。已崩塌最大粒径3.0 m。较硬岩,土石等级Ⅴ级	严重	1.路线远离山体。2.爆除危岩,设置2 m高透水性挡石墙、落石平台、边沟,挂警示牌
28	K1604+102—K1604+360	258	200	70～80	右侧坡体为岩质边坡,基岩为灰白色花岗岩,裂隙发育,强风化,风化层厚度1.0～2.0 m,局部呈块石、碎石状,山体坡度70°～80°,高度200 m,有危岩体,易产生崩塌。山前有崩塌堆积体。较硬岩,土石等级Ⅴ级	轻微	设置透水性挡石墙、落石台、边沟

表7-52　中巴公路G314线奥依塔克—布伦口段高阶地崩塌灾害特征及危险性评价表(二)

序号	崩塌段落	长度/m	坡高/m	坡度/°	崩塌特征说明	危害程度	整治措施
1	K1556+710—K1556+820	110	12	80～85	右侧坡体为山前卵石坡,含有漂石,高度12 m,坡度80°～85°,易产生碎落、崩塌。土石等级Ⅳ级	一般	清除
2	K1564+000—K1564+080	80	60	60	右侧坡体为山前卵石坡体,卵石土,青灰色,含有漂石,中粗砂充填,一般粒径60～150 mm,最大粒径0.8 m。前缘人工修坡60°。易产生碎落,有崩塌隐患。土石等级Ⅲ级。	轻微	1.清除 2.设置碎落台、3 m高的挡墙、边沟 3.修为1:0.75的边坡,中间设置2 m宽的平台
3	K1585+120—K1585+650	530	20～30	67～80	右侧坡体为一级阶地坡体,第一层为碎石土,第二层为卵石土,第三层为胶结碎石,中粗砂充填,一般粒径60～150 mm,最大粒径1.0 m。坡前有碎落坡积体。易产生碎落,有崩塌隐患。土石等级Ⅳ级	轻微	清除松散堆积体,设置挡墙、边沟,及时清理碎落体

续表7-52

序号	崩塌段落	长度/m	坡高/m	坡度/°	崩塌特征说明	危害程度	整治措施
4	K1585+940—K1586+320	380	30	70~80	右侧坡体为一级阶地坡体，第一层为碎石土，第二层为卵石土，第三层为胶结碎石，中粗砂充填，一般粒径60~150 mm，最大粒径1.0 m。坡前有碎落坡积体。易产生碎落，有崩塌隐患。土石等级Ⅳ级	轻微	1.清除松散堆积体，留出碎落位置 2.设置挡墙、碎落台、边沟，及时清理碎落体
5	K1586+725—K1586+820	95	30	68~80	右侧坡体为一级阶地坡体，第一层为碎石土，第二层为卵石土，第三层为胶结碎石，中粗砂充填，一般粒径60~150 mm，最大粒径1.0 m。坡前有碎落坡积体。易产生碎落，有崩塌隐患。土石等级Ⅳ级	轻微	清除松散堆积体，设置挡墙、碎落台、边沟，及时清理碎落体
6	K1587+940—K1588+280	340	30~35	70~80	右侧坡体为一级阶地坡体，第一层为碎石土，第二层为卵石土，第三层为胶结碎石，中粗砂充填，一般粒径60~150 mm，最大粒径1.0 m。坡前有碎落坡积体。易产生碎落，有崩塌隐患。土石等级Ⅳ级	严重	1.清除松散堆积体，修坡，土钉支护、碎落台 2.清除松散堆积体，路线远离该段坡体，设置挡墙、碎落台、边沟，及时清理碎落体 3.清除松散堆积体，设置10 m高挡墙、碎落台、边沟，上部修坡，及时清理碎落体
7	K1588+280—K1588+380	100	30~35	70~80	右侧坡体为一级阶地坡体，第一层为碎石土，第二层为卵石土，第三层为胶结碎石，中粗砂充填，一般粒径60~150 mm，最大粒径1.0 m。坡前有碎落坡积体。易产生碎落，有崩塌隐患。土石等级Ⅳ级	一般	清除松散堆积体，设置挡石墙、边沟，及时清理碎落体

序号	崩塌段落	长度/m	坡高/m	坡度/°	崩塌特征说明	危害程度	整治措施
8	K1589+580—K1589+780	200	30	60~70	左侧坡体为二级阶地坡体,第一层为碎石土,第二层为卵石土,中粗砂充填,一般粒径 60~150 mm,最大粒径 0.8 m。坡前有碎落坡积体。易产生碎落,有崩塌隐患。土石等级Ⅳ级	一般	1.清除松散堆积体,设置 8 m 高挡墙、碎落台、边沟,及时清理碎落体 2.清除松散堆积体,修坡、设置浆砌片石护坡、边沟,坡顶设置截水沟

表 7-53　中巴公路 G314 线奥依塔克—布伦口段坡积物崩塌灾害特征及危险性评价表（三）

序号	崩塌段落	长度/m	坡高/m	坡度/°	崩塌特征说明	危害程度	整治措施
1	K1550+500—K1551+380	880	10~15	30~70	右侧坡体为山前洪积、坡积体,碎石土,红褐色,含有块石、细砂、中砂充填,表面冲沟较多。坡体上部自然坡度30°,下部人工修坡60°~70°,局部有危岩,最大粒径2.0 m,易产生碎落。土石等级Ⅳ级	轻微	1.拆除危岩体,修坡,锚喷支护、边沟 2.拆除危岩体,修坡,设置碎落台、边沟
2	K1554+755—K1555+350	595	10~30	60~70	右侧坡体为山前洪积、坡积体,碎石土,土黄色,含有块石,中粗砂充填,表面冲沟较多。人工修坡60°~70°,顶部局部自然坡度30°,局部有巨石,最大粒径6.0 m,易产生碎落、崩塌。土石等级Ⅳ级	轻微或一般	1.去除已失稳巨石,修坡设置碎落台、挡墙、边沟,提高路基 2.去除已失稳巨石,修坡,锚喷支护、边沟
3	K1559+500—K1559+715	215	6~8	30~50	右侧坡体为山前洪积、坡积体,碎石土,红褐色,含有块石,中粗砂充填,最大粒径1.0 m。表面泥石流冲沟较多。前缘人工修坡50°,顶部局部自然坡度30°。易产生碎落。土石等级Ⅳ级	轻微或一般	设置碎落台、3 m 高透水性挡墙、边沟
4	K1599+900—K1600+120	220	90	30~32	右侧坡体为山前坡积体,土层为碎石土,含块石,中粗砂、细砂充填,一般粒径50~150 mm,最大粒径2.0 m。坡度30°~32°,易发生碎落。土石等级Ⅳ级	一般	1.清除坡积体 2.设置 5 m 高透水性挡石墙,及时清理坡积体

续表7-53

序号	崩塌段落	长度/m	坡高/m	坡度/°	崩塌特征说明	危害程度	整治措施
5	K1600+120—K1600+300	180	20	20～30	右侧坡体为山前坡积体，土层为碎石土，含块石，中粗砂、细砂充填，一般粒径50～150 mm，最大粒径3.0 m，坡度20°～30°，易发生碎落，有山前崩塌隐患。土石等级Ⅳ级	一般	设置2 m高透水性挡石墙、落石平台
6	K1603+900—K1604+102	202	2～8	36	右侧坡体为山前坡积体，碎石土，含块石，一般粒径50～150 mm，最大粒径6.0 m，坡体坡度36°，坡体前缘高度2～8 m，路线在坡体前缘，易发生碎落，坡体后花岗岩山体易发生崩塌，巨石滚落路基。土石等级Ⅳ级	轻微或严重	1.将坡积体清运 2.在坡体上部设置透水性挡石墙、落石台，下部设置边沟
7	K1604+360—K1604+540	180	260	65～80	右侧坡体为山前坡积体，碎石土，含块石，一般粒径50～200 mm，最大粒径8.0 m，坡体坡度17°～30°，该段为挖方段，坡体后花岗岩山体易发生崩塌，巨石滚落路基。土石等级Ⅳ级	严重	1.将坡积体清运 2.在坡体上部设置透水性挡石墙、落石台
8	K1604+540—K1604+720	180	300	70～80	右侧坡体为山前坡积体，碎石土，含块石，一般粒径50～200 mm，最大粒径8.0 m，坡体下部人工修理坡度58°，坡体顶部30°，坡体前缘高度10～15 m，路线在坡体前缘，易发生碎落，坡体后花岗岩山体坡度70°～80°，强风化，裂隙发育，易发生崩塌，巨石滚落路基。土石等级Ⅳ级	一般或严重	1.将坡积体清运 2.在坡体上部设置透水性挡石墙、落石台，坡面设浆砌片石护坡，坡体下部设置边沟
9	K1604+720—K1604+860	140	200	70～80	右侧坡体为山前坡积体，碎石土，含块石，一般粒径50～200 mm，最大粒径3.0 m，坡体坡度22°，坡体前缘高度6～7 m，路线在坡体前缘，易发生碎落，坡体后花岗岩山体坡度70°～80°，强风化，裂隙发育，易发生崩塌，巨石滚落路基。土石等级Ⅳ、Ⅴ级	一般	1.将坡积体清运 2.在坡体中部设置透水性挡石墙、落石台，坡体下部设置边沟 3.设棚洞穿过该段

序号	崩塌段落	长度/m	坡高/m	坡度/°	崩塌特征说明	危害程度	整治措施
10	K1604+860—K1605+070	210	260	60~70	右侧坡体为山前坡积体,碎石土,含块石,一般粒径50~200 mm,最大粒径6.0 m,坡体坡度22°~30°,路线在坡体下游通过,易发生碎落,坡体后花岗岩山体坡度60°~70°,强风化,裂隙发育,易发生崩塌,巨石滚落路基。土石等级Ⅳ、Ⅴ级	一般或严重	1.将坡积体清运 2.在坡体中部设置透水性挡石墙、落石台,坡面设置浆砌片石护坡,坡体下部设置边沟 3.设棚洞穿过该段
11	K1605+070—K1605+380	310	200	65~70	右侧坡体为山前坡积体,碎石土,含块石,一般粒径50~200 mm,最大粒径5.0 m,下部人工修坡51°,顶部坡度30°,路线在坡体前缘通过,高度6~8 m,易发生碎落。坡体后花岗岩山体坡度65°~70°,强风化,裂隙发育,易发生崩塌,巨石滚落路基。土石等级Ⅳ、Ⅴ级 现使用道路在K1605+240—K1605+280设置浆砌片石护坡和过水路面	一般	1.将坡积体清运 2.在坡体中部设置透水性挡石墙、落石台,坡面设置浆砌片石护坡,坡体下部设置边沟 3.设棚洞穿过该段
12	K1608+060—K1608+220	160	5~15	71	右侧坡体为山前坡积体,碎石土,含块石,一般粒径50~200 mm,最大粒径3.0 m,人工修坡坡度71°,路线在坡体前缘通过,易发生碎落。土石等级Ⅳ级	一般或严重	1.修坡,设置浆砌片石护坡、碎落台,坡体顶部设置截水沟,下部设置边沟 2.设置3 m高挡墙、碎落台、边沟
13	K1608+220—K1608+500	280	5~10	40~50	右侧坡体为山前坡积体,碎石土,含块石,一般粒径50~200 mm,最大粒径1.5 m,人工修坡坡度40°~50°,路线在坡体前缘通过,易发生碎落。土石等级Ⅳ级	轻微或一般	设置浆砌片石护坡、碎落台、边沟

表7-54　中巴公路G314线奥依塔克—布伦口段洪积物崩塌灾害特征及危险性评价表（四）

序号	崩塌段落	长度/m	坡高/m	坡度/°	崩塌特征说明	危害程度	整治措施
1	K1595+760—K1596+700	940	100	40～50	左侧坡体为河床阶地和洪积扇坡体，土层为卵石土和碎石土，含有块石和漂石，中粗砂充填，路线在坡体前缘和前部，一般粒径60～150 mm，最大粒径3.0 m。坡前有碎落坡积体。易产生碎落，有崩塌隐患。土石等级Ⅳ级	轻微或严重	提高路基，左侧设置挡石墙，桥桩处做好防冲撞措施
2	K1602+000—K1602+580	580	40～60	51～62	右侧坡体为山前卵石坡体，顶部洪积体为碎石土，一般粒径50～150 mm，最大粒径2.0 m，人工修理坡度51°～62°。路线在坡体前缘，易发生碎落。土石等级Ⅳ级	一般	设置2 m高透水性挡石墙、落石平台、边沟
3	K1613+900—K1614+210	310	5～10	40～50	右侧坡体为山前洪积体，碎石土，含块石，一般粒径50～200 mm，人工修坡坡度40°～50°，路线在坡体前缘通过，易发生碎落。土石等级Ⅳ级。该段有泥石流现使用道路在K1614+130—K1614+210左侧有片石护坡。K1613+950—K1613+980、1614+100—K1614+133设置挡墙高0.6 m	轻微或一般	设置浆砌片石护坡、碎落台、边沟
4	K1614+400—K1614+600	200	5～10	50～60	右侧坡体为山前洪积体，碎石土，含块石，一般粒径50～200 mm，人工修坡坡度50°～60°，路线在坡体前缘通过，易发生碎落。土石等级Ⅳ级	轻微或一般	设置浆砌片石护坡、碎落台、边沟

7.5.9　铁路崩塌危险性评估

精伊霍铁路拟建线路出新龙口至苏布台（DK74+000—DK170+000），走行于北天山中山山地。地形复杂，山高坡陡，自然坡度多在30°～60°，岭脊以北地段植被稀疏。北天山岩体由于受多期构造运动的影响和强烈的物理风化作用，节理、裂隙发育，山坡及沟谷两岸岩层风化剥蚀，形成大量碎屑物，崩塌、危岩、落石比较发育。拟建铁路在中山区多采用隧道方式通过，极大地减轻了工程建设引发或加剧崩塌灾害的危险性。但隧道洞口施工、桥台工程及局部刷坡挂线路堑工程，开挖及爆破仍存在引发或加剧危岩、落石及崩塌危害的危险性。

根据外业调查查明的崩塌、危岩分布及其稳定性特征，结合工程设置和施工扰动情况等对拟建工程建设可能引发或加剧崩塌灾害地段的危险性进行预测评价。

天山中山山区岭北地段为典型的构造侵蚀山地地貌，山高谷深，山坡陡峻，植被稀疏。新构造运动表现为不均衡的上升使河流下切作用十分强烈，河流沟谷两岸发育基岩陡坎，无坡积缓坡、崩积平台、河流阶地。基岩多为古生界砂岩、砾岩、灰岩及华力西期花岗岩，受构造运动及物理风化影响，节理、裂隙发育，因此山体表面岩体一般比较破碎，稳定性比较差。山涧沟谷两岸广泛分布崩塌、危岩。选线设计多采用隧道方式通过，避免刷坡挂线，极大地减轻了工程遭受崩塌灾害的危险性。但隧道洞口、桥隧连接部位及局部刷坡挂线路堑工程，如喀拉萨依隧道出口（B1）、小喀拉萨依隧道进出口（B2、B3）、克孜勒萨依隧道出口（B4）、色勒克特一号隧道进口（B5）、苏古尔大桥精河台（B6）、阿萨勒河大桥精河台（B7）、阿萨勒河大桥伊宁台（B8）、DK167+000—DK167+300（B11）和DK172+100—DK172+300（B12）路基桥梁等地点或段落，其遭受崩塌灾害的危险性见表7-55的结论。

表7-55　崩塌灾害危险性现状评估表

编号	位置	地质特征	主要诱发因素	类型	崩塌、落石数量	危害对象	稳定程度	铁路通过情况	现状致灾危险性
B1	喀拉萨依沟右侧山坡 DK85+607—DK85+740	石炭系砂岩、砾岩和灰岩受构造及风化作用影响，节理裂隙发育，岩体破碎，呈块石状	物理风化，暴雨、地震，人工爆破开挖	古崩塌	8000 m³	拟建铁路	不稳定	喀拉萨依隧道出口	大
B2	小喀拉萨依沟左侧坡面 DK85+907	地层岩性为石炭系砂岩夹砾岩，岩质较硬，受f7断层及风化作用影响，节理裂隙发育，岩体破碎，呈块石状	物理风化，暴雨、地震，人工爆破开挖	危岩	10000 m³	拟建铁路	不稳定	小喀拉萨依隧道进口	大
B3	克孜勒萨依沟右侧坡面 DK86+805	地层岩性为华力西期花岗岩，岩质坚硬，由于受f10断层的影响和风化作用，基岩节理裂隙发育，风化破碎严重	物理风化，暴雨、地震，人工爆破开挖	危岩	5000 m³	拟建铁路	不稳定	小喀拉萨依隧道出口	大

续表7-55

编号	位置	地质特征	主要诱发因素	类型	崩塌、落石数量	危害对象	稳定程度	铁路通过情况	现状致灾危险性
B4	尼勒克河右岸 DK91+734	地层岩性为华力西期花岗岩,岩质坚硬,由于受f10断层的影响和风化作用,基岩节理裂隙发育,风化破碎严重	物理风化,暴雨、地震,人工爆破开挖	危岩	8000 m³	拟建铁路	不稳定	克孜勒萨依隧道出口	大
B5	尼勒克河左岸 DK92+257	地层岩性为华力西期花岗岩,岩质坚硬,由于受f10断层的影响和风化作用,基岩节理裂隙发育,风化破碎严重	物理风化,暴雨、地震,人工爆破开挖	危岩	6000 m³	拟建铁路	不稳定	色勒克特一号隧道进口	大
B6	苏古尔苏沟右岸 DK104+950	地层岩性为石炭系砂岩夹灰岩,岩质硬脆,岩体受两组节理与层面的切割,成大小不等的块状,易崩解,并形成小型崩塌危岩体,坡底可见已崩落的大块石	物理风化,暴雨、地震,人工爆破开挖	危岩	10000 m³	拟建铁路	不稳定	苏古尔大桥精河台	大
B7	阿萨勒河右岸 DK106+218— DK106+253	地层为石炭统砂岩夹石灰岩、页岩,节理和层理比较发育,岩体被切割成大块状,稳定性较差	物理风化,暴雨、地震,人工爆破开挖	崩塌,危岩	25000 m³	拟建铁路	不稳定	阿萨勒河大桥精河台	大
B8	阿萨勒河左岸 DK106+820— DK107+500	岩性为石炭系砂岩夹灰岩,岩质硬脆,卸荷垂直节理和层理比较发育,岩体被切割成大块状,岩体破碎,稳定性较差,崖顶分布危石	物理风化,暴雨、地震,人工爆破开挖	小型崩塌,危岩	75000 m³	拟建铁路	不稳定	阿萨勒河大桥伊宁台	大

编号	位置	地质特征	主要诱发因素	类型	崩塌、落石数量	危害对象	稳定程度	铁路通过情况	现状致灾危险性
B9	博尔博松河右岸	岩性为石炭系英安斑岩,岩体受风化和节理切割比较破碎,坡顶分布危岩,坡面堆积大块落石	物理风化、暴雨、地震、人工爆破开挖	危岩落石	1000 m³	便道	不稳定	天山越岭特长隧道出口	中等
B10	博尔博松河右岸	岩堆体岩性杂乱,夹大的块石及基岩风化物	物理风化、暴雨、地震、人工开挖	古崩塌岩堆体	50 万 m³	进山便道	不稳定	天山越岭特长隧道出口右侧	中等
B11	DK167+000— DK167+300	早石炭统砂岩夹石灰岩、页岩,岩体受风化、节理影响较破碎,易崩解,形成危岩,呈大块石状堆积于坡面,坎下可见滚落的大块石	物理风化、暴雨、地震、人工开挖	零星危岩	8000 m³	拟建铁路	不稳定	铁路路基桥梁	中等
B12	DK172+100— DK172+300	出露早石炭统砂岩夹石灰岩、页岩,表层基岩强风化,层理、节理发育,形成危岩落石	物理风化、暴雨、地震、人工开挖	零星危岩、落石	12000 m³	拟建铁路	不稳定	铁路路基桥梁	大

崩塌灾害危险性大的地段有:喀拉萨依隧道出口(B1)、小喀拉萨依隧道进出口(B2、B3)、克孜勒萨依隧道出口(B4)、色勒克特一号隧道进口(B5)、苏古尔大桥精河台(B6)、阿萨勒河大桥精河台(B7)、阿萨勒河大桥伊宁台(B8)。危险性中等的地段有:DK167+000—DK167+300(B11)和DK172+100—DK172+300(B12)。

7.6　地震地质灾害的危险性评估

地震的危险性评估应包括三个方面的内容:地震及新构造运动、地震液化和地震的间接危害。

7.6.1　地震及新构造运动危险性评估

新疆地大物博,地震群多。乌鲁木齐、昌吉、奎屯至伊犁,南疆的喀什、阿图什全是8°以上地震区，地震带有阿尔泰地震带、北天山地震带、南天山地震带、西昆仑山地震带及阿尔金山地震带，地震与新构造运动是分不开的，在既有的线性工程勘察中都有大篇幅地质构造及新构造运动的内容，只需确认新构造运动的活动状况即可评估地震的危险性了。

地震烈度及地震峰值加速度是研究地震的主要参数，既有工程设计的抗震设计依据都是按地震烈度设防，按峰值加速度进行计算。

根据地壳结构、新生代地壳变化、现代构造应力场、地震震级、基本烈度、地震峰值加速度等指标并结合地貌与地质灾害等综合判定，进行地壳稳定性等级判别。

7.6.2 地震液化作用

地震液化作用是指由于地震使饱和松散沙土或未固结岩层发生液化的作用。一方面它可使地基软化，建筑物因而倒塌，大量饱和沙土可从地下如泉水涌出，在地面堆积成丘；另一方面会使地下某些部位空虚，地面因而沉陷。

7.6.3 地震的间接危害

在山区的线性工程中常有因地震引起的滑坡、崩塌等地质灾害出现，地震是产生滑坡和崩塌的内因，岩体在新构造运动中剪切破碎，形成断层和破碎带，在水的润滑作用下沿着断层和破碎带产生的滑移面滑落而下叫滑坡。当岩石为孤岩或者破碎发育，在地震的作用下塌落而下叫崩塌。所以在滑坡和崩塌危险性评估时应将新构造运动的作用充分考虑。

7.6.4 公路地震灾害评估（以中巴公路为例）

根据《中国地震动参数区划图》（GB18306—2015），中巴公路G314奥依塔克—布伦口段公路50年超越概率10%的地震动峰值加速度为0.3g（地震烈度为8°），其相应的地震基本烈度为Ⅷ度，属于强震区，因此对桥梁设计需满足《公路桥梁抗震设计细则》（JTG/T B02-01—2008）相关规定。对隧道进出口边坡做较大放坡、锚固等综合防护，对隧道围岩进行衬砌、衬砌＋锚杆等综合防护。对经过河漫滩地表存在粉土、砂类土的路段，建议用卵砾石换填，防止液化。同时，山区段的路线避免高填方、深路堑，并尽量避让高陡坡体。

7.6.5 铁路地震灾害评估（以精伊霍铁路为例）

精伊霍铁路在区域范围内主要涉及两个一级大地构造单元：北部为准噶尔—北天山褶皱系，南部为天山褶皱系。前者进一步划分出准噶尔优地槽褶皱带、准噶尔坳陷、北天山优地槽褶皱带三个二级构造单元。后者可分为博罗科努地槽褶皱带、伊犁地块、哈尔克地槽褶皱带三个二级构造单元，如图7-5所示。

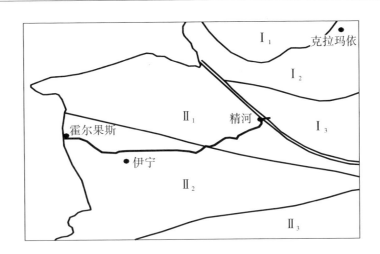

Ⅰ：准噶尔—北天山褶皱系；Ⅱ：天山褶皱系；Ⅰ1：准噶尔优地槽褶皱带；Ⅰ2：准噶尔坳陷；Ⅰ3：北天山优地槽褶皱带；Ⅱ1：博罗科努地槽褶皱带；Ⅱ2：伊犁地块；Ⅱ3：哈尔克地槽褶皱带。

图7-5　区域大地构造分区图

线路通过博罗科努地槽褶皱带和伊犁地块两个二级构造单元，分述如下：

（1）博罗科努地槽褶皱带：位于天山褶皱系的北缘，北以博罗科努—阿其克库都克深断裂为界，南以伊犁盆地北缘断裂为界。该带经过多旋回构造运动，新构造时期以断块运动为主。

（2）伊犁地块：位于天山褶皱系西部，北以伊犁盆地北缘断裂为界，南以那拉提断裂为界，包括伊犁盆地及周边山地，为三角形地带。伊犁地块是古塔里木地台解体后，于早古生代时期从古塔里木地台分裂出来的地块。在当地早石炭世发生的褶皱运动（称为伊犁运动）和早二叠世发生的褶皱运动（称为新源运动）的影响下，伊犁山间坳陷开始形成。地貌上构成盆地，中、新生界盆地内为内陆山间坳陷陆相沉积。坳陷带可见石炭系、二叠系、三叠系及侏罗系煤系地层出露，第三系和第四系广泛分布。

7.7　地面塌陷地质灾害的危险性评估

地面塌陷包括采空区塌陷、地裂缝和地面沉降三种情况。

7.7.1　采空区塌陷危险性评估

7.7.1.1　采空区（井工矿）前期调研应满足的条件

（1）矿层种类、分布、层厚、埋深、标高、顶板岩性、矿层产状、顶板岩层破碎情况。

（2）基岩裂隙水发育程度，坑道内积水状况，附近抽、排水情况。

（3）矿山开采历时、支护体系、巷道平面布置、开采方式、开采量、洞室稳定状况。

（4）露天矿调研矿的长度、宽度、深度、回填工艺，密实程度。

7.7.1.2　现状评估符合下列要求

（1）采空区发育程度分级表见表7-56。

表7-56　采空区发育程度分级表

发育程度	参考指标							发育特征
	地表移动变形值				开采深厚比	采空区及其影响带占建设场地面积/%	治理工程面积占建设场地面积/%	
	下沉量/(mm·a⁻¹)	倾斜/(mm·m⁻¹)	水平变形/(mm·m⁻¹)	地形曲率/(mm·m⁻²)				
强	>60	>6	>4	>0.3	<80	>10	>10	地表存在塌陷和裂缝,地表建(构)筑物变形开裂明显
中等	20～60	3～6	2～4	0.2～0.3	80～120	3～10	3～10	地表存在变形及地裂缝,地表建(构)筑物有开裂现象
弱	<20	<3	<2	<0.2	>120	<3	<3	地表无变形及地裂缝,地表建(构)筑物无开裂现象

（2）采空区塌陷诱发因素

详见本章表7-3地质灾害诱发因素分类表。

（3）采空区塌陷危害度

详见本章表7-2地质灾害危害程度分级表。

（4）采空区危险性现状进行评估

详见本章表7-4地质灾害危险性分级表。

7.7.2　地裂缝危险性评估

7.7.2.1　地裂缝评估前期调研

（1）地裂缝出现时单缝发育规模、特征,以及群缝分布特征、范围。

（2）地裂缝产生原因,地质环境条件（地层、构造）。

（3）地裂缝的演化趋势,产生的危害程度。

7.7.2.2　现状评估

（1）地裂缝发育程度分级表见表7-57。

表 7-57　地裂缝发育程度分级表

发育程度	参考指标		地裂缝发生的可能性及特征
	平均活动速率 $v/(mm·a^{-1})$	地震震级(M)	
强	$v>1.0$	$M\geqslant7$	评估区有活动断裂通过,中或晚更新世以来有活动,全新世以来活动强烈,地面地裂缝发育并通过拟建工程区。地表开裂明显,可见陡坎、斜坡、微缓坡、塌陷坑等微地貌现象,房屋裂缝明显
中等	$1.0\geqslant v\geqslant0.1$	$7>M\geqslant6$	评估区有活动断裂通过,中或晚更新世以来有活动,全新世以来活动较强烈,地面地裂缝中等发育,并从拟建工程区附近通过。地表有开裂现象,无微地貌显示,房屋有裂缝现象
弱	$v<0.1$	$M<6$	评估区有活动断裂通过,全新世以来有微弱活动,地面地裂缝不发育或距拟建工程区较远。地表有零星小裂缝,不明显;房屋未见裂缝

（2）诱因

详见本章表 7-3 地质灾害诱发因素分类表。

（3）危害度

详见本章表 7-2 地质灾害危害程度分级表。

（4）现行评估

详见本章表 7-4 地质灾害危险性分级表。

7.7.3　地面沉降危险性评估

7.7.3.1　地面沉降评估前调研

（1）地面沉降的原因是大量降水引起的沉降,地下洞室引起的沉降,湿陷性黄土引起的湿陷,次生回填土引发沉降,洪水冲刷。

（2）由于大量抽水引发沉降,通过抽水量、抽水时间、含水层特征、降水漏斗的计算,深度和影响范围以及含水层的物理力学性质,算出排水固结产生的下沉量、范围、停抽地面恢复的可能性。

（3）地下洞室引发的地面沉降,查明地下洞室位置、深度、被覆状况,冒顶、塌陷的部位和范围,产生的后果。

（4）根据湿陷性黄土的湿陷,计算出自重湿陷量和非自重湿陷量。

（5）次生填土产生沉降,查明填土范围、深度、填土成分、回填工艺。

（6）洪水冲刷。

7.7.3.2 现状评估

（1）地面沉降发育程度分级表见表7-58。

表7-58　地面沉降发育程度分级表

因　素	发育程度		
	强	中等	弱
近五年平均沉降速度/(mm·a⁻¹)	>30	10～30	<10
累积沉降量/ mm	>800	300～800	<300

注：上述两项因素满足一项即可，并按由强至弱顺序确定。

（2）地面沉降生产的因素

详见本章表7-3地质灾害诱发因素分类表。

（3）地面沉降危害程度

详见本章表7-2地质灾害危害程度分级表。

（4）地面沉降的危险性现状评估

详见本章表7-4地质灾害危险性分级表。

7.7.4　精伊霍铁路

7.7.4.1　岩溶

1.岩溶分布及其特征

本线越岭地区岭脊两侧分布有大面积的石灰岩，是构成天山越岭隧道的主要地层，受背斜构造影响，岩体垂直及顺层节理裂隙比较发育。在越岭地区岭脊两侧均见到了沿节理、裂隙发育的早期溶洞，据调查当地泉水主要是基岩裂隙水，受大气降水、冰雪融化水补给，富水性较好；在岭南F16断层处可见接触下降泉群，在岭北苏古尔苏沟、么遮拜萨依沟两侧山坡可见多处下降泉群，均以股状泉群出露，裂隙水的渗流有良好的通道。由此分析，岭脊两侧大面积分布的奥陶系灰岩发育溶洞的可能性比较大。拟建工程初测和定测阶段均对天山越岭特长隧道通过地段进行了物探，其成果也表明岩溶现象的存在。

2.岩溶塌陷危险性现状评估

本线越岭地区岭脊两侧分布有大面积的石灰岩，野外调查见到了沿节理、裂隙发育的早期溶洞，规模比较小。笔者在越岭地段进行了物探，结果显示岭脊石灰岩地段可能发育岩溶。隧道工程穿越石灰岩地层，岩溶空洞和蜂窝状溶蚀带可能造成隧道基础悬空或塌陷，施工时还可能发生岩溶水集中释放出现突水、突泥现象，给施工造成困难。现状评估岩溶危害的危险性中等。

越岭地区岭脊两侧分布有大面积的石灰岩，野外调查发现有沿节理、裂隙发育的早期溶洞，规模比较小。物探成果显示岭脊分布的奥陶系石灰岩可能发育岩溶。铁路工程以隧道穿越石灰岩地段,施工时有可能发现溶洞,可能遭受溶蚀破碎带坍塌和冒顶,岩溶富水带突发涌水也会给施工带来困难。隧道底部岩溶空洞和蜂窝状溶蚀带还可能造成隧道基底悬空和塌陷,构成工程隐患。岩溶对隧道工程的危害比较大。

铁路工程以隧道穿越岩溶发育区为主,隧道基底遭受岩溶塌陷灾害的危险性中等,施工过程中遭受岩溶塌陷、突水、突泥的危险性较大。

7.7.4.2　黄土

1.黄土湿陷引发地面沉陷灾害分布及其特征

沿线黄土主要分布在天山南坡低山丘陵区和伊犁河冲、洪积平原区,其成因时代类型主要为第四系上更新统风积、洪积层及第四系全新统冲、洪积层黄土,风积、洪积黄土主要分布在低山丘陵区,层厚一般在5～20 m;冲、洪积层黄土主要分布在伊犁河谷阶地。经勘探取样化验,评估区黄土主要为沙质黄土。具体分布段落及其特征简要叙述如下:

（1）DK130+650—DK130+330段沙质黄土经取样分析,为非自重湿陷性,湿陷土层厚度在5～15 m不等,湿陷等级为Ⅱ级中等。

（2）DK133+600—DK134+500段沙质黄土经取样分析,为非自重湿陷性,湿陷土层厚度在5～15 m不等,湿陷等级为Ⅱ级中等。

（3）DK134+800—DK136+700段沙质黄土经取样分析,为非自重湿陷性,湿陷土层厚度在3～30 m不等,湿陷等级为Ⅱ级中等。

（4）DK136+880—DK165+600段沙质黄土经取样分析,为非自重湿陷性,湿陷土层厚度在3～30 m不等,湿陷等级为Ⅱ级中等。

（5）DK167+900—DK169+230段沙质黄土经取样分析,为非自重湿陷性,湿陷土层厚度在5～20 m不等,湿陷等级为Ⅱ级中等。

（6）DK169+230—DK170+155段沙质黄土经取样分析,为自重湿陷性黄土,湿陷土厚度在5～15 m不等,湿陷等级为Ⅲ级严重。

（7）DK170+290—DK170+500段沙质黄土经取样分析,为非自重湿陷性,湿陷土层厚度在5～15 m不等,湿陷等级为Ⅱ级中等。

（8）DK170+500—DK173+100段沙质黄土经取样分析,为自重湿陷性黄土,湿陷土厚度在10～15 m不等,湿陷等级为Ⅲ级严重。

（9）DK173+100—DK173+575段沙质黄土经取样分析,为自重湿陷性,湿陷土层厚度在5～10 m不等,湿陷等级为Ⅱ级中等。

（10）DK173+880—DK174+600段沙质黄土经取样分析,为非自重湿陷性,湿陷土层厚度在5～10 m不等,湿陷等级为Ⅰ级轻微。

（11）DK174+600—DK175+100段沙质黄土经取样分析,为自重湿陷性,湿陷土层厚度在10～15 m不等,湿陷等级为Ⅲ级严重。

（12）DK175+100—DK175+240段沙质黄土经取样分析,为非自重湿陷性,湿陷土层厚度在10～15 m不等,湿陷等级为Ⅰ级轻微。

（13）DK175+240—DK176+920段沙质黄土经取样分析，为自重湿陷性，湿陷土层厚度在10～15 m不等，湿陷等级为Ⅲ级严重。

（14）DK176+920—DK177+520段沙质黄土经取样分析，为非自重湿陷性，湿陷土层厚度在10～15 m不等，湿陷等级为Ⅰ级轻微。

（15）DK179+100—DK180+050段沙质黄土经取样分析，为非自重湿陷性，湿陷土层厚度在5 m，湿陷等级为Ⅰ级轻微。

（16）DK180+050—DK180+620段沙质黄土经取样分析，为自重湿陷性，湿陷土层厚度在10～15 m不等，湿陷等级为Ⅲ级严重。

（17）DK180+620—DK181+480段沙质黄土经取样分析，为自重湿陷性，湿陷土层厚度在15～20 m不等，湿陷等级为Ⅳ级很严重。

（18）DK181+480—DK184+700段沙质黄土经取样分析，为自重湿陷性，湿陷土层厚度在12～15 m不等，湿陷等级为Ⅲ级严重。

（19）DK184+700—DK194+100段沙质黄土经取样分析，为非自重湿陷性，湿陷土层厚度在0.5～5 m不等，湿陷等级为Ⅰ级轻微。

（20）DK194+700—DK198+100段沙质黄土经取样分析，为非自重湿陷性，湿陷土层厚度在0.5～5 m不等，湿陷等级为Ⅰ级轻微。

（21）DK198+100—DK199+300段沙质黄土经取样分析，为非自重湿陷性，湿陷土层厚度在1～3.5 m不等，湿陷等级为Ⅱ级中等。

（22）DK199+300—DK205+680段沙质黄土经取样分析，为非自重湿陷性，湿陷土层厚度在0.5～5.0 m不等，湿陷等级为Ⅰ级轻微。

（23）DK205+680—DK207+100段沙质黄土经取样分析，为非自重湿陷性，湿陷土层厚度在0.5～6.5 m不等，湿陷等级为Ⅱ级中等。

（24）DK207+100—DK242+500段沙质黄土经取样分析，为非自重湿陷性，湿陷土层厚度在0.5～4.5 m不等，湿陷等级为Ⅰ级轻微。

其中线路DK180+550—DK181+700上方有一旧引水渠，因未做防渗处理，导致引水渠冲蚀黄土梁坡，形成一系列串状黄土陷洞（长2～5 m，宽1～3 m，深1.5～5 m）以及小滑塌。

2.黄土湿陷引发地面沉陷灾害危险性现状评估

根据湿陷类型、等级、湿陷土层厚度、总湿陷量等对沿线分布的湿陷性黄土引发地面沉陷灾害的危险性进行现状评估，全线湿陷性黄土有24段，Ⅲ级自重严重、危险性大的有7段，长度10400 m，Ⅱ级非自重中等、危险性中等的有9段，长度10147.34 m，Ⅰ级非自重轻微、危险性小的有8段，长度57504 m。

工程本身遭受黄土湿陷危害的大小与黄土的湿陷性质（自重和非自重）、湿陷等级、湿陷土层厚度以及工程措施相关，其对工程建设本身造成的危害程度同现状致灾危险性。

黄土湿陷引起的地面塌陷灾害与湿陷类型及等级有关，Ⅰ级至Ⅱ级非自重湿陷黄土分布地段，危险性小或中等；Ⅲ级及其以上地段，危险性大。

7.8　小结

（1）评估工作的重中之重为评估前的前期调研。

（2）评估工作定性评估决定该项目的稳定性评估工作的导向。

（3）评估工作的定量评估是在定性评估的基础上对稳定性差的项目做出最终定量的评估。

（4）定量评估是指导设计、治理的主要依据。

（5）同一种地质灾害对不同的工程评估标准是不同的，应区别对待。

第8章 地质灾害监测预警及规范标准

8.1 地质灾害监测预警简介

地质灾害监测是查明各种地质灾害生成所需的内因和外因，各种内因参数和外因参数在地质灾害生成、发展过程中的变化轨迹。

预警包括预测和报警二部分内容：地质灾害预测根据地质灾害达到临界状态时各种参数的临界值预测出地质灾害发生的时间、规模、地点及破坏等级；报警是一个体系，包括政治体系、社会体系和组织体系。

8.1.1 按内、外因分类

8.1.1.1 内因参数

通常包括比重、容重、含水量、孔隙比、液性指数、内应力、内移动、渗透系数、剪切模量、压缩模量、湿陷系数、压实系数、地微动波速、磁场、弹性波、土体加速度等。

8.1.1.2 外因参数

通常包括降雨量、空气湿度、气压、蒸发量、噪声、地质构成、地形地貌、地质构造、地震、汇水面积、流速、冲刷强度、植被、岩层产状、破碎程度等。

8.1.2 按参数分类

8.1.2.1 收集参数

通常包括降水量、蒸发量、地质构成、地形地貌、地震等。

8.1.2.2 勘察参数

通常包括土的物理力学性质指标、岩层产状、破碎带、充填物等。

8.1.2.3 监测参数

通常包括含水量、内应力、内移力、波速、磁场、弹性波、气压、土体加速度、地微动、降雨量、空气温度、噪声、流速、冲刷强度、裂缝宽度变化、分布等。

8.2 地质灾害预警体系

地质灾害预警体系是个非常复杂的系统工程。地质灾害发生和预报报送哪个级别部门，由哪级政府下达预警警报，由哪个部门推播，知会面有多大，将产生什么后果，这些内容都包括在地质灾害预警体系中，因而地质灾害预警在现实生活中是一个完整的体系来完成和支持的。

8.2.1 国家体系

8.2.1.1 法律体系

我国建立防灾减灾的法律是从1980年开始的，先后制定了《防洪法》《防震减灾法》《消防法》《地质灾害防治条例》《国家突发地质灾害应急预案》等法律、法规，明确规定国务院国土资源行政主管部门负责全国地质灾害应急防治工作的组织、协调、指挥和监督。分级管理，属地为主，以下各省、市、县各级国土资源行政主管部门各负其责，结合本地实际情况成立相应的指挥部。

8.2.1.2 社会体系

各级人民政府要加快建立以预防为主的地质灾害监测、预报、报警体系建设，开展地质灾害调查，编制防治规划，建设地质灾害群测、群防网络和专业监测网络，形成覆盖全国的地质灾害监测预警网络。

8.2.2 组织体系

（1）建立健全常态管理机构，对于地质灾害基本状态，可能发生的地质灾害活动有明确预见，安排具有监制专业监测部门职责。

（2）出现地质灾害应按相应的级别成立指挥部，指挥部由决策层、技术层、实施层、监督层组成，人、机、料充分落实。

（3）完善救援体系。灾前应有对突发灾害的应急措施，应提前制定好应急预案，提前组织好应急队伍，应急队伍须经培训，再根据预案将每个步骤细化分工，做到急而不乱。及早设立应急避难所，所有应急队员都应明确自己的职责，对于高发区、重点区应经常组织演练，使每个部门的协调和配合能力不断加强。

（4）建立地质灾害预警，拨付专项资金。专项资金是指地质灾害发生后救援队伍启动的基本费用。地质灾害防治是公益性事业，应政府、社会、企业共同努力才能将地质灾害工作做好，所以当地质灾害发生后应由政府、社会、企业共同出资抢险救灾。

（5）建立全民强化宣传体系。地质灾害的危害远大于火灾和地震，对地质灾害防治的全民强化宣传也应像火灾、地震一样，做到全民都能知道地质灾害的危害常识和自救方式。让地质灾害多发区、常发区里的群众掌握地质灾害发生前的各种前兆，及时上报给上级地质灾害管理机构，自发组织避难和抢险救灾。

8.2.3 地质灾害应急预案

（1）编制目的、依据、适用范围、工作原则。

（2）组织体系。

（3）预防和预警机制：信息，行动（方案、巡查、明白卡、制度），速报制度（限时4 h、内容）。

（4）地质灾害分级：地质灾害分级表见表8-1。

表8-1 地质灾害分级表

地质灾害等级	受灾情况		
	死亡人数/人	迁移人数/人	直接经济损失/万元
特大	30	1000	>1000
大	10	500	500～1000
中等	3	100	100～499
小	<3	<100	<100

（5）应急响应：分为Ⅲ级。

（6）应急保障：队伍，通信，技术，宣传，信息发布，监督。

（7）管理与奖惩。

8.3 地质灾害预警研究方向

8.3.1 按地质灾害发生时间分类

（1）地质灾害具备内、外因条件，未发生，主攻方向。

（2）地质灾害正在发生及有余灾，研究方向。

（3）老地质灾害仍有次生灾害发生的可能，研究方向。

（4）老地质灾害不可能再破坏，如崩塌已落，水毁、泥石流水已改道，滑坡体已完全滑落呈安全稳定态势，此类状况不再研究。

8.3.2　卫星测控监测RTK

利用RTK技术可以及时获得厘米级精度照片和定位，能精确监测出滑坡、崩塌、泥石流的行动轨迹。

8.3.3　北斗卫星系统

2020年我国自行研发，利用北斗卫星系统对我国地质灾害进行监测，该系统是最方便、快捷的系统。

8.3.4　无人机与航片

随着无人机的研发完善，各种功能的无人机进入各行各业，几乎所有无人机均配置有各种规格航拍摄像功能。无人机航拍有机动灵活、随时随地都可进行的特点，方便实用，对于攀登困难的高山峻岭和渺无人烟的戈壁荒漠，无人机的优点将是无法取代的。无人机不但可以拍摄航片用于监测位移，更在巡检工作中有非常大的功效。

8.3.5　遥感技术

8.3.5.1　光学遥感技术

（1）高光谱分辨率遥感技术是电磁波谱中的可见光在红外线波段范围内获取很多非常窄的光谱而形成连续的影像数据技术，其成像光谱仪能够收集到上百个非常窄的光谱波段信息。

（2）高空间分辨率遥感仪是一个相对概念，它会跟着技术不断发展而不断变换标准。比如当前米级（亚米级）的遥感数据能够成为高空间分辨率数据（RTK为厘米级），将来也许可达到厘米级，到了厘米级的数据才能成为高空间分辨率数据。

8.3.5.2　微波遥感技术

微波遥感技术是传感器的工作波长在微波波谱区段，是通过某种传感信号从而辨识、分析地物，提取地物所需的各类信息。遥感技术的特点有：可获取的信息量大，资料齐全；获取信息时间快，周期短；获取信息受限制条件少；获取信息的手段多，信息量大。

8.4 地质灾害监测预警的规范要求

8.4.1 一般要求

8.4.1.1 监测任务

（1）监测地质灾害及其作用下线性工程的形变或活动特征及相关要素。

（2）研究线路地质灾害的地质环境、类型、特征，分析其形成机制、活动方式和诱发其变形破坏的主要因素与影响因素，评价其稳定性；研究其与线路的相互作用机制，得到其对线路的影响方式和危害程度。

（3）结合项目安全允许应力应变等条件，研究制定灾害的活动或变形破坏判据和预警阈值，以及地质灾害作用下项目的应力应变安全预警阈值，及时预测预报灾害可能发生或达到变形量阈值的时间、地点和危害程度。

8.4.1.2 监测形式

监测分为巡检和专业监测两种形式，这两种形式应结合使用。巡检是由具备一定专业知识的人员，到灾害现场用肉眼或结合简易手段观察灾害的活动特征，主要是宏观活动特征；专业监测由地质灾害专业人员实施，需使用专业设备。

8.4.2 巡检

8.4.2.1 基本要求

（1）对风险等级为较低及以上的工程灾害点应进行定期巡检。

（2）对于报告的灾害异常，应及时现场查证核实。

（3）滑坡、崩塌和采空区塌陷灾害点应重点巡查相对位移和变形、活动的主要相关因素；泥石流灾害点重点巡检固体物源堆积情况、水源变化和保护工程破坏情况；对水毁灾害、黄土湿陷灾害重点巡查管道敷设带汇水变化、植被变化、水土流失、管沟陷穴情况和保护工程破坏情况。

（4）巡检主要靠巡检人员目测，必要时可设置监测点进行简单的监测，如用尺子、木桩等测量裂缝宽度变化；对于特殊地段或情况可采用无人机进行巡检。

（5）每次巡检均应有记录，石油管道按《在役油气管道地质灾害风险管理技术规范》（QSYGD0209—2010）附录E填写管道地质灾害巡检记录，公路、铁路应按相关规范填写巡检记录。

采用传统的人工线性工程巡线方式，条件艰苦，效率低下。无人机实现了电子化、信息化、智能化巡检，提高了线路巡检的工作效率、应急抢险水平。而在山洪暴发、地震灾害等地质灾害紧急情况下，无人机可对沿线的潜在危险，诸如伴行路是否畅通，沿线地质灾害的规模、类型、危害程度等问题进行勘测与紧急排查，丝毫不受路面状况影响。图8-1为多翼无人机。图8-2为固定翼无人机。

图8-1　多翼无人机

图8-2　固定翼无人机

8.4.2.2　巡检内容

（1）滑坡、崩塌和采空区塌陷灾害巡检，应查看地表及构筑物的变形情况，是否出现垮塌、松弛、裂缝、鼓包、沉陷等现象。其中裂缝应重点察看裂缝性质、缝宽变化、是否冒气（热、冷气）等，并应注意岩土体中发出的不明声音和附近动物的异常表现。

（2）滑坡巡检应检查地下水异常变化情况，是否发生泉（水井）干枯、枯泉复活、出现新泉、泉水流量变化、泉水质变化（混浊、颜色等）、水塘水位变化、小溪流量变化等；查看坡体树木变化情况，是否发生歪斜。

（3）崩塌巡检还应注意坡脚是否有新的崩塌岩块出现。

（4）采空区塌陷巡检还应了解矿层开采情况，地表汇水及地下抽水情况。

（5）泥石流应巡检固体堆积物活动情况，水源变化情况，比如固体物质在暴雨、洪流冲蚀后的稳定状态，降雨情况、冰雪消融及冻土消融情况等，应注意泥石流沟水位的突然变化。

（6）水毁灾害应调查水源变化情况，比如管沟、伴行沟汇水，河沟水位，水冲刷方向等；路基冲蚀情况，比如线路水土流失情况，线路掏蚀情况，管沟、伴行沟陷穴，保护工程破坏情况等；植被破坏情况，比如是否有新土裸露。

（7）所有灾害点均应注意降雨、气温变化等气象活动及开挖、放牧、开垦等人工活动情况。

8.4.2.3　巡检频率

（1）地质灾害巡检时间间隔可根据灾害点风险等级及现场踏勘确定，一般10月到次年3月为60天，当年4—9月为20天。

（2）在汛期应对风险等级为中及以上灾害点加密巡检，巡检时间间隔不宜>10天，必要时每天1次。

（3）在强降雨后或长时间降雨期间后应及时进行巡检。

8.4.3　专业监测基本要求

针对滑坡、崩塌、泥石流和采空区塌陷等线性工程地质灾害开展专业监测，应按《崩塌、滑坡、泥石流监测规范》DZ/T0221—2006 的要求结合线路实际情况开展；采用专业监测的灾害点应是风险等级处于高或较高级别的灾害点，对其他风险等级的灾害点也可以根据需要开展专业监测；监测站（点）按其对线路的危害程度划分为三级。

（1）各级监测点要求见表8-2。

表8-2　各级监测点的要求

Ⅰ级监测站(点)	宜采用多种方法进行监测,并形成合理的监测内容组合,宜实现实时监测,远程预警
Ⅱ级监测站(点)	应根据需要确定监测内容
Ⅲ级监测站(点)	可只进行简易监测

（2）应在监测内容的基础上，根据灾害风险等级、灾害体和线路自身特点、监测环境优劣情况和难易程度、技术可行性和经济合理性等，本着先进、直观、方便、快速、连续等原则确定。

（3）监测仪器、设备选择应避免其对线路的安全、正常运营造成影响。石油管道应力应变监测的精度应小于管道应力应变阈值的1/50。

（4）石油管道受地质灾害作用后，如条件具备，应检查管道防腐层受损、截面变形等情况。

（5）监测频率规定：对Ⅰ级监测点监测周期为15～30天，在汛期、短期预报期、临灾预报期应加密监测，宜进行实时监测；Ⅱ级监测点正常情况下30天监测1次，比较稳定的可60天监测1次；在汛期、防治工程施工期和短期预报期、临灾预报期等情况下应加密监测，宜每天1次或实时监测；Ⅲ级监测点在汛期可每15天或30天监测1次，非汛期可根据稳定性延长监测周期。

8.5　水毁地质灾害监测预警

8.5.1　现行规范和标准主要采用的监测预警方法

现行规范和行业标准中没有水毁地质灾害监测预警标准。不同地域，降水量、地质环境不同，引发水毁灾害的标准也不同，故不能用同一标准来衡量。新疆地区在少量降水时也会引发重大水毁灾害。

8.5.2　水毁主要采用的监测预警

水毁监测一般是指在线性工程中对受水毁灾害严重的区域及周边自然环境进行实时监测与预警，并根据监测情况采取防护措施。每年的4月冰雪消融期和7—8月强降水期是新疆地区水毁灾害多发期。

目前，国内外进行水毁监测的一般方式有：

（1）采用声发射泄漏监测技术对管道泄漏进行监测。

（2）采用时域和频域相结合开发的系统软件对泄漏信号进行处理和分析，提取特征信号。

（3）采用无线数据传输技术和有线传输技术进行实时远程监测。

近年来，随着GPS技术和GRPS无线通信技术的发展，实时远程监控已逐步成为水毁监测在线性工程中的主要监控方式，通过5G网络通信技术和传感器节点技术的应用，实现了对线路进行实时数据采集的感知化；通过协调器将数据发送到5G网络实现了网络化，将数据发送到远程控制中心，实现了水毁监测对线路工程现场数据的实时采集和远程监控。形成了一种无线通信技术和5G网络的线性工程监测物联网，弥补了传统水毁监测方法中不能实现线性工程的实时在线监测的缺陷。

8.5.3　遥感技术的应用

美国、德国、日本、英国、瑞典等国家的遥感技术在交通领域已得到广泛应用，并取得了良好的社会效益和经济效益。而我国交通遥感技术主要应用在交通工程设计的前期勘测，尚处于起步阶段。对于公路洪水灾害领域，国内外对于遥感技术的使用都还是刚刚起步，所以遥感技术有着广阔的发展空间和巨大的潜力。

8.5.4　提升措施

（1）对于水毁数据信息的采集，利用ALOS卫星光学数据构建基于谱间关系的信息提取模型，可有效地进行水毁灾害信息的提取。

（2）构建线性工程水毁监测和评估技术框架，能够实现对线性工程水毁灾害位置、长度、面积和经济损失估算等的快速评估，有助于重大线性工程水毁事件的快速应对。

（3）对于线性工程水毁地质灾害遥感监测技术，由于卫星遥感的高速发展，影像的时间和空间分辨率在不断提高，而价格在不断下降，研究人员需要持续关注和尝试使用适用于线性工程水毁监测的新遥感数据源。

（4）对于特殊的地形，灾害点严重地段无法进入或人员进入存在安全隐患地段，可以采用无人机进行巡视、预警和现场监视。

8.6 滑坡地质灾害监测预警的规范要求

8.6.1 现行规范和标准主要采用的监测预警方法

8.6.1.1 监测内容

按照《崩塌、滑坡、泥石流监测规范》（DZ-T0221—2006）监测内容如下：

（1）滑坡监测的内容，分为灾害体变形监测、线路变形监测、滑坡对管道的作用力监测。监测包括线路位移监测和线路应力应变监测。

（2）线路位移包括角位移和弯曲挠度。

（3）线路应力应变监测分为应力测量和应变增量监测。线路应力测量应主要监测线路的轴向应力，以评价线路的安全状态，并可作为应力应变增量监测的初始应力；线路应变增量监测用以监测线路的应力变化情况，评价线路安全状态变化情况和滑坡对线路的作用情况。

（4）滑坡对线路作用力监测一般监测土界面压力。

8.6.1.2 监测方法

线路位移、应力监测方法和滑坡对线路的作用力监测方法参见《崩塌、滑坡、泥石流监测规范》（DZ-T0221—2006）中的附录F。

8.6.1.3 监测点网布设

（1）应根据灾害体的地质特征，灾害体的空间关系和相互作用形式、通视条件及施测要求布设变形监测网。

（2）监测网的布设应能达到系统监测滑坡的变形量、变形方向和线路应力，掌握其时空动态和发展趋势的目的，满足预测预报精度等要求。

（3）滑坡变形测线应至少有一条与线路平行或重合。

（4）测点应根据测线建立的变形地段、块体、线路及其组合特征进行布设。在线路敷设带应增加测点和监测项目，滑坡变形测站点、测线、测点的数量均应根据滑坡和线路需要确定。

（5）合理选择线路应力监测截面，主要考虑滑坡边缘、滑坡中部、局部变形突出位置等线路受影响可能较严重地段及测线与线路交汇处。

8.6.1.4 监测预报

（1）监测预报等级按灾害可能的发生时间分为预测、预报、预警。各等级内容见表8-3。

表8-3 滑坡预报等级表

预报等级	时间	方法	指标	手 段	防治措施
预测(中长期预报)	1年以上	调查评价、巡检与检测	风险等级	1.风险评价、分级,建立数据库 2.灾害体变形位移监测 3.管道位移、应力监测	防治工程或管道移位
预报(短期预报)	1年或几天	调查评价监测	临界值、管道许用应力	1.稳定性分析 2.灾害体变形位移监测 3.管道位移、应力监测	应急抢险工程或应急预案
预警(临灾预报)	几天以内	监测	警戒值、管道区服极限	1.变形位移监测和地声等物理量监测 2.管道位移、应力监测 3.气象、水文与地质等相关因素监测 4.宏观变形监测	应急预案

（2）灾害监测预报为滑坡变形破坏预报。对于与管道有直接接触的滑坡，特别是慢速滑坡，还应进行滑坡变形量预报或管体失效预报，各预报内容应相互结合，以免线路在滑坡破坏前由于变形量过大发生失效。

（3）变形破坏预报应发布预报对象变形活动趋势和发生破坏的时间、规模等，预报对象应包含对管道有重大影响的地段或块体。

（4）预测预报滑坡灾害的运动方向和活动范围，判断其是否会影响到线路及线路设施。

（5）对于与线路有直接接触的滑坡，特别是慢速滑坡，应根据线路应力监测进行线路强度失效预报预警。对线路应力监测数据进行统计分析，结合滑坡变形监测和滑坡变形相关因素监测，预测线路应力变化趋势和达到许用应力和最小屈服强度的时间。管材许用应力的确定见《在役油气管道地质灾害风险管理技术规范》（QSYGD0209—2010）中的附录D。

（6）对于与线路有直接接触的滑坡，若没有监测线路应力，应通过计算或类比其他已进行或正在进行线路监测的监测点，根据管道应力临界值确定滑坡变形量临界值或线路位移临界值，进行滑坡风险预报。

8.6.2 国内外滑坡地质灾害监测预警

8.6.2.1 监测内容

滑坡监测内容包括变形监测、影响因素监测和前兆异常监测三类，如图8-3所示。变形监测包括位移监测（绝对位移和相对位移）、倾斜监测等；影响因素监测包括降雨量、库水、地下水等；前兆异常监测包括地下水异常、动物异常等。针对不同类型的滑坡，应选择具有代表性的监测内容和监测指标。

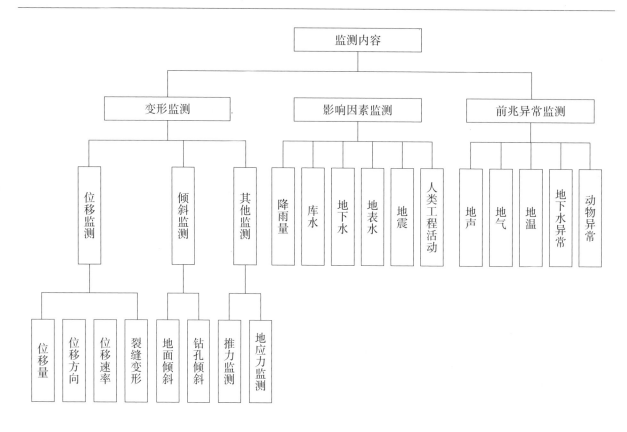

图8-3 监测内容和指标分类图

1.降雨型滑坡

降雨型土质滑坡,除了布置位移和倾斜监测外、还应重点监测降雨、地下水和库水动态变化。降雨型岩质滑坡,除了位移、倾斜、降雨、地下水监测外,还应对地表水、裂隙充水情况和充水高度进行监测。图8-4为滑坡地区降雨的等高线。

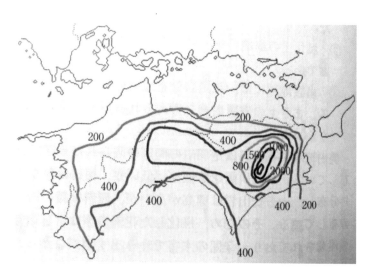

图8-4 滑坡地区降雨的等高线

2.水库型滑坡

除了布置必要的位移和倾斜监测外，还应重点监测水库水位变化、降雨、地下水动态变化，特别是滑坡体坡脚破坏的监测。

3.工程活动诱发型滑坡（包括开挖、洞摇、后缘堆载等）

除布置必要的位移、倾斜、降雨和地下水等监测外，还应对工程活动情况进行监测。

8.6.2.2　监测频率

监测频率见表8-4。

表8-4　监测频率

状态	稳定性较好	稳定性中等	稳定性较差	汛期/雨季/正常变形滑坡
监测频率	1次/月	1次/15天	1次/2天	1次/天或1次/h,连续监测

8.6.2.3　监测方法

根据不同的监测内容可选择采用大地测量法、全球定位系统（GPS）测量、近景摄影测量、测斜法、测缝法、简易监测法等。按照《崩塌、滑坡、泥石流监测规范》（DZ-T0221—2006），表8-5列出了滑坡变形监测的主要内容和常用方法。工程中应根据不同类型滑坡的特点，本着少而精的原则选用。

表8-5　滑坡变形监测主要内容和常用方法

监测内容		监测方法	常用监测仪器	监测特点	监测方法适用性
地表变形监测	滑坡变形绝对位移监测	（常规）大地测量法、两方向或三方向前方交会法、双边距离交会法、视准线法、小角法、测距法、几何水准和精密三角高程测量法等	高精度测角、测距光学仪器和光电测量仪器，包括ADK、GPS经纬仪、水准仪、测距仪等	监测滑坡二维(X、Y)、三维(X、Y、Z)绝对位移量。量程不受限制,能大范围全面控制滑坡的变形,技术成熟,精度高,成果资料可靠。但受地形、视通条件的限制和气象条件(风、雨、雪、雾等)影响,外业工作量大,周期长	适用于所有滑坡不同变形阶段的监测,是一切监测工作的基础
		全球定位系统（GPS)测量法	单频、双频GPS接收机等	可实现与大地测量法相同的监测内容,能同时测出滑坡的三维位移量及其速率,且不受视通条件和气象条件影响,精度在不断提高。缺点是价格稍贵	同大地测量法

续表8-5

监测内容			监测方法	常用监测仪器	监测特点	监测方法适用性
滑坡变形相对位移监测			近景摄影测量法	无人机摄影、陆摄经纬仪等	将仪器安置在两个不同位置的测点上,同时对滑坡监测点摄影,构成立体图像,利用立体坐标仪量测图像上各测点的三维坐标。外业工作简便,获得的图像是滑坡变形的真实记录,可随时进行比较。缺点是精度不及常规测量法,设站受地形限制,内业工作量大	主要适用于变形速率较大的滑坡监测,特别适用于陡崖危岩体的变形监测
			遥感(RS)法	地球卫星、飞机和相应的摄影、测量装置	利用地球卫星、飞机等同期性的拍摄滑坡变形	适用于大范围、区域性滑坡的变形监测
			地面倾斜法	地面倾斜仪等	监测滑坡地表倾斜变化及其方向,精度高,易操作	主要适用于倾倒和角变化的滑坡
	测缝法	简易监测法		钢尺、水泥砂浆片、玻璃片等	在滑坡裂缝、滑面、软弱面两侧设标记或立桩(混凝土桩、石桩等)、插筋(钢筋、木筋等),或在裂缝、滑面、软弱带上贴水泥砂浆片、玻璃片等,用钢尺定时量测其变化(张开、闭合、位错、下沉等)。简便易行,投入快,成本低,便于普及,直观性强,但精度稍差	适用于各种滑坡、崩塌的不同变形阶段监测,特别适用于群测群防监测
		机测法		双向测缝计、三向测缝计、收敛计、伸缩计等	监测对象和监测内容同简易监测法。成果资料直观可靠,精度高	同简易监测法,是滑坡变形监测的主要方法
		电测法		电感调频式位移计、多功能频率测试仪和位移自动巡回监测系统等	监测对象和监测内容同简易监测法。该法以传感器的电性特征或频率变化来表征裂缝、滑面、软弱带的变形情况,精度高,自动化,数据采集快,可远距离有线传输,并将数据微机化。但对监测环境(气象等)有一定的选择性	同简易监测法,适用于加速变形、临近破坏的滑坡、崩塌的变形监测
地下变形监测	滑坡变形相对位移监测		深部横向位移监测法(备注)	钻孔倾斜仪	监测滑坡内任一深度滑面、软弱面的倾斜变形,反求其横向(水平)位移,以及滑面、软弱带的位置、厚度、变形速率等。精度高,资料可靠,测读方便,易保护。因量程有限,故当变形加剧、变形量过大时,常无法监测	适用于所有滑坡、崩塌的变形监测,特别适用于变形缓慢、匀速变形阶段的监测,是滑坡、崩塌深部变形监测的主要方法

监测内容	监测方法	常用监测仪器	监测特点	监测方法适用性
	测斜法	地下测斜仪、多点倒锤仪	在平洞内、竖井中监测不同深度崩滑面、软弱带的变形情况。精度高,效果好,但成本相对较高	适用于不同滑坡、崩塌,特别是岩质滑坡监测,但在其临近失稳时慎用
	测缝法(人工测、自动测、遥测)	基本同地表测缝法,还常用多点位移计、井壁位移计等	基本同地表测缝法。人工测在平洞、竖井中进行;自动测和遥测将一起埋设于地下。精度高,效果好,缺点是仪器易受地下水、气等的影响和危害	基本同地表测缝法
	重锤法	重锤、极坐标盘、坐标仪、水平位错计等	在平洞、竖井中监测滑面、软弱带上部相对于下部岩体的水平位移。直观、可靠、精度高,但仪器易受地下水、气等的影响和危害	适用于不同滑坡、崩塌的变形监测,但在临近失稳时慎用
	沉降法	下沉仪、收敛仪、静力水准仪、水管倾斜仪等	在平洞内监测滑面(带)上相对于下部的垂向变形情况,以及软弱面、软弱带垂向收敛变化等。直观、可靠、精度高,但仪器易受地下水、气等的影响和危害	同重锤法
与滑坡变形有关的物理量监测	声发射监测法	声发射仪、地表仪等	监测岩音频度(单位时间内声发射事件次数)、大事件(单位时间内振幅较大的声发射事件次数)、岩音能率(单位时间内声发射释放能量的相对累计值),用以判断岩质滑坡的变形情况和稳定情况。灵敏度高,操作简便,能实现有线自动巡回自动检测	适用于岩质滑坡加速变形、临近崩塌阶段的监测。不适用于土质滑坡的监测
	应力、应变监测法	地应力计、压缩应力计、管式应变计、锚索(杆)测力计等	埋设于钻孔、平洞、竖井内,监测滑坡内不同深度应力、应变情况,区分压力区、拉力区等。锚索(杆)测力计用于预应力锚固工程的锚固力监测	适用于不同滑坡的变形监测。应力计也可埋设于地表,监测表部岩土体应力变化情况
	深部横向推力监测法	钢弦式传感器、分布式光纤压力传感器、频率仪等	利用钻孔在滑坡的不同深度埋设压力传感器,监测滑坡横向推力及其变化。了解滑坡的稳定性。调整传感器的埋设方向,还可用于垂向压力的监测。可以自动测和遥测	适用于不同滑坡的变形监测,也可以为防治工程设计提供滑坡推力数据

续表8-5

监测内容	监测方法	常用监测仪器	监测特点	监测方法适用性
与滑坡形成和活动相关的因素监测	地下水动态监测法	水位自动记录仪、孔隙水压力、钻孔渗压计、测流仪、水温计、测流堰	监测滑坡内及周边泉、井、钻孔、平洞、竖井等地下水水位、水量、水温和地下水孔隙水压力等动态,掌握地下水变化规律,分析地下水、地表水、库水、大气降雨的关系,进行其与滑坡变形的相关分析	地下水监测不具普遍性。当滑坡形成和变形破坏与地下水具有相关性,且在雨季或地表水、库水位抬升时滑坡内具有地下水活动时,应予以监测
		水位标尺、水位自动记录仪	监测与滑坡相关的江、河或水库等地表水体的水位、流速、流量等,分析其与地下水、大气降雨的联系,分析地表水冲蚀与滑坡变形的关系等	在地表水、地下水有水力联系,且对滑坡的形成、变形有相关关系
	水质动态监测	取水样设备和相关设备	监测滑坡内及周边地下水、地表水的化学成分变化情况,分析其与滑坡变形的相关关系。分析内容一般为:总固形物,总硬度,暂时硬度,pH值,侵蚀性CO_2、Ca^{2+}、Mg^{2+}、Na^+、K^+、HCO_3^-、SiO^{2-}、Cl^-、耗氧量等,并根据地质环境条件增减监测内容	根据需要确定
	气象监测	温度计、雨量计、风速仪等气象监测常规仪器	监测降雨量、气温等,必要时监测风速,分析其与滑坡形成、变形的关系	降雨是滑坡形成和变形的主要环境因素,故在一般情况下均应进行以降雨为主的气象监测(或收集资料),进行地下水监测的滑坡则必须进行气象监测(或收集资料)
	地震监测	地震仪等	监测滑坡内及外围地震强度、发震时间、震中位置、震源深度、地震烈度等,评价地震作用对滑坡形成、变形和稳定性的影响	地震对滑坡的形成、变形和稳定性起重要作用,但基于我国设有专门地震台网,故应以收集资料为主
	人类工程活动监测		监测开挖、削坡、加载、洞掘、水利设施运营等对滑坡形成、变形的影响	一般都应进行

监测内容	监测方法	常用监测仪器	监测特点	监测方法适用性
滑坡宏观变形破坏迹象监(观)测	监(观)测手段与方法		定时、定线路、定点调查滑坡区及周围出现的宏观变形破坏迹象(裂缝的发生和发展,地面隆起、沉降、坍塌、膨胀,公路及管道的变形、开裂等),以及与变形有关的异常现象(地声、地热、地气,地下水、地表水异常,动物异常等),做详细记录。在滑坡进入加速变形阶段后,应加密监测,每次监测后,应将地表裂缝发育分布及时反映到大比例尺的工程地质平面图上,并随时做裂缝的空间分期配套分析。有平洞等地下工程时,还应进行地下宏观变形调查	适用于一切滑坡、崩场变形的监测,尤其是加速变形临滑阶段的监测,是掌握滑坡变形破坏和裂缝空间发育分布规律的主要和重要手段

8.6.2.4 监测点网布设

根据滑坡成因机理、变形破坏模式,以及范围大小、形状、地形地貌特征、通视条件和监测要求布设。监测网是由监测线(监测剖面)、监测点组成的三维立体监测体系,监测网的布设应能达到系统监测滑坡的变形量、变形方向(位移矢量),掌握其时空动态和发展趋势,满足预警预报精度等要求。

8.6.2.5 监测数据采集与整理

1.数据采集

(1)及时。应该按照一定的监测频率或预报需要及时采集监测数据。

(2)全面。每次都应收集与监测滑坡和影响因素有关的所有数据。

(3)准确。确保每一项记录准确无误。现场如发现明显错误,应进行重测;并尽可能地消除人为和机械误差。

2.数据整理

(1)建立监测数据库。根据监测资料类别分别建立相应的监测数据库,包括地质条件数据库、滑坡特征数据库和监测数据库等。

(2)建立数据分析处理系统。一般可采用相应的数据处理软件包,也可以手工进行数据处理;误差消除→统计分析→曲线绘制(拟合、平滑、滤波)等。

(3)根据预警预报的需要,按小时、日、旬、月、季、半年或年,分门别类地绘制各类监测曲线,编制图件,以供分析。

8.6.2.6　常用监测曲线

常用的滑坡监测曲线有6种：变形速率-时间曲线，累计位移-时间曲线；钻孔倾斜仪监测曲线，滑坡变形与降雨量的关系曲线，滑坡变形与库水位的关系曲线；地下水位-时间曲线。

8.6.2.7　滑坡时间预报

1.滑坡变形演化阶段

滑坡变形在时间上一般可分为初始变形、等速变形和加速变形三个阶段，具体见表8-6。

表8-6　滑坡变形演化阶段及相应预警预报内容

滑坡变形演化阶段			预警级别	预警尺度	时间界限	预报对象	预测内容
I	AB	初始变形阶段	—	长期预报（背景预测）	几年至几十年	区域性滑坡预测为主,兼顾重点个体滑坡预测	个体滑坡侧重于稳定性评价及危险性预测
II	BC	等速变形阶段	注意级（蓝色）	中期预报（险情预测）	几月至几年	以单体滑坡预测为主,兼顾重点滑坡群预测	滑坡发生的险情预测及可能的危险预测
III	CD	加速变形阶段 初加速	警示级（黄色）			开始出现变形增长现象的单体滑坡	滑坡险情和危险预测,滑坡的发展趋势预测
	DE	中加速	警戒级（橙色）	短期预报（防灾预测）	几天至几月	具有明显变形增长现象的单体滑坡	短期防灾预测,对滑坡短期变形趋势做出判断
	EF	加速	警报级（红色）	临滑预报（预警预测）	几小时至几天	具有陡然增加特征和明显的滑坡前兆现象的单体滑坡	滑坡的具体发生时间预测,滑坡的临滑预警预报

2.滑坡时间预报尺度

根据滑坡所处的发展演化阶段而将其分为长期预报、中期预报、短期预报及临滑预报四个阶段，不同时间尺度下的预报精度要求、滑坡预报的对象、内容和方法等均有所不同。

8.6.2.8　滑坡空间预报

通过现场调查和地质分析，结合物理模拟和数值模拟等手段，分析预测滑坡发生范围、变形破坏方式、运动方向和路线、成灾范围、堆积形态与规模等。

（1）滑坡体发生滑动的范围。

（2）滑坡体运动所及范围。要注意大方量高位岩质滑坡在运动过程中可能会解体并转化为碎屑流，沿沟谷做高速远程运动，使滑坡的危害范围明显加大，破坏性增强。

（3）滑坡可能造成的次生灾害。如水库区大方量高位滑坡很容易激发涌浪，从而对库区航运和涌浪影响范围内的人民生命财产造成损失；当规模较大的滑坡体，其滑动方向与前缘峡谷型河流走向近于直交时，很容易形成滑坡堵江坝和堰塞湖，对上游产生淹没灾害，对下游形成洪涝灾害威胁。在强降雨条件下，滑坡堆积体或碎屑流很容易转化为泥石流次生灾害，进一步增大灾害损失。

（4）在恶劣条件下（如地震）的放大效应所波及的范围。2008年"5·12"汶川地震结果表明，在强震条件下，岩土体往往会表现为水平抛射、空飞跃等运动特征，使滑坡的运动和堆积范围明显被放大。

8.6.2.9　滑坡发生时间的预测预报

目前，国内外学者已先后提出了约四十种滑坡预测预报模型和方法，包括确定性预报模型、统计预报模型、非线性预报模型等。确定性预报模型是把各类参数予以数值化，用数理力学或试验方法，对滑坡稳定性做出明确判断。统计预报模型是运用数理统计方法和模型，着重于滑坡及地质环境和外界作用因素间关系的调查统计，获得规律，拟合不同滑坡位移–时间曲线，进行外推预报。非线性预报模型是引用非线性科学理论而提出的滑坡预报模型。大量的滑坡预报实例检验和验证结果表明，上述滑坡预报模型并不具有"普适性"和"先验性"，在实践中应结合实际情况选用和慎用。常见的滑坡中长期和短临预报模型和方法如下：

（1）滑坡中、长期预测预报模型与方法（常态预报）。

①基于极限平衡理论的预测评价。

②外推预测法（回归分析法、神经网络法）。

③黄金分割数法。

（2）短期、临滑预测预报模型与方法（异常预报）。

①斋藤迪孝预报模型。

②灰色系统预报模型。

③Verhulst预报模型。

8.6.2.10　滑坡预警预报判据

滑坡预警预报判据是指用于判定斜坡体进入临界失稳状态的指标或外界诱发因素可能导致滑坡发生的临界指标。目前，国内外学者已提出了十余种滑坡预警预报判据，滑坡预报判据总结见表8-7。

表8-7　滑坡预报判据总结

判据名称	判据值或范围	适用条件	备注
稳定性系数K	$K \leqslant 1$	长期预报	
可靠概率P_t	$P_t \leqslant 95\%$	长期预报	
声发射参数K	$K = \dfrac{A_0}{A} \leqslant 1$	长期预报	A_0为岩土破坏时声发射记数最大值，A为实际观测值

续表8-7

判据名称	判据值或范围	适用条件	备 注
塑性应变 ε_i^p	$\varepsilon_i^p \to \infty$	小变形滑坡中长期预报	滑面或滑线上所有点的值均趋于无穷大
塑性应变率 $\dfrac{d\varepsilon_i^p}{dt}$	$\dfrac{d\varepsilon_i^p}{dt} \to \infty$	小变形滑坡中长期预报	清面或清线上所有点的值均趋于无穷大
位移加速度 a	为一加速度骤然急剧增加	临滑预报	
每变曲线切线角 A	$A>85°$	临滑预报	切线角>85°时进入临滑阶段,滑动前切线角约等于89°
位移矢量角	突然增大或减小	临滑预报	堆积层滑坡位移矢量角锐减
分维值 D	1	中长期预报	D趋近1意味着滑坡发生

8.6.2.11 滑坡综合预报

1.加强地质工作,注重宏观变形破坏迹象和机理分析

在查明滑坡地形地貌、地层岩性、坡体结构以及水文地质条件等的基础上,分析滑坡变形破坏模式和成因机制;在进行滑坡监测时,除采用监测仪器进行各测点的专业监测外,尤其应加强对滑坡体宏观变形破坏迹象的调查,掌握滑坡体的空间变形破坏规律、判断演化阶段和可能的发展趋势。

2.注意滑坡变形分区

受地形地貌、地质结构、外界因素等影响,同一滑坡不同部位、不同区段其变形量的大小、变形规律可能会有所差别。根据监测和宏观变形破坏迹象及成因机制,进行变形分区。各个区段选取1～2个关键监测点作为预测预报的依据。一般而言,位于滑坡后缘弧形拉裂缝附近的监测点基本可以代表整个滑坡的变形特征,是滑坡预测预警的关键监测点。当然,对于推移式滑坡,其前缘隆起部位的监测点也是非常具有代表性的关键监测点。

3.注重滑坡变形时间演化规律和空间演化规律

滑坡变形时间演化规律指变形曲线的三阶段演化规律。斜坡变形进入加速变形阶段是斜坡整体失稳(滑坡)发生的前提条件。一旦进入加速变形阶段,就应引起高度重视,加强监测预警。滑坡变形空间演化规律指裂缝体系的分期配套特性。形成圈闭的裂缝配套体系是整体下滑的基本条件。

4.注意外界因素对滑坡变形的影响

强降雨、水库水位变动、人类工程活动等外界因素特别对斜坡坡脚破坏的变形演化会产生重要的影响,其不仅使变形监测曲线出现振荡,周期性的外界因素还可能使变形曲线呈现出"阶跃型"的特点。对于阶跃型变形曲线,有时判断其发展演化阶段仍很困难,尤其是阶跃出现后又还未恢复到平稳期时,很难确定究竟是滑坡演化的一个"阶跃",还是滑坡已经进入加速变形阶段。

5.注重定量预报与定性分析的结合，进行滑坡综合预报

滑坡发展演化具有非常强的个性特征，而现在提出的滑坡定量预报模型，大多依赖于对监测结果的数学推演，缺乏与滑坡体直接关联和对滑坡个性特征的把控。因此，目前滑坡的定量预报模型存在适宜性差、预报准确度不高、预报不具针对性等缺点。如果要深究起来，滑坡定量预报还存在许多具体细节问题没有得到很好解决。比如在多个监测点中，究竟选取哪个监测点的监测数据作为预报依据；在一个监测时间序列中，究竟选取哪个时间段、多长时间段的监测数据作为预报依据；在位移切线角计算时如何统一纵横坐标系等。这些细节问题直接影响了预报结果的可信度和准确度。

6.注意滑坡的动态预测

滑坡的发展变化是一个复杂的动态演化过程。在滑坡监测预警过程中，应随时根据坡体的动态变化特点，进行动态的监测预警。在斜坡演化后期，尤其是进入加速变形阶段和临滑阶段，应加密观测，实时掌握坡体变形动态，并根据新的时空演化规律，及时做出综合预测和预警。表8-8为滑坡灾害监测预警四级预警级别划分的综合判定（引自《三峡库区滑坡灾害预警预报手册》）。

表8-8 滑坡灾害监测预警四级预警级别划分的综合判定

变形演化阶段		初始变形阶段	等速变形阶段	加速变形阶段	加速变形中期阶段	临滑阶段
预警级别	名称	—	注意级	警示级	警戒级	警报级
	表达方式	—	蓝色	黄色	橙色	红色
	对应变形阶段	初始变形阶段及等速变形阶段初期	等速变形阶段中后期	加速变形初始阶段（初加速）	加速变形中期阶段(中加速)	加速变形突增(临滑)阶段（加速）
	变形基本特征	斜坡开始出现轻微的变形,变形速率缓慢增加	斜坡开始出现明显的变形,但平均速率保持不变	变形速率开始增加	变形速率持续增长,宏观上显示出整体滑动	变形速率持续快速增长,小崩、小塌不断
	变形监测曲线	变形速率切线角A由大变小,甚至曲线下弯	变形曲线受外界因素影响可能会有所变动,但切线角A近于恒定值,总体趋势为一条微向上的倾斜直线	变形曲线逐渐呈现增长趋势,切线角A由恒定逐渐变陡,但增幅较小,曲线开始上弯	变形曲线持续稳定增长,切线角A明显变陡,曲线开始上弯	变形曲线骤然快速增长,且有不断加速的趋势,切线角A逐渐接近于90°,变形曲线趋于陡立

续表8-8

变形演化阶段		初始变形阶段	等速变形阶段	加速变形阶段	加速变形中期阶段	临滑阶段	
宏观变形破坏迹象	推移式滑坡	裂缝产生,发展演化以及裂缝体系的分期配套	在坡体中后部出现拉张裂缝,缝隙短小,断续分布,方向性不明显,地标若为松散岩土体,则裂缝可能首先见于滑坡区建构筑上,如房屋墙体、地坪、挡墙等出现开裂、错动和轻微下沉等迹象	地表裂缝逐渐增多,长度逐渐增大,并逐渐向前扩展,后缘开始出现下座变形,形成多级下错台坎;侧翼剪长裂缝开始产生并逐渐从后缘向前扩展,延伸。裂缝主要分布于坡体中后部,后缘弧形拉裂缝已具雏形,侧缘的中后部出现剪张裂缝	后缘弧形拉张裂缝趋于连接,开始加大加深;侧翼张扭性裂缝逐渐向坡体中前部扩展延伸;前缘开始出现隆起,产生鼓胀裂缝,如果有前缘临空,还可见剪切错动面(剪出口)	后缘弧形拉张裂缝,侧翼剪张裂缝相互贯通连接,后缘弧形张裂明显加快,加深;前缘隆起鼓胀明显,出现纵向放射状张裂缝和横向鼓胀裂缝,滑坡边界裂缝体系基本相互贯通,滑坡圈闭边界已形成	由裂缝体系构成的滑坡圈闭边界和滑坡体滑圈完全形成。如果斜坡整体滑移受限(如滑面后陡前缓甚至反翘,前缘临空条件差等),滑坡前可能会出现后缘裂缝逐渐闭合,前缘外鼓等现象。坡体前缘小崩、小塌不断
	牵引式滑坡	裂缝产生,发展演化以及裂缝体系的分期配套	在坡体前缘,尤其是临空面附近的地表出现拉张裂缝,裂缝短小,断续分布	前缘地表裂缝增多,长度增大,逐渐向后扩展,侧翼剪张裂缝出现并逐渐向后延伸。前缘裂缝逐渐贯通,并沿已有裂缝产生多级下错台坎	横张裂缝扩展到坡体后边界,并逐渐形成后缘弧形拉裂缝;侧翼剪张裂缝逐渐向中后部发展延伸。前缘裂缝贯通并出现局部滑塌	可能会产生由前向后的逐级滑塌后退现象;后缘弧形拉裂缝,侧翼剪张裂缝已完全形成并贯通,滑坡圈闭边界已形成。如果前缘垮塌,滑移受阻,整个滑坡可能会向推移式转化	由裂缝体系构成的滑坡圈闭边界和滑坡底的滑坡圈完全形成。可能产生从前向后逐渐的滑塌破坏
预报判断	变形速率	变形速率时大时小,无明显规律性	变形速率呈有规律的波动,但平均和宏观变形速率基本相等	变形速率开始逐渐增加	变形速率出现较快增长趋势	变形速率持续快速增长	
	位移矢量角	位移矢量角逐渐减小至0	位移矢量角等值增大	位移矢量角由等值增大开始到非等值增大	位移矢量角非等值增大幅度和速度渐增	位移矢量角突然增大或减小	

变形演化阶段		初始变形阶段	等速变形阶段	加速变形阶段	加速变形中期阶段	临滑阶段
	稳定性系数	$K>1.05$	$1.0 \leqslant K \leqslant 1.05$	$0.95 \leqslant K < 1.0$	$K<0.95$	变形速率
滑坡对外界影响因素的变形响应	降雨	滑坡变形与降雨呈正相关关系，每次大的降雨后，位移速率-时间曲线对应一次正向波动，每年汛期累计位移-时间曲线出现一次阶跃，但都存在一定的滞后，并且具有可逆性。降雨（汛期）过后，滑坡变形又恢复到平稳状态，宏观上仍保持固定的变形速率		滑坡的变形对降雨事件很敏感，呈非线性相关关系。即使是小的降雨量，也会在位移速率-时间曲线上有明显的反映，每年汛期，滑坡位移-时间曲线出现一次阶跃，存在一定的滞后，且不可逆。每次降雨事件过后，滑坡变形速率都会有所增加，一次临界降雨可能诱发滑坡		
	库水位变化	滑坡变形与库水位变化量存在一定的相关关系，库水位骤升骤降时，滑坡变形有所增加，且位移滞后现象较明显。一般而言，滑坡变形对库水位下降比库水位上升更敏感		滑坡的变形对库水位变动较敏感，呈非线性相关关系。每次大的库水位变动后，滑坡位移-时间曲线出现一次阶跃，存在一定的滞后，且不可逆。一般而言，滑坡变形对库水位下降比库水位上升更敏感，每次库水位变动后，滑坡变形速率都会有所增加，快速大幅度的库水位升降可能诱发滑坡		
预报模型和方法	神经网络模型	—		适合于滑坡长期变形趋势预测，通过对已有监测数据的学习，外推预测滑坡的发展演化趋势		
	黄金分割法	$$\dfrac{T_1}{T_1+T_2}=0.618$$		式中：T_1为滑坡等速变形阶段的历时，T_2为滑坡进入加速初始变形阶段直至滑坡发生时的总历时。适合于滑坡长期预报		
	斋藤迪孝法	$$t_2-t_1=\dfrac{\frac{1}{2}(t_2-t_1)^2}{(t_2-t_1)-\frac{1}{2}(t_3-t_1)}$$		式中：t_r为滑坡发生破坏时间，t_1、t_2、t_3为滑坡位移-时间曲线上的3个点，且t_2-t_1和t_3-t_1两段之间的位移量相等。适合于滑坡短临预报		
	灰色系统模型	$$k=\dfrac{\ln\dfrac{X^{(1)}(k)-u/a}{X^{(0)}(1)-u/a}}{a}+1$$ $$t=k\Delta t$$		式中：$X^{(1)}(k)$为一次累加生成数据，$X^{(0)}(1)$为位移时序初值；u、a为模型中待定系数；Δt为位移序列的时间间隔		
	Verhulst模型	$$t=\left\{\dfrac{1}{a}\ln\left(\dfrac{a}{bX^{(1)}}-1\right)\right\}\Delta t$$		式中：a、b为模型中待定系数，$X^{(1)}$为位移时序资料的初值，Δt为位移序列的时间间隔。适合于滑坡短临预报		

续表8-8

变形演化阶段		初始变形阶段	等速变形阶段	加速变形阶段	加速变形中期阶段	临滑阶段
	协同模型	$t=\dfrac{1}{2a}\ln\left(\dfrac{a-bu_0^2}{2bu_0^2}\right)+t_0$		式中:a,b为模型中待定系数,u_0为位移时序资料的初值,t_0为时序号初始数(一般恒定为1)。适合于滑坡短临预报		
减灾措施		1.开展滑坡的专业监测工作 2.实施群策群防,落实搬迁避让计划	1.加密滑坡专业监测 2.划定滑坡危险区和影响区,发放防灾明白卡,对处于危险区的居民应迅速撤离避让 3.制定防灾预案	1.发布橙色警报 2.进行滑坡涌浪预测,划定滑坡危险区和影响区 3.启动防灾预案 4.24 h不间断监测巡视,遇紧急情况随时向指挥中心报告		1.发布红色警报 2.封锁涌浪预测范围内的水域 3.撤离处于危险区和影响区的所有人员 4.组织应急抢险施工队伍

8.6.3 滑坡变动计测调查和滑坡变动的程度

8.6.3.1 滑坡变动计测调查

滑坡变动计测调查是根据滑坡的规模、活动性、变动方向以及发生机理,解析滑坡的稳定性和对策的方法。计测方法如下:

(1)伸缩计。

(2)地质倾斜计。

(3)简易变位计。

(4)移动桩。

(5)光波测量桩的移动量调查,在调查区域设定测量桩,在不动山区设定基准点,用光学测量设备测量其之间距离的变化。

(6)GPS的移动量调查。全球定位系统(GPS)具有观测点间不需要通视,夜间也能观测及不受天气影响等优点。

8.6.3.2 滑坡变动的程度

根据滑坡是否运动,稳定性测量的结果,可综合判断滑坡整体的状况。表8-9为地层倾斜变动的程度。表8-10为伸缩计检测地层伸缩的程度。

表8-9　地层倾斜变动的程度

变动划分	日平均变动量/s	累计变动值/（s·月$^{-1}$）	倾斜量的累积（倾斜的有无）	倾斜运动方向和地形的相关性	活动性等
变动a	5 s以上	100 s以上	显著	有	活跃运动
变动b	1～5 s	30～100 s以下	稍微显著	有	缓慢运动
变动c	1 s以下	30 s以下	稍微显著	有	有必要继续观测
变动d	3 s以上	无（间断变动）	无（间断变动）	无	局部地层变动

表8-10　伸缩计检测地层伸缩的程度

变动划分	日平均变动量/mm	累计变动值/（s·月$^{-1}$）	一定方向的倾向累积	活动性等
变动a	1 mm以上	10 mm以上	显著	活跃运动
变动b	0.1～1 mm	2～10 mm以下	稍微显著	缓慢运动
变动c	0.02～0.09 mm	0.5～1.9 mm	稍微显著	有必要继续观测
变动d	0.09 mm以上	无（间断变动）	无（间断变动）	局部地层变动

8.6.4　滑坡地质灾害监测预警对比分析及提升措施

8.6.4.1　对比分析

目前已有的监测手段，只是对表面现象进行监测，表面和浅层的位移、裂缝的产生、水位的变化等现象不是滑坡发生的充分必要条件。因此目前的预测预报准确率极低。滑坡灾害智能远程监测预警的先进性在于，将滑坡作为一个力学系统，滑坡发生与否决定于"下滑力"和"抗滑力"之间的平衡状态变化，这种变化过程可以用"穿刺摄动"的方法进行监测。滑体的力学系统只要有变化，监测预警系统就会十分敏感地体现在滑坡动态图上，根据动态特征实现对滑坡的超前预报。

8.6.4.2　提升措施

（1）研究一种更加高效可靠的自动分级预警方案。
（2）找到其他的通信方式，使监测数据的传输没有盲区。
（3）在监测现场的局部地区内，使用更加稳定，不易受到干扰且功耗更小的网络传输方式。
（4）滑坡预测预报应注意将定量预报、定性预报、数值模型预报三者有机结合，进行总体分析，宏观把握，实现滑坡的综合预测预报。

8.7 管道泥石流地质灾害监测预警的规范要求

8.7.1 现行规范和标准主要采用的监测预警方法

按照《崩塌、滑坡、泥石流监测规范》（DZ-T0221—2006）及《泥石流灾害防治工程勘查规范》（DZ-T0220—2018）的规定，监测点的设置和泥石流活动预报等级如下：

（1）监测点的设置应充分考虑下游管道采取应急措施所需要提前报警的时间和泥石流的运动速度，监测点距管道的距离可按式（8-14）估算，泥石流监测点布设在管道穿越上游的基岩跌水或卡口处（据管道距离≥L）部位，且在其区间河段内无其他径流补给或补给量可忽略不计。

$$L \geq t \times V \tag{8-14}$$

式中：L 为监测点距管道的距离（m），t 为需提前报警的时间（h），V 为泥石流运动速度（m/h）。

（2）泥石流活动预报等级按时间分为预测、预报、报警三个等级，各级内容见表8-11。

表8-11 泥石流活动预报等级表

预报等级	时间	空间	方法	指标	手 段	防治措施
预测 （中长期预报）	1年以上	区域单体	调查评价	风险等级	风险分级和建立数据库	防治工程或管道移位
预报 （短期预报）	1年至几小时	单沟	调查评价监测	临界值	1.流域沟谷自然、地貌、地质、管道因素分析 2.暴雨监测	应急抢险工程或应急预案
预警 （临灾预报）	几天以内	单沟	监测	警戒值	1.降雨、泥位、地声、流速等监测 2.报警装置	应急预案

8.7.2 国内管道泥石流地质灾害监测预警

8.7.2.1 泥石流监测

对于油气管道，泥石流防治工程并不能完全消除泥石流危害，因此，除了开展必要的泥石流防治工程外，还需辅以泥石流监测预警，在泥石流发生前做出迅速响应，尽量避免不必要的人员伤亡和财产损失。泥石流预警预报监测方法有多种，油气管道区应用较多的主要有降雨监测、泥位或流速监测和地下水位监测三种。

1.降雨监测

降雨监测是泥石流监测预报的基础。它包括对区域降雨天气过程监测和流域内降雨过程监测。区域内降雨天气过程监测是对预报区域大范围内降雨天气过程的监测，为泥石流预报提供较大尺度区域降雨参数，主要由气象部门利用卫星云图和气象雷达实施。通过对短期、中期和长期气象预报，进而开展泥石流监测预报。如短期预报时根据每小时雨量图、雨势情报，对泥石流发生的危险前兆，由监测仪器等做出判断。

流域内降雨过程监测是对泥石流流域内降雨过程的监测。根据流域大小，在流域内设立1~3个控制性自记式雨量观测站，定期巡视观测。对降雨监测数据进行分析处理，供泥石流预报使用。根据实时监测的流域雨量，与该地区泥石流发生的临界雨量值加以比较来判断是否会发生泥石流。

2.泥位、流速监测

泥位观测站应尽可能设在两岸稳定、顺直的泥石流流通沟床段。观测断面应在2个以上。用断面法观测泥位涨落过程，精度要求达到0.1 m。有条件时也可以采用有线或无线传感器或探头进行遥测。流速观测应与泥位观测同时进行，数字记录要和泥位相对应。一般采用水面浮标测速法观测。

3.地下水位监测

观测测流断面处水位和消水流量，估算出径流量、径流强度和径流的日、季、年分配情况。要查明由地表径流和地下径流作为补充水体补给的各泥石流河床段特征，并计算地表径流、地下径流分别加入河床清水总流量的各自相对量。建立观测径流场，用来计算坡地径流。同时，用来观测坡地径流对片蚀的影响、原始侵蚀和浅沟的形成。将暴雨和季节性融雪资料（在高山为冰川和万年雪堆融化资料）与测流断面处及径流场内的水位和流量资料相对比，可得到坡地上和河床内来水量不同时，汇流区各带的降水量与径流量之间的定量关系式，并可估算出不同流量的渗透损失和蒸发损失。

8.7.2.2 泥石流预报

1.根据预报灾害的孕灾体分类

孕灾体是指产生泥石流灾害的地理单元。地理单元可以是一个行政区域，也可以是一个水系或一条泥石流沟（坡面）。根据孕灾体的不同，将泥石流预报分成区域预报和单沟预报。

（1）区域预报是对一个较大区域内泥石流活动状况和发生情况的预报，可帮助政府制定泥石流减灾规划和减灾决策，从宏观上指导减灾。区域预报一般是针对一个行政区域进行预报，包括铁路、公路部门对线路进行的线路预报。

（2）单沟预报是针对某条泥石流沟（坡面）的泥石流活动进行预报，指导该沟（坡面）泥石流减灾，这些沟谷（坡面）内往往有重要的保护对象。

2.根据预报的时空关系分类

根据泥石流预报的时空关系，可将泥石流预报分成空间预报和时间预报。

（1）空间预报指通过划分泥石流沟、危险度评价和编制危险区划图来确定泥石流危害地区和危害部位。空间预报包括单沟空间预报和区域空间预报。泥石流空间预报对土地利用规划、山区城镇建设规划和工程建设规划等经济建设布局具有重要的指导意义。

（2）时间预报是对某一区域或沟谷在某一时段内将要发生泥石流灾害的预报。它包括区域时间预报和单沟时间预报。

3.根据预报的时间段分类

根据发出预报至灾害发生的时间长短，将泥石流预报分为长期预报、中期预报、短期预报和短临预报。

（1）长期预报时间一般为3个月以上。

（2）中期预报时间一般为3天～3个月。

（3）短期预报的预报时间一般为6～72 h。

（4）短临预报时间一般为6 h以内。

4.根据预报的性质和用途分类

根据泥石流预报性质和用途可将泥石流预报分成背景预测、预案预报、判定预报和确定预报。

（1）背景预测是根据某区域或沟谷内泥石流发育条件分析，对该区域或沟谷内较长时间段泥石流活动状况的预测，以指导该区域或沟谷内土地利用规划和工程建设规划等经济建设布局。

（2）预案预报是对某区域或沟谷当年、当月或几天内有无泥石流活动可能的预报，以指导泥石流危险区做好减灾预案。

（3）判定预报是根据降雨过程判定在几小时至几天内某区域或沟谷有无泥石流发生的可能，指导小区域或沟谷内泥石流减灾。

（4）确定预报是根据对降雨监测或实地人工监测等，确定在数小时内将暴发泥石流的临灾预报，预报结果直接通知到危险区的人员，并组织人员撤离和疏散。

5.根据预报的泥石流要素分类

根据预报的泥石流要素可将泥石流预报分成流速预报、流量预报和规模预报等。

（1）流速预报和流量预报都是对通过某一断面的沟谷泥石流流速和流量进行预报。一般是针对某一重现期泥石流要素进行预报，计算泥石流泛滥范围和划分危险区，为泥石流减灾工程设计和服务。

（2）规模预报是对泥石流沟一次泥石流过程冲出物总量和堆积总量的预报，对泥石流减灾工程设计、泥石流堆积区土地利用规划等都有重要意义。

6.根据预报的灾害结果分类

根据预报的灾害结果可将泥石流预报分成泛滥范围（危险范围）预报和灾害损失预报。

（1）泛滥范围（危险范围）预报是泥石流流域土地利用规划、危险性分区、安全区和避难场所划定和选择的重要依据。

（2）灾害损失预报是对泥石流灾害可能造成损失的预报，是政府减灾和救灾部门制定减灾和救灾预案的重要依据。

7.根据预报方法分类

泥石流预报方法种类繁多，但归纳起来可以分成定性预报和定量预报两大类。

（1）定性预报是通过对泥石流发生条件的定性评估来评价区域或沟谷泥石流活动状况。一般用于中、长期泥石流预报。定量预报是通过对泥石流发育的环境条件和激发因素进行量化分析，确定泥石流活动状况或发生泥石流的概率。一般用于泥石流短期预报和短临预报，给出泥石流发生与否的判定性预报和确定性预报。

（2）定量预报可以分为基于降雨统计的统计预报和基于泥石流形成机理的机理预报。统计预报是对发生的泥石流历史事件进行统计分析，确定临界降雨量作为泥石流预报依据，它是目前研究和应用最多的一种预报方法。

机理预报是以泥石流形成机理为基础，根据流域内土体力学特征变化过程预报泥石流是否发生。目前，泥石流形成机理研究尚不成熟，机理预报尚处于探索阶段。

根据不同分类依据，可将泥石流预报分成许多类型。不同类型的预报存在相互交叉和包容关系。综合分析后建立了泥石流预报分类树，如图8-5所示，以反映泥石流预报类型及相互间关系。实际应用可根据不同地区、防护对象重要程度等选择一种或多种方法，对泥石流灾害进行预报，为防灾、减灾服务。

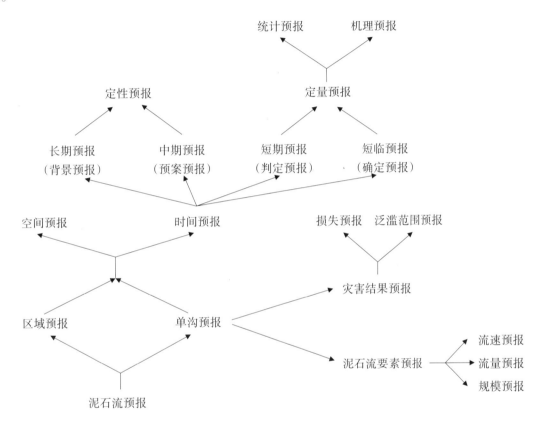

图8-5　泥石流预报分类结构树

8.7.2.3　泥石流监测需求

对于高山峡谷区，交通网络不发达，通信条件差，泥石流的监测网络必须满足如下条件。

1.无线通信

监测网络的通信基于无线通信模式，包括无线传感器网络、GPS/GPRS、CDMA、卫星通信等方式。5G的推广使用是该网络的发展方向。

2.无人值守

通过远程监控各个监测仪器，设置仪器监测模式、采样时间、采样频率等。

3.低功耗且独立电源支持

每个监测点配备独立电源，为了充分保证仪器长时间可靠连续工作，采用低耗能的设备也是必要的。

4.实时性

监测数据的实时性是为了及时了解掌握灾害情况，才能做出精确的预警预报，为避免灾害发生赢得更长的宝贵时间。

8.7.3 国内外管道泥石流地质灾害监测预警

8.7.3.1 国外泥石流灾害监测预警

泥石流的研究，可以追溯到20世纪前半叶。在国外，美国等早在20世纪60年代以前，就展开了对泥石流的研究，其研究手段主要是通过灾害调查来分析灾害形成条件和活动过程。20世纪60年代以后，一些发达国家在泥石流灾害监测技术研究领域开展了一系列的研究工作，并取得了丰富的研究成果，从而从根本上提高了人们的防灾减灾能力。

近段时期随着一些高科技监测手段的广泛应用，如5G网络、遥感技术、GPS卫星定位技术、气象雷达及微震技术使得地质灾害监测在技术方法和监测精度上有了更大程度上的提高，研究目的旨在实现泥石流灾害的长期、中期、短期的预报。随着计算机技术和信息远程传输技术的不断发展和壮大，人们渐渐实现了对泥石流灾害的实时动态监测。泥石流运动形态监测，现阶段多是从泥石流发生时的水位、流速等水文物理量方面进行监测。

在泥石流监测方面开展较好的有美国和日本等国家，日本建立了世界上较为先进的泥石流观测站，如烧岳山观测站，主要依靠检测线、录影摄影等先进的近路设备进行遥控监测，其监测内容包括雨量、泥位、流速、冲击力、堆积及试验工程。对于泥石流灾害整个运动过程的监测还没有实用的定量监测的手段。

日本在图像解析流速测量方法方面的研究也取得了进展，有学者通过图像跟踪解析跟踪试验进行泥石流的流速测量，对于把握表面流速分布状况有很好的效果并使得泥石流灾害过后能够通过监测图像对指定点进行监测，并收到了良好的效果。从上可以看出日本学者在泥石流和次生泥石流灾害的实地监测的技术方法上已经走在前列。

8.7.3.2 国内泥石流灾害监测预警

近年来，针对泥石流、滑坡等地质灾害，我国开展了大量监测、预警工作，取得了丰硕的成果，但纵观其发展过程，发现预警成功率并不理想，泥石流监测预警还存在一些有待解决的问题。

1.量化泥石流源区可移动固体物源

目前有很多计算泥石流物源区松散固体物质总量的方法以及经验公式，但由于其概化条件的差异，与实际误差一般在70%～150%，最大甚至可达300%，进而对泥石流沟评价、监测预警等带来很大影响。

2.把握流域内水源"降雨"的时空变化

对于一个流域，降雨云团分布、移动情况不同，地表接收到的降雨就显著不同。现行监测气象的天气雷达属于监测水汽云团的监视雷达，不能将云、雨分开，还难以准确捕捉强降雨单元的时空分布和变化，无法对降水进行比较准确的定量测量，在山区，降水落区就更难把握，无法满足山洪和泥石流等地质灾害监测预警对降雨信息的需求；另外，自记雨量计只是对单个点的测量，不能代表附近的其他地方，要在山区建立雨量计网监测站，成本会更高、管理难度大且数据容易出错，亦无法满足泥石流监测预警对降雨条件的要求。

3.泥石流监测预警手段落后

目前监测预警手段主要还是通过当地群众进行，专业性监测预警相对较少。如刘传正对2004年715个地质灾害点成功预报避难实例的统计分析发现，当地群众的群测群防监测预警高达86.7%，而依靠临界雨量预报仅占9.8%。图8-6为泥石流监测预警系统图。

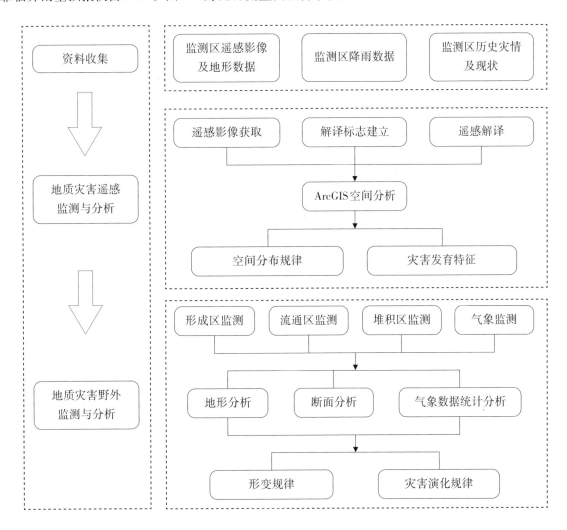

图8-6　泥石流监测预警系统图

8.7.3.3　提升建议

为了进一步提高泥石流等监测预警成功率，并针对目前所存在的问题，提出如下建议：

（1）弄清物源，即建立泥石流物源区可移动固体物质（不同于传统松散固体物质）力学模型，计算其在不同水动力（主要为降雨）作用下固体物质可能发生移动的总量、分布。

（2）开发、利用高分辨率测雨雷达（精度30 m）取代传统的点雨量及天气雷达监测，从流域空间上把握降水的过程、降水落区及降水量。在此基础上，利用分布式水文模型将泥石流物源区可移动固体物质与精确雨量过程进行耦合计算、分析，可得到流域泥石流规模以及可能造成的危害范围，从而有效地解决中、小流域泥石流的预警难题，它是未来泥石流预警发展的方向。

（3）结合现阶段专业的泥石流地声、次声监测、泥位监测和传感器监测技术与预警手段，建立泥石流自动监测预警系统，充分发挥其先锋作用，从而在泥石流发生前、发生时、发生后进行层层预警，可保证泥石流预警信息准确，为当地居民避灾提供充足时间，将灾害损失降到最低。

8.8　管道崩塌地质灾害监测预警的规范要求

8.8.1　现行规范和标准主要采用的监测预警方法

按照《崩塌、滑坡、泥石流监测规范》（DZ-T0221—2006）及《油气管道地质灾害风险管理技术规范》（SY/T6828—2017）采用以下方法。

8.8.1.1　监测内容

崩塌对铁路、公路的危害一目了然，可是对下伏管道的危害就需必要的监测手段。

（1）崩塌监测的内容分为灾害体变形监测、管道变形监测。管道变形监测包括管道位移监测和管体应力应变监测。

（2）管体位移包括角位移和弯曲挠度。

（3）管体应力监测分为管体应变测量和应变增量监测。管体应力测量应主要监测管体的轴向应力，以评价管道的安全状态，并可作为应力应变增量监测的初始应力；管体应力增量监测用以监测管体的应力变化情况，评价管道安全状态变化情况和滑坡对管道的作用情况。

8.8.1.2　监测方法

管体位移、应力监测方法和滑坡对管道的作用力监测方法参见《崩塌、滑坡、泥石流监测规范》（DZ/T0221—2006）中的附录F。

8.8.1.3　监测点网布设

（1）应根据灾害体的地质特征，灾害体与管道的空间关系以及相互作用的形式、通视条件及施测要求布设变形监测网。

（2）监测网的布设应能达到系统监测崩塌的变形量、变形方向和管体应力，掌握其时空动态和发展趋势的目的，满足预测、预报精度等要求。

（3）崩塌变形测线，应至少有一条与管道平行或重合。

（4）测点应根据测线建立的变形地段、块体、管道及其组合特征进行布设。在管道敷设带应增加测点和监测项目，滑坡变形测站点、测线、测点的数量均应根据滑坡和管道需要确定。

8.8.1.4　监测预报

（1）监测预报等级按灾害可能发生的时间分为预测、预报、预警。各等级内容见表8-12。

表8-12　崩塌预报等级划分

预报等级	时间	空间	方法	指标	手　段	防治措施
预测 （中长期预报）	1年以上	区域 单体	调查评价巡检与检测	风险等级	1.风险分级和建立数据库 2.灾害体变形位移监测 3.管道位移、应力监测	防治工程或管道移位
预报 （短期预报）	1年或几天	少量区域主要单体	调查评价巡检与检测	临界值、管材许用应力	1.区域地质、开采活动、地下水活动、管道因素分析 2.采空区变形位移监测 3.管道应力应变监测	应急抢险工程或应急预案
预警 （临灾预报）	几天以内	单体	巡检、监测	管材最小屈服强度	1.采空区变形位移监测和地声等物理量监测 2.宏观变形监测 3.管体应力应变监测	应急预案

（2）灾害监测预报为崩塌变形破坏预报。

（3）变形破坏预报应发布预报对象变形活动趋势和发生破坏的时间、规模等，预报对象应包含对管道有重大影响的地段或块体。

（4）预测预报崩塌灾害的运动方向和活动范围，判断其是否会影响管道及管道设施。

8.8.2　国内崩塌地质灾害监测预警

地质灾害监测是指运用各种技术和方法，测量、监视地质灾害时空域演变信息（包括形变、地球物理场、化学场）、诱发因素等，最大限度获取连续的空间变形数据，应用于地质灾害的稳定性评价、预测预报和防治工程效果评估中。

8.8.2.1　崩塌灾害监测

就崩塌灾害监测而言，监测的内容分为变形监测、相关因素监测和变形破坏宏观前兆监测。

1.变形监测

以采集测量位移形变信息为主，包括地表相对位移动态监测、地表绝对位移动态监测、深部位移监测和倾斜度动态监测。此类监测技术成熟，精度较高，是崩塌监测最常规的技术手段。

2.相关因素监测

主要针对崩塌形成和变形相关因素的监测方法，包括气象变化、地表水动态、地下水动态、地震、冻融、风化和人类工程活动等的监测。降水量大小、时间区段和空间分布特征是评价区域性地质灾害的主要判别指标，现代人类工程活动是岩质边坡失稳的主要诱因，高寒地区岩体冻融作用也会诱发崩塌。由此可以看出，相关因素监测是崩塌灾害监测技术的重要组成部分。

3.变形破坏宏观前兆监测

采集崩塌体区域宏观异常信息的技术方法，包括宏观形变、宏观地声、动物异常观察、地表水和地下水宏观异常。崩塌变形破坏前常出现地表裂缝和前缘岩土体局部坍塌、鼓胀、剪出，在崩塌地段发出较大的地裂声音；崩塌变形破坏区域的动物还会出现异常活动现象；大部分地质灾害的孕育、形成、发展均与灾害体内部或周围区域水的活动密切相关；崩塌地段会出现地表水、地下水水位突变（上升或下降）或水量突变（增大或减小）。

8.8.2.2 崩塌监测方法

崩塌监测方法的发展离不开监测技术水平的提高，学科间的相互渗透和新兴科学技术给地质灾害监测技术的提高创造了条件。

1.常规地面测量方法的完善和发展

常规地面测量方法最明显的标志是ADK和GPS，尤其是无人机测量的推广和广泛使用，为崩塌变形的自动化监测或室内监测提供了一种很好的技术手段。实践表明，使用先进的无人机测量精度可达到亚毫米级。

2.传统测量仪器设备上的改进

光、电、机技术的发展，研制了一些特殊和专用的高精、可靠、实用、先进的监测仪器设备用于崩塌监测，能在恶劣的环境下长期稳定、可靠地运行。如遥测垂线坐标仪，采用自动读数设备，可实现0.01 mm级监测；光纤传感器测量系统，将信号测量与信号传输合二为一，具有很强的抗雷击、抗电磁干扰和抗恶劣环境的能力，便于组成遥测系统建立网式布设模式，由此改变了传统崩塌监测的点线式布设模式，实现连续三维地质灾害信息的采集。

3.其他领域新技术的应用

美国利用GPS系统、遥感技术和国家地理信息系统等先进技术，实现了以区域比例尺或特定比例尺划分地域的实时监测和预测；美国还成功应用干涉合成孔径雷达和激光扫描等高技术仪器监测全国的崩塌灾害活动；意大利佛罗伦萨大学地球科学系有专门从事遥感和GIS的研究中心，其强项是对火山、降雨诱发的地质灾害进行星载和地面干涉雷达监测；德国的波茨坦地学研究中心（GFZ）在国际地学界享有很高的声誉，在地质灾害调查监测领域的遥感应用方面进行了很多世界前缘性研究，如多光谱遥感技术和GIS技术结合应用在地质灾害调查和危险性评价中，InSAR技术在地质灾害监测中的应用等；日本最早将尖端的布里渊散射光时域反射（BOTDR）光纤传感技术应用于边坡工程的变形监测中，充分体现了BOTDR光纤传感技术的多路复用分布、长距离、实时性、精度高和长期耐久等特点。各国新能源研发和无线传输综合技术的提高，实现了长期远程在线实时监控。我国北斗卫星网络的推广使我国监测技术赶超先前一流水平。

我国是世界上地质灾害最严重的国家之一，在基岩斜坡崩塌灾害监测技术方面，取得了大量的数据资料，积累了非常丰富的经验。

崩塌监测技术的不断革新应用，使监测方法多样化，建立起从崩塌体深部到地表、空中的三维立体化监测网络，加强了崩塌灾害综合评判和及时预警能力。在我国在崩塌长期预报领域中的技术手段和理论实践还不能满足当下实际防灾减灾工作的需要，加强崩塌灾害的监测预警研究无疑是解决当务之急的科学途径。

目前，国内外崩塌监测技术方法已发展到较高水平。由过去的人工用皮尺地表量测等简易监测，发展到仪器仪表监测，现正逐步发展为自动化、高精度的遥测系统。其监测内容丰富，监测方法多，监测仪器多种多样。它们分别从不同侧面反映了崩塌的动态信息，以及与崩塌变形息息相关的其他信息。随着电子技术与计算机技术的发展，特别是北斗卫星系统和5G网络传输技术，监测方法及所采用的仪器设备将不断得到发展与完善，监测内容亦更加丰富。崩塌的监测方法归纳起来大致可分为5种：宏观地质观测法、简易观测法、设站观测法、仪表观测法和自动遥测法。国内外崩塌监测技术一览表见表8-13。

表 8-13　国内外崩塌监测技术一览表

	内容	主要监测方法	监测方法的特点	适用性评价
地表变形	大地测量法（三角交会法、几何水准法、小角法、测距法、视准线法）	ADK、GPS	投入快、精度高、监控面广、直观、安全，便于确定斜坡位移方向及变形速率	适用于不同变形阶段的位移监测，受地形通视和气候条件影响，不能连续观测
	近景摄影法	无人机测绘	精度高、速度快、自动化程度高、易操作、省人力，可跟踪自动连续观测，监测信息量大	适用于不同变形阶段的位移监测，受地形通视条件的限制
	GPS法	GPS接收机	精度高、投入快、易操作、可全天候观测，不受地形通视条件限制，目前成本较高，发展前景可观	适应于崩滑体不同变形阶段地表三维位移监测
	测缝法（人工测缝法、自动测缝法、遥测法）	钢卷尺、游标卡尺、裂缝测仪、测缝计、位移计等	人工、自记测缝法投入快、精度高、测程可调、方法简易直观、资料可靠；遥测法自动化程度高，可全天候观测，安全、速度快、省人力，可自动采集、存储、打印和显示观测值，远距离传输，精度相对低，一般仪器易出故障，长期稳定性差，资料需要用其他监测方法校核后使用	人工、自记测缝法适用于裂缝两侧岩土体张开、闭合、位错、升降变化的监测；遥测法适应于加速变形阶段及施工安全的监测，其受气候等外界因素影响较大
地下变形	测斜法（钻孔测斜法、竖井测斜法）	钻倾斜仪、多点倒锤仪等	精度高、效果好、易遥测、易保护，受外界因素干扰少，资料可靠；测程有限，成本较高，投入慢	主要适应于崩滑体变形初期，在钻孔、竖井内测定崩滑体内不同深度的变形特征及滑带位置
	测缝法（竖井）	多点位移计、井壁位移计、位错计等	精度较高、易保护、投入慢、成本高，量测仪器易受地下水浸湿、锈蚀	一般用于监测竖井内多层堆积物之间的相对位移。目前多因量测仪器性能、量程所限，主要适应于初期变形阶段，即小变形低速率和观测时间相对短的监测

续表8-13

	内容	主要监测方法	监测方法的特点	适用性评价
	重锤法	重锤、极坐标盘坐标仪、水平位错计等	精度高、易保护;机测直观、可靠;电测方便,量测仪器便于携带,但受潮湿、强酸碱、锈蚀等影响	适用于平硐内上部危岩相对下部稳定岩体的水平剪切位移监测
	沉降法	下沉仪、收敛仪、静力水准仪、水管倾斜仪等		适用于平硐内上部危岩相对下部稳定岩体的下沉变化及软层或裂缝垂直向收敛变化的监测
	测缝法(平硐)	单向、双向、三向测缝计、位移计等		适用于平硐内危岩裂缝的三维(X、Y、Z 三方向)监测和危岩体界面裂缝沿硐轴方向位移的监测
地声	地音量测法	声发射仪地,音探测仪	可连续观测,监测信息丰富,灵敏度高,省人力;测定的岩石微破裂声发射信号比位移信息超前3~7天	适用于岩质边坡中后期变形阶段的监测,危岩加固跟踪安全监测,为预报岩石的破坏提供依据
应变	应变量测法	管式应变计	主要适应于测定崩滑体不同深度的位移量	
水文	地下水位	水位记录仪	适应于崩滑体不同变形阶段的监测,其成果可做基础资料使用	
	孔隙水压	孔隙水压计、钻孔渗压计		
	泉流量	三角堰、量杯		
	河水位	水位标尺等		
环境	降雨量	量计	适应于不同类型崩滑体及其不同变形阶段的监测,为崩塌的分析评价提供基础资料	
	地湿	温度记录仪		
	地震	地震监测仪		

8.8.2.3 监测与预警

由于崩塌产生的机理复杂,预知崩塌是非常困难的。监测由于受地形、天气、昼夜等因素影响,人工巡视检测是无法达到目的的。因此建立监测与预警系统是非常必要的。

通过埋设全方位的斜坡传感仪,利用现场设置的无线信号接收仪接收信号,传送至监测与预警系统进行分析,如达到预警情况,通过通信设备发送信息进行处置。图8-7为全方位的斜坡传感仪和保护管。图8-8为埋设桩固定传感器。

图8-7　全方位的斜坡传感仪和保护管

图8-8　埋设桩固定传感器

8.8.3　崩塌地质灾害监测预警提升措施

5G网络覆盖和北斗卫星技术的广泛应用，使崩塌灾害监测和预警提升一个大台阶，不但解决了远距离传输，还提高了监测精度。

8.9　管道地震地质灾害监测预警的规范要求

8.9.1　现行规范和标准主要采用的监测预警方法

现行的规范和行业标准中未对地震地质灾害监测预警进行论述。地震对铁路、公路的危害可以说是防不胜防，破坏后果明显，但对石油管道的破坏是隐蔽的。本章主要研究地震灾害对石油管道的监测预警。

8.9.2　国内地震地质灾害监测预警

近年来，全球进入地震活跃期，7级以上地震的年发生频率超过了20世纪的年平均发生率（18.3次/年）。中国位于环太平洋地震带和欧亚地震带的交会部位，地震活动频度高、强度大、分布广，是地震灾害严重的国家。因此，提高地震前兆监测能力和地震预测水平，对减轻地震灾害具有重要意义。在过去的1个世纪中，各国学者开展了大量测震学、地球物理、地球化学、地壳形变等方面的地面定点和流动观测，在探索预测地震方面做出了巨大努力，获得了可喜的进展。随着卫星遥感技术的发展，地震观测相继应用了红外遥感、InSAR、气体反演等技术，这些技术宏观性强、精度高、重复观察周期短、不受地面条件限制，现已成为研究断裂活动性及发现地震前后异常现象的重要观测手段，在一定程度上提高了地震监测的能力。本书主要介绍了卫星高光谱气体组分探测技术及其在地震监测中的研究进展。

地震监测方法有热红外温度异常监测、大气成分监测、地震云及地球排气监测、地下水环境监测、地电监测。

我国于1997年在冀宁联络线上建成了第一套针对管道的地震监测预警系统，该系统由数字强震仪和高精度GPS子系统构成，用于观测地震活动的强烈程度及断层两盘的位移变化情况，并根据地震加速度和断层位移两项参数进行预警。

目前已有的监测系统多用于监测地震动的强烈程度，通过比较测量值与设计值定性地判断管道的安全状态，决策是否采用停输方式保证管道安全。冀宁联络线上的地震监测预警系统增加了断裂带两盘位移监测，有助于掌握发震断层两盘的位移变化量，有利于分析管道受力情况。然而，这些监测更多关注了对管道产生影响的地震断裂带，却未能直观反映受地震影响的管道本体情况。

依照地质灾害学的理论，将导致灾害发生的地震断裂视为致灾体，将遭受致灾体破坏的线性工程视为承载体。穿越地震断裂带的管道安全监测预警系统集监测、分析、预警于一体，同时关注致灾体和承灾体，拟采用高效能、经济合理的监测技术手段，对承灾体开展力学变形监测，对致灾体（地震断裂带）开展位移及地震动参数（地震加速度和地震速度）监测。通过监测及时发现因断裂带蠕变导致的管道累积性变形，适时发布预警，以便管理者实时掌握埋地管道的应变（或应力）状态和地震断裂带的运动特征，出现异常时及时采取有效措施，最大可能降低地震造成的损失。

分析地震作用下石油管道变形或破坏的情况及地震灾害对管道强度和稳定性的影响提供依据，为抢险应急处理和今后管道的抗震设计提供有效的技术支撑。

监测系统以地震断裂带内的管道力学监测为重点，同时辅以地震断裂带两盘位移和地震动强度监测，实现对致灾体和承灾体的双重监控。当管道应变（或应力）变化异常时，可按其状态发出相应级别的预警，最大限度降低地震造成的损失。

管道安全监测预警系统由监测传感、数据采集与传输、数据管理与处理和预警信息发布4个子系统构成。

8.9.2.1　监测传感子系统

监测传感子系统用于监测灾情数据源，是管道风险评价的基础信息保障，因此监测的内容应包含管道应变监测、管道位移监测、两盘位移监测和地震动参数监测等内容。图8-9为监测子系统监测内容。

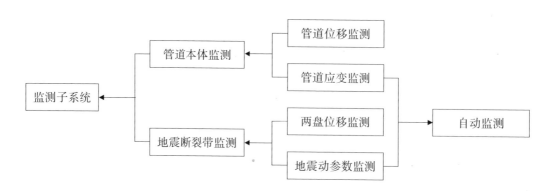

图8-9　监测子系统监测内容

1.管道位移监测

该项监测是一种非实时的手动监测。监测初期暴露部分管段，用RTK测量关键部位（断裂带内，断层上盘、下盘，管道转弯处等）的管顶坐标作为初始量。后期重新暴露关键部位复测指定点的管顶坐标，通过比较前后数据可以得出管道的位移变化情况，进而反映出管道的变形情况，为后期进行管道有限元力学分析提供重要参数。

2.管道应变监测

该项监测选取地震断裂带内管段和断裂带两盘部分管段进行管体应变监测，以反映管道监测截面上的应变状态，特别是管道轴向应变的变化。通过监测可准确掌握管道在断裂带活动后的真实应变水平。

3.两盘位移监测

使用高精度GPS监测设备，一方面可以观测断层的活动情况，掌握两盘的活动速率和相对位移情况，另一方面可与管体应变监测结合，分析两盘位移对管道产生的影响。

4.地震动参数监测

通常包括地震加速度和地震速度监测，多以地震加速度测量为主。地震加速度是指地震时地面运动的加速度，主要通过场地上安装的加速度计来获取，可作为确定当地烈度的依据，目前常使用微型地震记录仪来测量。地震加速度值有助于分析地震烈度对管道的影响程度，便于直接校核抗震设计参数。

在该系统中，传感器及数据线均做了有效防护，特别对地下传感器使用了多重防护手段，最大限度地防止监测设备在地震发生时发生损毁，保证监测设备的可靠性、有效性。

8.9.2.2 数据采集与传输子系统

监测数据自动采集和有效传输是管道安全监测预警系统的关键。不同传感器其监测原理及测量参数各异，在多种传感器共存的监测系统中，需要有效识别并采集不同信号类型的数据采集器。本系统采用面向对象的软件工程思想对远程数据采集软件进行设计与开发，完全实现无人值守及远程控制，有效解决了多传感器数据有效采集和实时监控等功能。

数据传输依赖于现有的通信技术，如GPRS（CD-MA）、GSM短信、Internet、卫星通信等技术。考虑到地质灾害点多处于偏远地带，多采用通信相对简单、传输速率满足需求且费用低廉的GPRS无线传输模式，然而这种无线传输技术存在两大缺陷：

（1）信号网络不能全面覆盖，若遇盲区，则无法实现数据传输。

（2）该技术太过依赖通信基站，一旦通信繁忙或者基站遭到破坏，特别是在通信基础设施遭到地质灾害（如地震、洪水、冰灾等）破坏后，数据传输将严重受阻，整个预警监测系统因此无法正常运转。

为此，该系统采用基于北斗卫星和GPRS双信道的通信模式。北斗卫星系统是我国自主研发的卫星系统，覆盖我国领土及周边地区，具备定位、通信功能，具有安全、可靠、稳定、保密性强等特点。虽然北斗卫星系统通信容量小且有频度限制，但足以满足监测预警系统的需求。一般情况下，在有移动通信信号覆盖时采用GPRS传输模式，若遇信号盲区或通信设施受损破坏时可采用北斗卫星系统实现通信。这样既降低了单纯使用卫星通信的昂贵费用，又解决了通信设施在地震中损毁监测数据无法传输的难题。

系统中GPS、应变计、加速度计等传感器的监测数据传回到控制中心的计算机上,软件便对所有数据进行同步和实时解算。同时,系统传感器的设置也可通过控制中心的计算机来执行。在电源保障上,因数据采集与传输子系统硬件均选用低功耗元器件,配备太阳能和蓄电池供电系统便可实现长期野外工作,其基本硬件配置如图8-10所示。

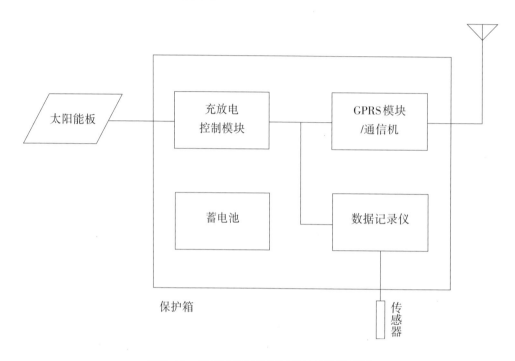

图8-10 数据采集与传输子系统硬件配置图

8.9.2.3 数据管理与处理子系统

数据管理与处理子系统用于分类管理、计算和保存相关信息数据,是整个监测预警系统的数据中枢。远程数据采集软件将数据导入数据库后,按监测数据类型分别进行数据的整理、计算分析和存储,并在客户端以数据表和趋势图的方式展现。同时,数据管理与处理子系统还可完成监测数据的风险评价分析。

8.9.2.4 预警信息发布子系统

当评价结果达到预警阈值时,立即以手机短信和电子邮件的方式发布预警信息,便于相关管理部门及时采取有效措施。

1.管道轴向附加应变(或应力)预警阈值

基于应变设计的管道,根据管材、管径、壁厚及设计内部输送压力,可计算出监测管道的轴向容许附加应变值,若当前轴向附加应变值达到或超过容许附加应变值的一定比例时即发出预警;基于应力设计的管道,根据管材、管径、壁厚及设计内部输送压力,可计算出监测管道的轴向容许附加应力值(在弹性范围内,可将监测的轴向附加应变转换为轴向附加应力),若当前轴向附加应力值达到或超过容许附加应力值的一定比例时即发出预警。按照当前管道轴向附加应变（或应力）值占相应容许值的不同比例，将管道安全预警级别分为蓝色、黄色、红色3个等级。当管道轴向附加应变（或应力）值达到相应容许值的30%时，发布蓝色预警；达到相应容许值的60%时，发布黄色预警；达到相应容许值的90%时，发布红色预警。

2.地震加速度预警阈值

依据《油气输送管道线路工程抗震技术规范》（GB50470—2008），不同活跃程度的地震断裂带对管道可能造成的破坏程度差异显著。一般来说，对管道沿线全新世活动断裂以及地震峰值加速度≥0.2g的地震断裂带要予以重点关注。当地震烈度达到0.2g时，即发出预警信息。

8.9.2.5　管道安全监测预警系统的应用

目前穿越地震断裂带的管道安全监测预警系统已部分应用于国内某基于应力设计的天然气管道穿越牛首山-罗山活动断裂带处。监测传感子系统在断裂带两盘及断裂带内分别安装1组管道应变监测装置，以无线远程遥测方式实时采集穿越断裂带的管道应变数据，并由数据管理与处理子系统对监测数据进行管理、分析和存储，实时计算出管道轴向附加应力的变化情况，出现异常即发布预警。该处管材为X70钢，管道直径为1016 mm，管道壁厚为14.6 mm，设计内部输送压力为10 MPa，按操作和安装温差20 ℃计算的管道容许轴向附加拉伸、压缩应力分别为383.72 MPa和147.74 MPa，相应的应力预警阈值见表8-14。

表8-14　管道应力预警阈值表

预警级别	拉伸应力预警阈值/MPa	压缩应力预警阈值/MPa
蓝色	115.116	44.322
黄色	230.232	88.644
红色	345.348	132.966

从系统监测成果看，自2008年12月至今，应变监测X1、X3截面轴向附加应力未达到过预警阈值；应变监测X2截面在2013年4月15日因轴向附加压应力超过容许附加应力的30%，曾出现过1次蓝色预警。管道轴向附加应力总体在温差和输送内压作用的合理范围内波动。相关管道管理部门根据系统监测成果，及时掌握了穿越活动断裂带管道的力学状态。

穿越地震断裂带的管道安全监测预警系统的设计理念是兼顾灾害的主、客体，分别对致灾体和承灾体开展行之有效的监测。系统利用先进的传感元件和数据采集设备，全天候、不间断地监测管道工作状态，在计算机硬件和软件系统的支持和控制下，通过对测量和采集的数据进行处理和分析，自动评价管道的局部安全状态，并将监测和分析结果自动地存入计算机作为管道运行的历史档案。

在管道应变监测的基础上，结合断层两盘相对位移、地震加速度监测，可以更加准确地了解管道工作状态的变化过程，了解管道损伤累积和安全性下降的状况，为管道维护提供科学依据。

8.9.3 国外地震地质灾害监测预警

鉴于地震断裂带可能对管道产生严重影响，国内外对穿越地震断裂带的油气管道已开展动态监测和预警。俄罗斯萨哈林2号管道、美国阿拉斯加管道、东京煤气公司等已建成了油气管道地震监测系统。以美国阿拉斯加管道为例，自1977年建成投产起，阿拉斯加管道就建设了一套地震监测系统，至今已更新至第3代。这套地震监测系统由分布在管道沿线不同烈度区的11台数字式大地强烈运动加速度记录仪组成，用以监测地震的强烈程度，判断是否需要关闭管道，并在震后根据监测数据分析管道沿线的震害程度及主要受损管段。

8.9.3.1 实地地震观测

对埋设地下管道进行实地地震观测的研究，1987年12月17日，日本千叶县东方冲地震（$M=6.7$），片山等研究者利用管道应力的地震监测设备，包括孔中地震仪、地基变形仪、管体变形仪等，监测管道轴向拉伸应力曲线。

8.9.3.2 管道应变试验

采用速度计、加速度计、应力变形仪等在人工S波作用下，记录应变波形，并推算地基变形及管体形变的关系。

8.9.3.3 震后管道监测

2011年3月11日，日本发生地震，随后引发巨大海啸，致使部分管道监测仪器被淹失效。随后主干管道的监测传感仪启用，管道监测重启。

为防止监测仪器功能失效，采取密封并高处放置监测仪器；使用卫星通信设备，并设置具备紧急后备功能的仪器等措施。

8.9.4 管道地震地质灾害监测预警对比分析及提升措施

8.9.4.1 对比分析

相比较下，国内地震成像技术发展起步晚，且发展较慢，大部分的研究都在基础理论研究上，自行研发的仪器相对较少，市场中还没有成熟成型的地震监测系统。在数据预处理、地震信号的提取技术、裂缝成像反演算法等方面还处在起步阶段，可喜的是现在国内已有多家专门研发监测预警的企业，经常可见研发的新产品报道。

8.9.4.2 提升意见

（1）对检波器的升级，包括井下观测仪器部分，由单分量向多分量扩展。同时采用其他灵敏度高的检波器，在井下进行电容式MEMS加速度传感技术的应用研究，并展开井下拾震器微地震信号耦合技术研究。

（2）增加采集站，提高定位的精度，同时对系统可能出现的多解性问题进行研究。

（3）建立速度模型，建立一个精准的速度模型，在数据的处理上可以达到减少误差的目的。

（4）对研发企业予以倾斜支持，并建议使用国内自产的监测预警设备，给国产设备仪器以逐步成长的平台。

8.10　管道地面塌陷地质灾害监测预警的规范要求

8.10.1　现行规范和标准主要采用的监测预警方法

参照《油气管道地质灾害风险管理技术规范》（SY/T6828—2017）有关规定进行预警。

8.10.1.1　监测内容

（1）公路、铁路地面沉降都在明处，监测方便，技术也非常成熟。

（2）管道沿线地面塌陷监测包括采空区地表变形监测、相关因素监测及管道位移监测、管体应力应变监测。

（3）地面塌陷地表变形监测，一般包括地表位移监测和与变形有关的物理量监测。

（4）地表位移监测分为绝对位移监测和相对位移监测：

①绝对位移监测：监测地面塌陷三维（X、Y、Z）位移量与位移速率，地面塌陷内外边缘区应监测水平位移和垂直沉降，中间区重点监测垂直沉降量和沉降速率。

②相对位移监测：监测地面塌陷、地表移动盆地内外边缘区地表的压缩、拉伸变形（外边缘区地表或建筑物裂缝两侧点与点之间的相对位移量，如张开、闭合、错动、抬升、下沉等）。

（5）与地面塌陷变形有关的物理量监测，一般包括地应力、地声监测等。

（6）地面塌陷形成和变形相关因素监测，一般对地下水活动进行监测，包括采空区及采空区钻孔、井、洞、坑、盲沟等地下水的水位、水压、水量、水温、水质等动态变化，抽水井和泉水的流量、水温、水质等动态变化，土体含水量等的动态变化。分析地下水补给、径流、排泄及其与地表水、大气降水的关系，进行地下水与地面塌陷活动的相关分析。

（7）地面塌陷活动宏观监测，一般包括宏观地声和动物异常观察。宏观地声是指监听采空区塌陷活动时发生的宏观地声及其发声地段。动物异常观察是指观察地面塌陷活动时附近动物（鸡、狗、牛、羊等）常出现的异常活动现象。

（8）对于由于地面塌陷诱发的滑坡、崩塌等灾害的监测，按照《油气管道地质灾害风险管理技术规范》（SY/T 6828—2017）的7.4条规定进行监测。

（9）管体位移监测可通过监测管道敷设带地表位移判断管体位移情况，也可在管体设置监测设备，直接监测角位移或弯曲挠度。

（10）管体应力监测按照《油气输送管道线路工程抗震技术规范》（GB/50470—2008）的7.4.1.3条。

8.10.1.2 监测点网布设

（1）应根据地面塌陷地质特征、矿层开采情况、地表变形特征、管道与采空区的空间关系、通视条件和施测要求布设变形监测网。

（2）地面塌陷地表变形监测网布设前，应预计算地面塌陷区地表移动盆地可能的范围。根据地表移动盆地和管道的敷设位置布设监测网。监测网应完全覆盖管道敷设区，以管道为中心线，向两侧各延伸50～100 m范围。

（3）测线的布置根据地表移动盆地形状和管道敷设情况布置，应有与管道走向平行或重合的测线。

（4）测点布设应尽可能兼顾地表移动盆地的各个变形区域和管道，在局部变形活动严重区域增加布设测点；管道应力监测截面应布置在地表移动盆地各个区域的典型位置，在变形严重区域重点布设。

（5）测站点、测点（含对标点）、照准点均应设立混凝土桩。必要时设保护桩和负桩，防止测桩遭受自然或人为因素破坏。

8.10.1.3 管道采空区塌陷监测预报

（1）采空区塌陷预报等级，按时间分为预测、预报、预警。各等级内容见表8-15。

表8-15 采空区塌陷活动预测等级表

预报等级	时间	空间	方法	指标	手 段	防治措施
预测（中长期预报）	1年以上	区域单体	调查评价巡检与检测	风险等级	1.风险分级和建立数据库 2.灾害体变形位移监测 3.管道位移、应力监测	防治工程或管道移位
预报（短期预报）	1年或几天	少量区域主要单体	调查评价巡检与检测	临界值、管材许用应力	1.区域地质、开采活动、地下水活动、管道因素分析 2.采空区变形位移监测 3.管道应力应变监测	应急抢险工程或应急预案
预警（临灾预报）	几天以内	单体	巡检、监测	管材最小屈服强度	1.采空区变形位移监测和地声等物理量监测 2.宏观变形监测 3.管体应力应变监测	应急预案

（2）管道采空区塌陷灾害监测预报包括采空区塌陷活动预报和管道失效预报。

（3）管道采空区塌陷活动预报是对预报对象的活动趋势和未来一定时间内的变形量进行预报。一般包括对管道有影响的区域、地表变形严重的区域和可能诱发的次生灾害及已有次生灾害的区域。

（4）采空区塌陷活动预报应结合实际监测内容和方法选取预报参数，进行多参数综合评判和预报，选择的预报参数包括地声、地应力、地表水、地下水、采矿活动监测数据等。

（5）采空区塌陷变形量临界值应根据管道预警阈值、许用应力和采空区规模综合确定。

8.10.1.4　监测资料整理

1.资料整理要求

对各种监测数据进行综合整理归纳和分析、研究，找出它们之间的内在联系和规律性，及其与自然条件、地质环境和各因素之间的关系，对滑坡、崩塌、泥石流、采空区的稳定性做出评价，对灾害体活动和管道的变形破坏做出预报。

2.监测数据建档

采空区塌陷灾害监测资料的整理参照《崩塌、滑坡、泥石流监测规范》（DZ/T0221—2006）进行。

3.监测数据处理

管道监测数据的处理应包括管道应力变化量、变化速率的分析等，进行监测曲线拟合、平滑和滤波，绘制变形时程曲线及与其他因素之间的关系曲线，并进行时序和相关分析，编制相应图件。

4.监测报告编制

（1）监测报告应反映主要监测数据和主要历时曲线及相关曲线图等，应对该时段内的灾害的稳定性进行综合评价，分析管道地质灾害活动规律、变形破坏规律及其发展趋势，以及在该地质灾害作用下管道的稳定发展趋势，为管道保护和地质灾害防治工程勘察、设计、施工提供资料。对于完成工程治理的灾害点，可为检验防治工程效果提供资料。

（2）监测报告应包含的主要内容有：自然地理与地质概况，滑坡、崩塌、泥石流、采空区塌陷特征与成因、变形或活动动态特征和发展趋势；灾害体与管道的关系及影响，结论和建议（稳定程度，防灾、减灾措施等）。应增加防治工程效果评价（若有防治工程）。主要的图和表包括地质图、监测点网布置图、各种监测资料分析图和数据表。

8.10.2　国内采空区地质灾害监测预警

为及时分析现场施工过程中采空区顶板的稳定程度，保证油气管道的正常运行，可进行如下几项监测工作。

8.10.2.1　声发射监测

应用DYF-2型便携式声发射监测仪实施监测，可根据声发射参量的变化，判断岩体破坏趋势，评价采空区顶板岩体的稳定性，预报危险破坏的来临，为管道正常运行提供可靠的信息。

8.10.2.2　位移监测

在采空区内布置收敛位移监测测点，根据采空区断面大小，在采空区边墙部位分别埋设测点挂钩，埋放前先用小型钻机在待测部位钻孔，然后将测点挂钩放入，用快凝水泥固定，测点挂钩需设保护罩。采用钢尺式周边收敛仪量测沿轴向方向的变形。

8.10.2.3　巷道围岩开裂监测

在采空区上方出现开裂的巷道围岩中布置裂缝监测点，用游标卡尺观测裂缝发展情况。

8.10.2.4　加强对现场地压活动变化和发展情况的现场检查

在加强现场地压监测的同时，加强对现场地压活动变化和发展情况的现场检查，以仪器监测和人员巡检相结合。图8-11为采空区监测网络设计框架。

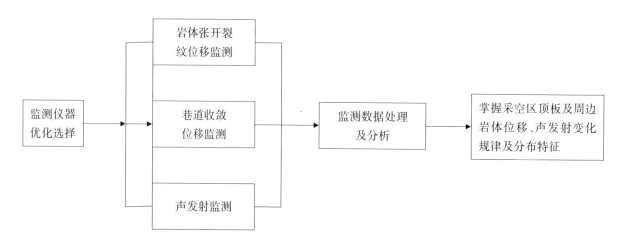

图8-11　采空区监测网络设计框架

8.10.3　国外采空区地质灾害监测预警

日本所有的矿场在开采的同时，进行了采空区治理，用充砂法进行填充，所以不存在地面塌陷对油气管道的危害。

8.10.4　管道采空区地质灾害监测预警对比分析及提升措施

8.10.4.1　对比分析

目前国内进行矿场开采时，对开采后的地下空间采用的是"先开采，后治理"的原则，但是很多矿场开挖后都未进行治理，导致采空区的存在，对穿越、邻近的石油管道造成危害。目前中国石油现行规范和行业标准的监测方法和手段为国内领先，但使用的设备不够先进。

8.10.4.2　提升措施

在现有的监测方法和手段的基础上，推广5G和北斗卫星系统，采用先进的ADK和GPS技术。

8.11　小结

（1）对不同的地质灾害，根据灾害的规模、类型、形成原因、地形、地貌制定相应的监测方案。实行动态监测，准确、及时、科学、有效地掌握第一手资料，为科学判定该地段的灾害情况提供详尽的判断依据。

（2）对灾害点的监测系统给出预警信息后，根据预警级别和相应的应急预案立即迅速采取相对应的防护、防治和抢险措施。

（3）对于巡查人员、伴行路被破坏、特殊地段等建议采用无人机。利用搭载了高清拍摄装置的无人机对受灾地区进行航拍，提供一手的最新影像。无人机动作迅速，起飞至降落仅7分钟，就已完成了100000 m²的航拍，对于争分夺秒的灾后救援工作而言，意义非凡。此外，无人机保障了救援工作的安全，通过航拍的形式，避免了那些可能存在塌方的危险地带，将为合理分配救援力量、确定救灾重点区域、选择安全救援路线以及灾后重建选址等提供很有价值的参考。无人机可实时全方位地实时监测受灾地区的情况，以防引发次生灾害。

第9章　地质灾害防治

9.1　地质灾害防治原则

遵循国家法规，坚持"安全第一、预防为主、科学治理、保障供应"的防治原则，结合线性工程建设及运营的地质安全要求，以专业技术力量为支撑，突出"认识科学、技术先进、经济合理和保障有力"，把线性工程地质灾害防治工作与生态环境保护有机结合起来，提升线路运营期地质灾害风险防治水平，保障线路安全运营。伴行道路在石油管道地质灾害防治过程中同样具有举足轻重的地位。若伴行道路不能通畅，发生地质灾害预警时，人员、材料、机械设备不能到达灾害发生点，所有的防治工作皆为空谈。本书不单纯为线性工程的地质灾害提供依据，同样适用于在役线性工程的地质灾害防治。

9.2　水毁地质灾害防治措施

9.2.1　管道水毁防治措施

依据《油气管道地质灾害风险管理技术规范》（SY/T6828—2017）有关规定采取如下措施。

9.2.1.1　坡面水毁防治措施

坡面水毁防治措施应结合生态防护和工程治理综合进行，具体包括：

（1）防治措施的选择应根据坡面形态、坡面工程地质条件、水文气象条件、管道敷设方式和管道在斜坡的空间位置综合确定。

（2）防治工程设计时应进行充分的水力计算，根据汇水流量、冲刷力等因素合理设计工程形式及规模。

9.2.1.2　河道沟水毁防治措施

河道沟水毁防治工程应根据最大水流量、河床冲刷深度及河床摆动等河沟道水文资料进行设计，应保证水流顺畅，不应冲、淘穿越管段及支墩。常用的防治措施有护岸工程和护底工程两大类，可将两者结合进行综合防治，具体包括：

（1）护岸工程应根据河沟道长期和季节性水流的冲刷、河床下切、河沟岸坡侵蚀、岸坡坡体岩性、岸坡形态及坡度等计算确定。

（2）护底工程应根据河流流速、河床下切侵蚀、河沟岸坡侵蚀、河床物质粒径、突发性洪水工程设计计算土水等情况综合确定，还可结合具体地形条件和河沟道水流的分类情况，通过水力计算设计河渠（沟）和急流槽等排导水措施。

（3）大型河道、灾害风险很高的特殊点可采用管道改线、管道下沉、穿跨越等措施，在河岸侵蚀严重、河流摆动区应采取稳管措施，在冲刷严重区应压实管沟回填土并加强管沟覆盖，在受冲刷处设置沙袋、回填冲刷沟槽等，在较大的陡坡地段宜设置管道锚固墩。

9.2.1.3　台田地水毁防治措施

台田地水毁应结合挡土和截排水工程进行综合防治，具体包括：

（1）挡土体压力、挡土结构的稳定性以及抗倾覆和抗滑移的能力。宜优先选用重力式挡土墙，一般用浆砌石砌筑，在石料缺乏地区，也可采用混凝土修建，在一些特殊地区，还可使用草袋土结构。

（2）截排水工程应按 DZT 0219 相关要求进行设计。

（3）管道防护工程可采用管道改线、管道下沉等方式；在冲刷严重区应采取压实回填土并加强管沟覆盖等措施以及沙袋、回填等临时防护措施，回填土应分层平整夯实，表面耕作土应置于最上层。

（4）施工时需夯实回填土顶面和地表松土，必要时可设铺砌层，应减少水保工程对管道及管沟的影响，尽快恢复原地貌形态以及沿线施工时破坏的挡水墙、田埂、排水沟、便道等地面设施。

9.2.2　公路、铁路规范标准中路基防水毁设计

9.2.2.1　《堤防工程设计规范》（GB50286—2013）的一般规定

（1）路基受水流冲刷作用可能发生冲刷破坏影响路基安全时，应采取防护措施。护基工程的设计应综合考虑，本着安全、经济、可靠、环保合理布设，并宜采用工程措施与生物措施相结合的方式进行维护。

（2）路基保护可采用的形式有坡式路基防护、坝式路基防护、墙式路基防护、其他形式路基防护。

（3）路基防护的长度和位置应根据水流方向、冲刷角、水力坡度以及河床演变及路基冲刷水毁的情况综合确定。

（4）护岸工程的上部护坡，其顶部应与滩面相平或略高于滩面。护岸工程的下部护脚延伸范围应符合下列规定：在深泓近岸段应延伸至深泓线，并应满足河床最大冲刷深度的要求。河床最大冲刷深

度应按本规范附录 D 计算；在水流平顺、岸坡较缓段，宜防护至坡度为 1：3～1：4 的缓坡河床处。

（5）护坡与护脚应以设计枯水位为界。设计枯水位可按月平均水位最低的 3 个月的平均值计算。

（6）无滩或窄滩段护岸工程与堤身防护工程的连接应良好。

9.2.2.2 坡式护岸

1.分类

坡式护岸可分为上部护坡和下部护脚

（1）上部护坡的结构形式应根据河岸地质条件和地下水活动情况，采用干砌石、浆砌石、混凝土预制块、现浇混凝土板、模袋混凝土等，经技术经济比较选定。

（2）下部护脚部分的结构形式应根据岸坡地形地质情况、水流条件和材料来源，采用抛石、石笼、柴枕、柴排、土工织物枕、软体排、模袋混凝土排、铰链混凝土排、钢筋混凝土块体、混合形式等，经技术经济比较选定。

2.枯水平台

护坡工程可根据岸坡的地形、地质条件、岸坡稳定及管理要求设置枯水平台，枯水平台顶部高程应高于设计枯水位 0.5～1.0 m，宽度可为 1～2 m。当枯水平台以上坡身高度>6 m 时，宜设置宽度≥1 m 的戗台。

3.护坡厚度的确定

砌石护坡石层的厚度宜为 0.25～0.30 m，混凝土预制块或模袋混凝土的厚度宜为 0.10～0.12 m。沙砾石垫层厚度宜为 0.10～0.15 m，粒径可为 2～30 mm。当滩面有排水要求时，坡面应设置排水沟。

4.抛石护脚应符合的要求

抛石护脚应符合下列要求：

（1）抛石粒径应根据水深、流速情况，按本规范附录 D 的有关规定计算或根据已建工程分析确定。

（2）抛石厚度不宜小于抛石粒径的 2 倍，水深流急处宜增大。

（3）抛石护脚的坡度宜缓于 1：1.5。

5.柴枕护脚应符合下列要求

（1）柴枕护脚的顶端应位于多年平均最低水位处，其上应加抛接坡石，厚度宜为 0.8～1.0 m；柴枕外脚应加抛压脚块石或石笼等。

（2）柴枕的规格应根据防护要求和施工条件确定，枕长可为 10～15 m，枕径可为 0.5～1.0 m，柴、石体积比宜为 7：8；柴枕可为单层抛护，也可根据需要为两层或三层；单层抛护的柴枕，其上压石厚度宜为 0.5～0.8 m。

6.柴排护脚应符合的要求

柴排护脚应符合下列要求：

（1）采用柴排护脚的岸坡不应陡于 1：2.5，排体顶端应位于多年平均最低水位处，其上应加抛接坡石，厚度宜为 0.8～1.0 m。

（2）柴排垂直流向的排体长度应满足在河床发生最大冲刷时，排体下沉后仍能保持缓于 1：2.5 的坡度。

（3）相邻排体之间的搭接应以上游排覆盖下游排，其搭接长度不宜<1.5 m。

7.土工织物枕及土工织物软体排护脚

土工织物枕及土工织物软体排护脚可根据水深、流速、河岸及附近河床土质情况，采用单个土工织物枕抛护，可3～5个土工织物枕抛护，也可土工织物枕与土工织物垫层构成软体排形式防护，并应符合下列要求：

（1）土工织物材料应具有抗拉、抗磨、耐酸碱、抗老化等性能，孔径应满足反滤要求。

（2）当护岸土体自然坡度陡于1∶2且坡面不平顺有大的坑洼起伏及块石等尖锐物时，不宜采用土工织物枕及土工织物软体排。

（3）土工织物枕、土工织物软体排的顶端应位于多年最低水位以下，其上应加抛接坡石，厚度宜为0.8～1.0 m。

（4）土工织物软体排垂直流向的排体长度应满足在河床发生最大冲刷时，排体随河床变形后坡度不应陡于1∶2.5。

（5）土工织物软体排垫层顺水流方向的搭接长度不宜<1.5 m，并应采用顺水流方向上游垫布压下游垫布的搭接方式。

（6）排体护脚处及其上、下端宜加抛块石。

8.铰链混凝土排护脚应符合的要求

铰链混凝土排护脚应符合下列要求：

（1）排的顶端应位于多年平均最低水位处，其上应加抛接坡石，厚度宜为0.8～1.0 m。

（2）混凝土板厚度应根据水深、流速经防冲稳定计算确定。

（3）沉排垂直于流向的排体长度应符合本规范的规定。

（4）顺水流向沉排宽度应根据沉排规模、施工技术要求确定。

（5）排体之间的搭接应以上游排覆盖下游排，搭接长度不宜<1.5 m。

（6）排的顶端可用钢链系在固定的系排梁或桩墩上，排体坡脚处及其上、下端宜加抛块石。

9.防护方案综合比较

防护方案综合比较见表9-1。

表9-1　防护方案综合比较表

防护方案	防护效果评定	施工速度	抗老化能力	耐久性	工程造价
砂枕	差	一般	一般	差	一般
格栅平铺	较差	快	差	一般	较省
格宾	好	快	好	好	较高
格栅筒	好	慢	较好	比较好	一般
浆砌块石	一般	慢	好	好	较高

9.2.2.3　坝式护岸

（1）坝式护岸布置可选用丁坝、顺坝及丁坝、顺坝相结合的勾头丁坝等形式。坝式护岸可按结构材料、坝高及与水流或潮流流向关系，选用透水或不透水，淹没或非淹没，正挑、下挑或上挑等形式。

（2）坝式护岸应按治理要求依河岸修建。丁坝坝头和顺坝坝线的位置不得超越规划的治导线。

（3）丁坝的平面布置应根据整治规划、水流流势、河岸冲刷情况和已建同类工程的经验确定，必要时，应通过河工模型试验验证。

丁坝的平面布置应符合下列要求：

①丁坝的长度应根据河岸与治导线距离确定。

②丁坝的间距可为坝长的1～3倍；河口与滨海地区的丁坝，其间距可为坝长的3～8倍。

③非淹没丁坝宜采用下挑形式布置，坝轴线与水流流向的夹角可采用30°～60°；潮汐河口与滨海地区的丁坝，其坝轴线宜垂直于潮流方向。

（4）丁坝可采用抛石丁坝、土心丁坝、沉排丁坝等结构形式。丁坝的结构尺寸应根据水流条件、运用要求、稳定需要、已建同类工程的经验分析确定，并应符合下列要求：

① 抛石丁坝坝顶的宽度宜采用1.0～3.0 m，坝的上、下游坡度不宜陡于1∶1.5，坝头坡度宜采用1∶2.5～1∶3.0。

②土心丁坝坝顶的宽度宜采用5～10 m，坝的上、下游护砌坡度宜缓于1∶1，护砌厚度可采用0.5～1.00 m，坝头部分宜采用抛石或石笼。

③沉排丁坝坝顶宽宜采用2.0～4.0 m，坝的上、下游坡度宜采用1∶1～1∶1.5，护底层的沉排宽度应加宽，其宽度应满足河床最大冲刷深度的要求。

（5）土心丁坝在土与护坡之间应设置垫层。垫层可采用沙砾石，厚度不应<0.15 m；也可采用土工织物上铺沙砾石保护层，保护层厚度不应<0.1 m。

（6）在中细砂组成的河床修建丁坝，坝根与岸滩衔接处应加强防护；坝头处和坝上、下游侧宜采用沉排护底，沉排的铺设宽度应满足河床产生最大冲刷深度情况下坝体不受破坏的要求。

（7）不透水淹没式丁坝的坝顶面宜做成坝根斜向河心的纵坡，其坡度可为1%～3%。

（8）河口与滨海地区用于消浪保滩的顺坝宜布置在滩岸前沿，顺坝坝顶高程宜高于平均高潮位，迎浪面可根据风浪情况采用不同形式的异形块体。顺坝与滩岸之间可设置透水格坝。

9.2.2.4　墙式护岸

（1）对河道狭窄、堤防临水侧无滩易受水流冲刷、保护对象重要、受地形条件或已建建筑物限制的河岸，宜采用墙式护岸。

（2）墙式护岸的结构形式可采用直立式、陡坡式、折线式等。墙体结构材料可采用钢筋混凝土、混凝土、浆砌石、石笼等，断面尺寸及墙基嵌入河岸坡脚的深度，应根据具体情况及河岸整体稳定计算分析确定。在水流冲刷严重的河岸应采取护基措施。

（3）墙式护岸在墙后与岸坡之间宜回填沙砾石。墙体应设置排水孔，排水孔处应设置反滤层。在水流冲刷严重的河岸，墙后回填体的顶面应采取防冲措施。

（4）墙式护岸沿长度方向应设置变形缝，钢筋混凝土结构护岸分缝间距可为15～20 m，混凝土、浆砌石结构护岸分缝间距可为10～15 m。在地基条件改变处应增设变形缝，墙基压缩变形量较大时应适当减小分缝间距。

（5）墙式护岸的墙基可采用地下连续墙、沉井或桩基，结构材料可采用钢筋混凝土或混凝土，其断面结构尺寸应根据结构应力分析计算确定。

9.2.2.5　其他护岸形式

（1）护岸形式可采用桩式护岸维护陡岸的稳定，保护坡脚不受强烈水流的淘刷，促淤保堤。

（2）桩式护岸的材料可采用木桩、钢桩、预制钢筋混凝土桩、大孔径钢筋混凝土桩等。桩式护岸应符合下列要求：

①桩的长度、直径、入土深度、桩距、材料、结构等应根据水深、流速、泥沙、地质等情况，通过计算或已建工程运用经验分析确定；桩的布置可采用1排桩至3排桩，排距可采用2.0～4.0 m。

②桩可选用透水式和不透水式；透水式桩间应以横梁连系并挂尼龙网、铅丝网、竹柳编篱等构成屏蔽式桩坝；桩间及桩与坡脚之间可抛块石、混凝土预制块等护桩护底防冲。

（3）具有卵石、砂卵石河床的中、小型河流在水浅流缓处，可采用枬槎坝。枬槎坝可采用木、竹、钢、钢筋混凝土杆件做枬槎支架，可选择块石或土、砂、石等作为填筑料，构成透水或不透水的枬槎坝。

（4）有条件的河岸应采取植树、植草等生物防护措施，可设置防浪林台、防浪林带、草皮护坡等。防浪林台及防浪林带的宽度，树种，树的行距、株距，应根据水势、水位、流速、风浪情况确定，并应满足消浪、促淤、固土保岸等要求。

（5）用于河岸防护的树、草品种，应根据当地的气候、水文、地形、土壤等条件及生态环境要求选择。

（6）在发生强烈崩岸形成大尺度崩窝影响堤防和有关设施安全的情况下，对崩窝的整治可采用促淤保滩或锁口回填还坡还滩的工程措施。

（7）崩窝促淤保滩工程可由上、下游裹头，锁口坝，窝内护坡以及必要的沉树等组成。上、下游裹头可采用抛石，锁口坝可根据水流情况采用沉梢坝、堆石坝或袋装土坝，窝内护坡工程应根据岸坡土质和险情选择适当的形式。

（8）崩窝锁口回填还坡还滩工程由上、下游裹头，锁口坝，岸坡填筑和护脚、护坡组成。上、下游裹头设计应符合本规范的规定。锁口坝坝心枯水位以下可用袋装中粗砂或中细砂填筑，枯水位以上可用黏性土填筑并压实；锁口坝护坡枯水位以下可采用抛石，枯水位以上可采用预制混凝土板等，并应做导渗设施；当边坡陡于1∶2时，应进行稳定计算。

9.2.3　国内水毁主要采用的防治措施

9.2.3.1　水毁灾害的防护工程措施

水毁灾害总体上可分为坡面水毁、台田地水毁和河沟道水毁，根据水毁灾害类型的不同，防护工程措施也相异。

1.坡面水毁

（1）公路、铁路坡面水毁的防治可采用坡式护基、坝式护基、墙式护基等，路基防护的长度和位置应根据水流方向、冲刷角度、水力坡降以及冲刷深度、汇流方向可变的范围而定。

（2）石油管道在斜坡上敷设，与等高线平行、斜交或垂直。在较大降雨时坡面汇流冲刷管沟，导致水土流失，管道埋深不足甚至露管；或水流进入松散管沟，形成地下暗流，带走管沟细粒土，导致塌陷，管道悬空。

该类灾害在穿越山区的管道很常见，防护措施一般是首先回填管沟至安全要求，再设置水工保护措施，防止该类灾害再次发生。

（3）主要水工保护措施包括：对于切坡敷设的情况一般设置侧挡墙、地下横截墙，以提高冲刷基线，或设置排水沟、截水沟疏导水流，并在敷设带植草。部分严重地区对管沟进行硬化。挡墙、排水沟和硬化的结构一般为浆砌石；对于爬坡敷设的情况与切坡相似，但一般不需要侧挡墙。对于严重段还采取格构护坡（浆砌石、干砌石、混凝土等结构）、浆砌石护坡、干砌石（预制块）护坡等。

2.台田地水毁

线性工程在台田地敷设，平行于田坎或垂直穿过田坎。在降雨、灌溉时，发生田坎垮塌，导致线路基础埋深不足或耕地毁坏。

该类灾害在穿越山区的线路很常见，保护措施一般为修建挡墙，恢复田坎。挡墙一般为浆砌石或干砌石。

黄土冲沟的防治应从线路安全方面考虑冲沟及边坡的稳定，可对边坡进行护坡和支挡；对路基的冲刷、侵蚀，可设置防冲墙以及路基顶面的防护石笼。

（1）对于线路中心距冲沟头5 m左右，填方量不大的小型冲沟宜采取修筑挡土墙、灰土回填的措施；对于线路中心距冲沟头边缘5 m以上，冲沟头平均深度>4 m，填方工作量较大的冲沟，宜采取沿沟顶部边缘设置阻水墙或截水沟的处理方法。必要时，可采用桩基、深基础、换土垫层、夯实、挤密法等措施。

（2）对于冲沟头植被条件较好，深度<3 m，沟头稳定的冲沟，宜采取沿沟顶部边缘设置阻水墙或截水沟的处理方法。对于冲沟边坡较稳定，但沟底植被条件较差，冲沟深度有可能下切的情况，除了设置阻水墙或截水沟以外，还应在管道下游一定位置处设置地下浆砌石结构防冲墙、灰土夯实淤土坝等拦淤措施。

（3）线路穿越冲沟边坡时，可采用浆砌块石等结构挡土墙和护坡工程，挡墙高度应视边坡高度而定，一般在3~5 m范围内，应夯实挡土墙后填土，坡面宜削坡并做成阶梯台面，边坡可采用网格种草，阶梯台面一般性种草。作业带两边应设排水明渠，两侧裸露边坡应削坡、夯实、种草，也可以采用铁丝网格种草或穴状种草等。

黄土嶂岘的防治应根据嶂岘所处的地形地貌特征、地质构造以及管道通过位置，采取综合的处理措施：

①宜做好截、排水的处理，可在狭窄嶂岘处线路通过的一侧采用加筋灰土或灰土夯筑和满砌、门拱形、网格形等浆砌块石护坡，每8~10 m高设置平台和横向截水沟与护坡面两侧或中部纵向排水沟连接。

②护坡坡面可采取浆砌石或土工格栅护面，须填实嵝岘两端及两侧冲沟沟底陷穴、落水洞等，并在其余空余位置设置鱼鳞坑，必要时还应在冲沟底部设置淤土坝。

9.2.3.2 出现Ⅱ级及以上湿陷性黄土应进行地基处理

如出现Ⅱ级及以上湿陷性黄土应进行地基处理，处理方法有如下几种：

（1）灰土桩：灰土桩的施工方法是利用振动沉管或长螺旋钻机成孔，通过挤压作用，使地基土得到加密，然后在孔内分层填入生石灰与原土的混合料（灰土）后夯实而成灰土桩。灰土（体积比例2∶8或3∶7）或二灰土应拌和均匀至颜色一致后及时回填夯实。利用生石灰吸取桩周土体中水分进行水化反应，生石灰的吸水、膨胀、发热以及离子交换作用，使桩周土体的含水量降低，孔隙比减小，土体挤密和桩柱体硬化。柱和桩间共同承受荷载，成为一种复合地基。

（2）预浸水：对于含水量低于最有含水量的土层，应进行预浸水。预浸水法是在修建线性工程前预先对湿陷性黄土场地进行预浸水，使土体在饱和自重应力作用下，发生湿陷产生压密，以消除全部黄土层的自重湿陷性和深部土层的外荷湿陷性。预浸水法一般适用于湿陷性黄土厚度大、湿陷性强烈的自重湿陷性黄土场地。

（3）强夯法：强夯法是为提高软弱地基的承载力，用重锤自一定高度下落夯击土层使地基迅速固结的方法。强夯分为饼锤强夯和柱锤强夯两种，饼锤强夯处理深度<10 m，柱锤强夯处理深度可到达15 m。

（4）桩基：桩基穿透湿陷性土层，桩端持力层置于非湿陷性土层。

（5）防水措施。

9.2.3.3 在役线路由于跑水引起的局部湿陷可以采用的处理手段

对于在役线路由于跑水引起的局部湿陷，可以采用如下几种处理手段：

（1）树根桩法：树根桩法适用于在役线路由于地基下沉（湿陷）造成的管道破坏采用的加固措施，采用树根桩将管道托起，使管道不再产生不均匀沉降，常与注浆法合用。

（2）注浆法：注浆法是将某些能固化的浆液注入岩土地基的裂缝或孔隙中，以改善其物理力学性质的方法。注浆的目的是防渗、堵漏、加固和纠正建筑物偏斜。注浆机理有填充注浆、渗透注浆、压密注浆和劈裂注浆。注浆材料有粒状浆材和化学浆材，粒状浆材主要是水泥浆，化学浆材包括硅酸盐（水玻璃）和高分子浆材。

（3）托换复位：托换是为提高既有桥墩地基的承载力或纠正基础由于严重不均匀沉降所导致的桥墩倾斜、开裂而采取的地基基础处理、加固、改造、补强技术的总称。托换完成后，再利用复位技术将桥墩复位，也可在石油管道复位修正时采用。

9.2.4 管道水毁主要采用的防治措施

对于水毁破坏分冲刷、河床下切、堤岸坍塌、堤岸侵蚀、河流改道等情况。

9.2.4.1 冲刷

冲刷是由于河流中存在障碍物，如大块石等，导致水流改向或水流集中冲刷，导致河床局部变深。当管道在此敷设时，就会导致管道外露。河流冲刷主要防治措施见表9-2其中的一种措施或组合措施。

表9-2 河流冲刷防治措施

类　　别	目　　的	结　　构
沟渠硬化、过水面	防止水流冲刷河床	浆砌石、混凝土或毛石混凝土、干砌石
挑流坝	改变水流方向	
箱涵	保护管道	
石笼、抛石	防止水流冲刷河床	

箱涵石笼防治措施（石油管道）见表9-3。

表9-3 箱涵石笼防治措施（石油管道）

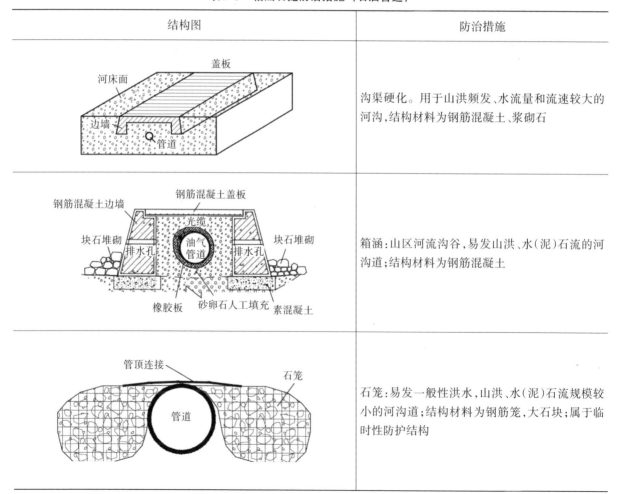

结构图	防治措施
	沟渠硬化。用于山洪频发、水流量和流速较大的河沟,结构材料为钢筋混凝土、浆砌石
	箱涵:山区河流沟谷,易发山洪、水(泥)石流的河沟道;结构材料为钢筋混凝土
	石笼:易发一般性洪水,山洪、水(泥)石流规模较小的河沟道;结构材料为钢筋笼,大石块;属于临时性防护结构

9.2.4.2　河床下切

河床下切是由于沉积物源的减少或水流速度过大，河床大幅降低，使线路地基失稳。管道在河床敷设时常被冲刷露出、悬空，并受到河流携带的块石撞击，常造成防腐层损伤，甚至管体损伤，或涡激振动。

河床下切是山区线性工程最主要的水毁灾害形式之一。河床下切灾害的水工保护工程防治措施见表9-4，可采取其中的一种措施或多种组合措施。

表9-4　水工保护工程措施

类　别	目　的	结　构
沟渠硬化、过水面	防止水流冲刷河床	浆砌石、混凝土或毛石混凝土、干砌石
淤土坝	抬高河床	
挑流坝	改变水流方向	
箱涵	保护管道	
石笼、抛石	防止水流冲刷河床	

沟渠硬化的防治措施见表9-5。

表9-5　沟渠硬化防治措施

结构图	防治措施
	河底硬化:平原及山区小河沟,不适用于山洪频发、水流量流速较大的河沟;结构材料为混凝土预制构件、浆砌石

续表9-5

结构图	防治措施
	"U"形槽（箱涵类型）：用于平原及山区小河沟，不适用于山洪频发、水流量和流速较大的河沟；结构材料为钢筋混凝土预制构件

9.2.4.3 堤岸坍塌

堤岸坍塌是河流一侧河岸受水流冲击发生垮塌，主要发生在河流弯道的凹岸（迎水面），是堤岸侵蚀的一种形式。线路穿河敷设时，堤岸侵蚀称为堤岸坍塌；线路顺河敷设时，才称为堤岸侵蚀。堤岸坍塌常使线路地基失稳，产生塌陷，或影响第三方。对这类灾害采取的防治措施见表9-6。

表9-6　堤岸坍塌防治措施

类　别	目　的	结　构
沟渠硬化、过水面	全断面防护、防止水流侧向冲刷	浆砌石、混凝土、毛石混凝土、石笼
挑流坝	在受冲刷一侧设置，改变水流方向	
挡墙式或坡式护岸		浆砌石、混凝土、石笼、干砌石
石笼护岸	在受冲刷侧设置，提高堤岸的防侵蚀性能	
顺坝护岸		
植被措施		

护岸挡墙的防治措施见表9-7。

表9-7　护岸挡墙防治措施

结构图	防治措施
	护岸挡墙:存在侧蚀威胁或向岸侵蚀的河沟岸坡。结构材料为混凝土、浆砌石
	四角锥石
	石笼网:常用于各种线性工程。结构材料为格宾网、卵石

9.2.4.4　堤岸侵蚀

堤岸侵蚀主要发生在河流弯道的凹岸(迎水面),水流冲刷迎水面,使该处堤岸逐渐后退。当线路在该侧堤岸或外侧敷设时,便被逐渐侵蚀而失稳。对该类灾害,主要防治措施见表9-8。

表9-8　堤岸侵蚀防治措施

类　别	目　的	结　构
沟渠硬化、过水面	全断面防护,防止水流侧向冲刷	浆砌石、混凝土、毛石混凝土、石笼
挑流坝	在受冲刷一侧设置,改变水流方向	
挡墙式或坡式护岸	在受冲刷一侧设置,提高堤岸的防侵蚀性能	浆砌石、混凝土、石笼、干砌石

坡式护岸防治措施（公路、铁路）见表9-9。

表9-9 坡式护岸防治措施（公路、铁路）

结构图	防治措施
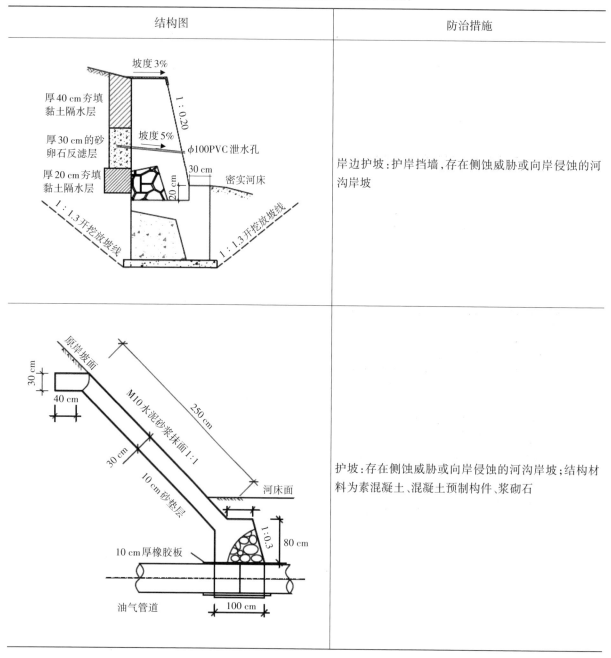	岸边护坡：护岸挡墙，存在侧蚀威胁或向岸侵蚀的河沟岸坡
	护坡：存在侧蚀威胁或向岸侵蚀的河沟岸坡；结构材料为素混凝土、混凝土预制构件、浆砌石

9.2.4.5 河流改道

河流改道主要发生在山前平原，水流为漫流型面状洪水，没有固定河道，水流增大或携带碎屑时，具有很强的冲刷力，常发生河流改道。该类灾害在线性工程较为突出，危害性较大，常冲出管道或冲毁公路、铁路路基。由于没有固定河道，不容易治理，该类灾害在平原、戈壁荒漠常发生。该类灾害的主要防治措施见表9-10。

表9-10 河流改道措施

类 别	目 的	结 构
过水面、拦水墙(八字墙)、护岸及挑流坝	防治水流冲刷或改变水流方向	浆砌石、混凝土、毛石混凝土、石笼

河流改道防治措施见表9-11。

表9-11 河流改道防治措施

结构图	防治措施
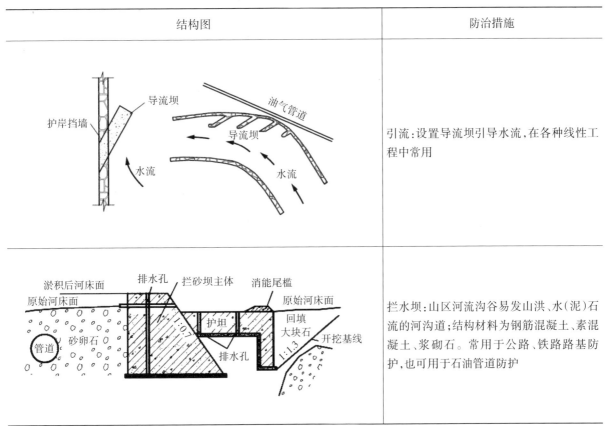	引流:设置导流坝引导水流,在各种线性工程中常用
	拦水坝:山区河流沟谷易发山洪、水(泥)石流的河沟道;结构材料为钢筋混凝土、素混凝土、浆砌石。常用于公路、铁路路基防护,也可用于石油管道防护

9.2.5 水毁防治措施对比分析及提升

水毁防治措施提升建议:

(1)水毁治理是一项复杂的工程,需根据现场实际情况采取综合的防治手段对其进行治理,同时需强化线路保护意识,及时发现问题,及时治理。

(2)尽量少用钢筋混凝土等所谓的永久性治理方案,大量利用混凝土四角锥体、土工织布、石笼等柔性体覆盖,防止漂管和冲刷。

(3)石笼:在国外大量采用石笼技术,在荷兰和德国等国家采用石笼做公路和铁路的路基防护、挡土墙、围堰等。在日本大量应用于河流海岸的抗冲刷堤岸。该方法有不限地域、不限承载力、不限基地条件,安全、可靠、简单、经济、耐久性等优点,在抗冲刷及护岸工程应为首选方案。石笼在石油管道中使用的剖面示意图如图9-1所示。现国内虽然也在使用，但刚性处理方案远多于柔性方案。笔者认为在线性工程水毁治理中柔性处理方案更有效。

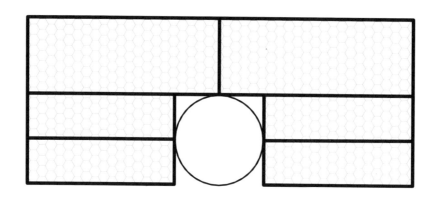

图9-1　石笼在石油管道中使用的剖面示意图

（4）土工织布：土工织布又称土工纤维或土工薄膜，是指用合成纤维纺织或经胶结、热压针刺等无纺工艺制成的土木工程用的卷材。在水流对土体冲刷时，其有效地将集中应力扩散、传递或分解，防止土体受外力作用而破坏，保护土壤。在管道穿过河流时，通过采用土工织布包裹卵石，可以有效防止水流对管道的冲刷，防止漂管，土工织布使用剖面示意图如图9-2所示。

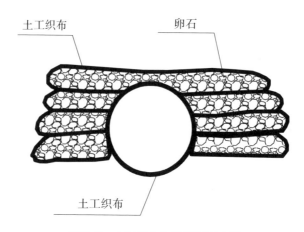

图9-2　土工织布使用剖面示意图

（5）要降缓坡度、夯实管道填土；在河沟道岸坡坍塌整治中，要减缓弯道水力比降、护住坡脚。

9.3　滑坡地质灾害防治措施

9.3.1　滑坡地质灾害防治措施

9.3.1.1　滑坡的防治措施

滑坡防治简单地说就是"1排2减3压4挡5拉6压浆"。

1.排水系统

地下水的排水系统包括截水、降水、集水、排水等。

（1）截水。在滑坡滑移面以上有地表、地下水对滑移面饱和软弱面补给时应将上游水截断，停止对饱和软弱带补水。截水工艺可采用止水帷幕、水泥搅拌桩、高压旋喷桩、地下连续墙等。

（2）降水。当滑坡滑移面以上有丰富含水层时，应先进行降水，降水常采用管井、真空井点、喷射井点等方法。各种降水方法适用条件见表9-12。

表9-12　各种降水方法适用条件

方　法	土　层	渗透系数/（m·d⁻¹）	降水深度/m
管井	黏土、沙土、碎石类土	0.1～200	不限
真空井点	黏性土、粉土、沙土	0.005～20.0	单级井点<6 多级井点<20
喷射井点	黏性土、粉土、沙土	0.005～20.0	<20

（3）集水。一般包括两个方面的内容，一是将降水抽出的水集中排泄，二是在滑移面的上部和滑移体上将明水集中，不让其渗入地下。

（4）排水。一般包括明沟排水和地下排水（阴沟、排水隧洞、排水孔等）。

2.减荷

滑坡产生的推动力为上部堆积体的重量，特别是滑坡体的后缘。减轻滑坡体头部的荷载，是防止滑坡的重要常用方法。

3.反压

滑坡下缘是滑坡稳定最关键的部位，增加上部的重量等于加大了滑坡体的推滑力，从而提高滑坡体的稳定。

4.挡（支挡式结构）

支挡式结构的目的是阻挡滑坡体的移动，通常可采用下列方式：

（1）重力式支挡结构。

（2）锚拉式支挡结构，常与重力式支挡和悬臂式支挡共同作用。

（3）支撑式支挡结构，滑坡支挡常用斜支撑、双排桩支撑等。

（4）悬臂式支挡结构，有单排桩和双排桩，计算按悬挑梁计算。

5.拉

一般将上部滑移体与下伏基岩紧密相连，以基岩为底座拉住滑坡体不下滑，从而保证滑坡体稳定。常用土钉（钢管）、锚杆（钢筋）、锚索（钢绞线）。

土钉常用于薄层滑移体，厚度≤5 m；锚杆常用于滑移体厚度在5～10 m之间；锚索常用于滑移体厚度>10 m，常与扶壁式挡墙共用。

6.压浆

压浆的目的是将下伏基岩破碎带黏住，减缓基岩风化速度，使岩体整体性更完好。其次对上覆滑移体土层进行硬化，破坏软弱滑移面土层结构，使滑移面与化学制剂及水泥产生硬化反应，以达到阻抗滑移的目的。

9.3.1.2　滑坡治理工程设计、稳定性评价、监测、施工、验收

对于滑坡治理工程的勘察、设计、稳定性评价、施工、监测应参照《建筑边坡工程技术规范》（GB50330—2013）执行。各种版本规范大同小异，边坡规范较为全面，增加了锚杆设计，给出了抗震时边坡侧压力的计算以及扶壁式挡墙、喷锚支护、板式挡墙等计算内容，并增加坡面防护与绿化，修改了滑坡防治、边坡监测、质量检验等，给出了滑坡监测的预警值。对于滑坡需要进行边坡支护的工程，边坡支护计算可按下列进行。

1.路基边坡支护计算

（1）坡式路基边坡的稳定计算应包括整体稳定和边坡内部稳定计算，并应符合下列要求：

①《山洪沟防洪治理工程技术规范》（SL/T 778—2019）整体稳定计算应包括路基及基坡基础土的滑动和沿路基底面的滑动。路基及基坡基础土的滑动可采用以下方法计算。沿路基底面的滑动可简化成沿路基底面通过路基的折线整体滑动，如图9-3所示。土体BCD的稳定安全系数可按下列公式计算：

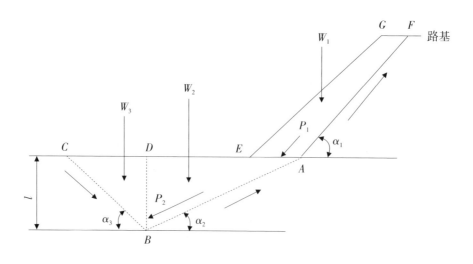

图9-3　边坡整体滑动计算

$$K = \frac{W_3\sin\alpha_3 + W_3\cos\alpha_3\tan\varphi + ct/\sin\alpha_3 + P_2\sin(\alpha_2 + \alpha_3)}{P_2\cos(\alpha_2 + \alpha_3)} \tag{9-1}$$

$$P_1 = KW_1\sin\alpha_1 - f_1W_1\cos\alpha_1 \tag{9-2}$$

$$P_2 = KW_2\sin\alpha_2 + KP_1\cos(\alpha_1 - \alpha_2) - W_2\cos\alpha_2\tan\varphi - ct/\sin\alpha_2 - P_1\sin(\alpha_1 - \alpha_2)\tan\varphi \tag{9-3}$$

式中：K 为抗滑安全系数；P_1 为滑动体 $GEAF$ 沿滑动面 FA 方向的下滑力；P_2 为滑动体 ABD 沿滑动面 AB 方向的下滑力；f_1 为护坡与土坡的摩擦系数；φ 为基础土的内摩擦角（°）；c 为基础土的凝聚力（kN/m^2）；t 为滑动深度（m）；W_1 为护坡体重量（kN）；W_2 为基础滑动体 ABD 的重量（kN）；W_3 为基础滑动体 BCD 的重量（kN）；α_1，α_2，α_3 为滑动面 FA、AB、BC 与水平面的夹角。

②《海堤工程设计规范》（SL435—2008）当坡式路基自身结构不紧密或埋置较深不易发生整体滑动时，应进行基坡内部的稳定计算，如图9-4所示。枯水期水位较低，全滑动面为 abc 折线时，维持极限平衡所需的基坡体内部摩擦系数 f_z 值和基坡稳定安全系数 K 可按下列公式计算：

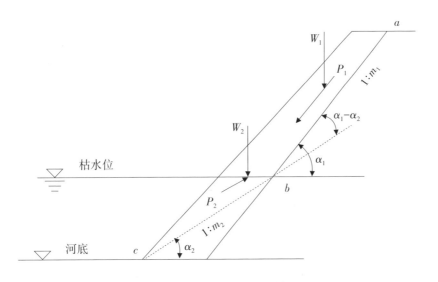

图9-4　边坡内部滑动计算

$$Af_z^2 - Bf_z + C = 0 \tag{9-4}$$

$$A = \frac{nm_1(m_2 - m_1)}{\sqrt{1 + m_1^2}} \tag{9-5}$$

$$B = \frac{m_2W_2}{W_1}\sqrt{1 + m_1^2} + \frac{m_2 - m_1}{\sqrt{1 + m_1^2}} + \frac{n(m_1^2m_2 + m_1)}{\sqrt{1 + m_1^2}} \tag{9-6}$$

$$C = \frac{W_2}{W_1}\sqrt{1 + m_1^2} + \frac{1 + m_1m_2}{\sqrt{1 + m_1^2}} \tag{9-7}$$

$$n = \frac{f_1}{f_2} \tag{9-8}$$

$$K = \frac{\tan\varphi}{f_2} \tag{9-9}$$

式中：m_1 为折点 b 以上路基护坡内坡的坡率；m_2 为折点 b 以下滑动面的坡率；f_1 为护坡和基土之间的摩擦系数；f_2 为路基护坡材料的内摩擦系数；φ 为护坡体内摩擦角。

（2）按《建筑边坡工程技术规范》（GB50330—2013）重力挡墙结构稳定性计算应符合下列要求：

①抗滑稳定可按下列公式验算，如图9-5所示：

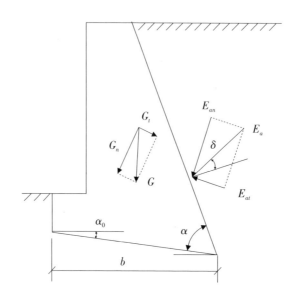

图9-5　有限范围内填土土压力计算

$$F_{抗滑} = \frac{\left(G_n + E_{an}\right)\mu}{E_{at} - G_t} \tag{9-10}$$

$$G_n = G\cos\alpha_0 \tag{9-11}$$

$$G_t = G\sin\alpha_0 \tag{9-12}$$

$$E_{at} = E_a\sin\left(\alpha - \alpha_0 - \delta\right) \tag{9-13}$$

$$E_{an} = E_a\cos\left(\alpha - \alpha_0 - \delta\right) \tag{9-14}$$

式中：G 为挡土墙每延米自重（kN）；E_a 为主动土压力（kN）；α_0 为挡土墙基底的倾角（°）；α 为挡土墙墙背的倾角（°）；δ 为土对挡土墙墙背的摩擦角（°），可按表9-13选用；μ 为土对挡土墙基底的摩擦系数，由试验确定，也可按表9-14选用。

表9-13　土对挡土墙墙背的摩擦角 δ

挡土墙情况	摩擦角 δ
墙背平滑,排水不良	$(0\sim0.33)\varphi_k$
墙背粗糙,排水良好	$(0.34\sim0.50)\varphi_k$

续表9-13

挡土墙情况	摩擦角δ
墙背很粗糙,排水良好	$(0.51\sim0.67)\varphi_k$
墙背与填土间不可能滑动	$(0.68\sim1.00)\varphi_k$

注：φ_k为墙背填土的内摩擦角标准值。

表9-14 土对挡土墙基底的摩擦系数μ

土的类别		摩擦系数μ
黏性土	可塑	0.25～0.30
	硬塑	0.31～0.35
	坚硬	0.36～0.45
粉土		0.30～0.40
中粗砂		0.40～0.50
碎石土		0.40～0.60
软质岩		0.40～0.60
表面粗糙的硬质岩		0.65～0.75

注：a.对易风化的软质岩和塑性指数$I_p>22$的黏性土，基底摩擦系数μ应通过试验确定。b.对碎石土，可根据其密实程度、填充物状况、风化程度等确定。

②抗倾覆稳定应按下式验算，如图9-6所示。

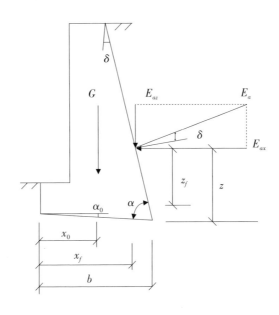

图9-6 挡土墙抗倾覆稳定验算

$$F_{抗倾} = \left(Gx_0 + E_{az}x_f\right)\big/E_{ax}z_f \tag{9-15}$$

$$E_{ax} = E_a\sin\left(\alpha - \delta\right) \tag{9-16}$$

$$E_{az} = E_a\cos\left(\alpha - \delta\right) \tag{9-17}$$

$$x_f = b - z\cot\alpha \tag{9-18}$$

$$z_f = z - b\cot\alpha_0 \tag{9-19}$$

式中：E_{ax} 为主动土压力沿水平方向的分力；E_{az} 为主动土压力沿竖向的分力；z 为土压力作用点离墙踵的高度（m）；x_f 为 E_{ax} 作用点离墙趾的水平距离；z_f 为 E_{ax} 作用点离墙趾的垂直距离；x_0 为挡土墙重心离墙趾的水平距离（m）；b 为基底的水平投影宽度（m）。

③主动土压力计算应符合下列要求：

a.主动土压力可采用适用于砂性土的库仑公式，可按下列公式计算：

$$E = \frac{1}{2}\gamma H\left(H + 2h_0 k_q\right)k \tag{9-20}$$

$$h_0 = \frac{q}{\gamma} \tag{9-21}$$

$$k_q = \frac{\cos\alpha\cos\beta}{\cos\left(\alpha - \beta\right)} \tag{9-22}$$

$$k = \frac{\cos^2\left(\varphi - \alpha\right)}{\left[1 + \sqrt{\dfrac{\sin\left(\varphi + \delta\right)\sin\left(\varphi - \delta\right)}{\sin\left(90° - \alpha - \delta\right)\cos\left(\alpha - \beta\right)}}\right]^2\sin\left(90° - \alpha - \delta\right)\cos^2\alpha} \tag{9-23}$$

式中：E 为主动土压力；k_q 为均布荷载分布系数；γ、φ 为填土的容重（kN/m³）和内摩擦角（°）；α 为墙背与竖直线所成的倾角（°），墙背仰斜时，α 为负值；墙背俯斜时，α 为正值；δ 为外摩擦角，土与墙背间的摩擦角（°）；β 为填土表面与水平线所成的坡角（°）；k 为主动土压力系数；q 为均布荷载（kN/㎡）；h_0 为外荷等代土层高度（m）；H 为墙背填土高度（m）。

b.库仑公式用于黏性土时，通过加大土内摩擦角，采用等值内摩擦角（φ_D）将黏着力（C）包括进去，可采用下式计算：

$$\tan\left(45° - \frac{\varphi_D}{2}\right) = \sqrt{\frac{\gamma H^2\tan^2\left(45° - \dfrac{\varphi}{2}\right) - 4CH\tan^2\left(45° - \dfrac{\varphi}{2}\right) + \dfrac{4C}{\gamma}}{\gamma H^2}} \tag{9-24}$$

c.重力式坝岸砌体背坡若呈折线式，可分段计算主动土压力，计算段以上土体按均布荷载情况处理并按公式（9-11）计算。

d.路基按地震设防时，重力式护岸主动土压力库仑计算公式应采用下列公式：

$$E = \frac{1}{2}\frac{\gamma}{\cos\varepsilon}H\left(H + 2h_0 k_q\right)k \tag{9-25}$$

$$k = \frac{\cos^2(\varphi - \alpha - \varepsilon)}{\cos^2(\alpha + \varepsilon)\cos(\alpha + \beta + \varepsilon)\left[1 + \sqrt{\dfrac{\sin(\varphi + \delta)\sin(\varphi - \beta - \varepsilon)}{\cos(\alpha + \delta + \varepsilon)\cos(\alpha - \beta)}}\right]^2} \tag{9-26}$$

式中：ε 为地震角，$\varepsilon = \tan^{-1}\mu$，地震角 ε 及地震系数 μ 可按表9-15取值。

表9-15　地震角 ε 及地震系数 μ

地震烈度	7°	8°	9°
地震系数 μ	1/40	1/20	1/10
地震角 ε	1°25'	3°	6°

2.《堤防工程设计规范》（GB50286—2013）的路基护坡冲刷深度计算

（1）丁坝冲刷深度计算应符合下列规定：

①丁坝冲刷深度与水流、河床组成、丁坝形状与尺寸以及所处河段的具体位置等因素有关，其冲刷深度计算公式应根据水流条件、河床边界条件以及观测资料分析、验证选用。

②非淹没丁坝冲刷深度可按下列公式计算：

$$\frac{h_s}{H_0} = 2.80 k_1 k_2 k_3 \left(\frac{U_m - U_c}{\sqrt{gH_0}}\right)^{0.75} \left(\frac{L_D}{H_0}\right)^{0.08} \tag{9-27}$$

$$k_1 = \left(\frac{\theta}{90}\right)^{0.246} \tag{9-28}$$

$$k_3 = e^{-0.07m} \tag{9-29}$$

$$U_m = \left(1.0 + 4.8\frac{L_D}{B}\right)U \tag{9-30}$$

$$U_0 = \left(\frac{H_0}{d_{50}}\right)^{0.14}\sqrt{17.6\frac{\gamma_s - \gamma}{\gamma}d_{50} + 0.000000605\frac{10 + H_0}{d_{50}^{0.72}}} \tag{9-31}$$

$$U_c = 1.08\sqrt{gd_{50}\frac{\gamma_s - \gamma}{\gamma}}\left(\frac{H_0}{d_{50}}\right)^{1/7} \tag{9-32}$$

式中：h_s 为冲刷深度（m）；k_1、k_2、k_3 为丁坝与水流方向的交角 θ、守护段的平面形态及丁坝坝头的坡比对冲刷深度影响的修正系数，位于弯曲河段凹岸的单丁坝，$k_2 = 1.34$，位于过渡段或顺直段的单丁坝，$k_2 = 1.00$；m 为丁坝坝头坡率；U_m 为坝头最大流速（m/s）；U 为行近流速（m/s）；L_D 为丁坝的有效长度（m）；B 为河宽（m）；U_c 为泥沙起动流速（m/s），对于黏性与沙质河床可采用张瑞瑾公式（9-31）计算；d_{50} 为床沙的中值粒径（m）；H_0 为行近水流水深（m）；γ_s、γ 为泥沙与水的容重（kN/m³）；g 为重力加速度（m/s²）。

③对于卵石的起动流速，可采用长江科学院的起动公式（9-32）计算。

（2）顺坝及平顺护岸冲刷深度可按下列公式计算：

$$h_s = H_0 \left[\left(\frac{U_{cp}}{U_c} \right)^n - 1 \right] \tag{9-33}$$

$$U_{cp} = U \frac{2\eta}{1 + \eta} \tag{9-34}$$

式中：h_s 为局部冲刷深度（m）；H_0 为冲刷处的水深（m）；U_{cp} 为近岸垂线平均流速（m/s）；n 与防护岸坡在平面上的形状有关，n 取 1/4～1/6；η 为水流流速不均匀系数，根据水流流向与岸坡交角 α 可查表9-16采用。

表9-16　水流流速不均匀系数

α	≤15°	20°	30°	40°	50°	60°	70°	80°	90°
η	1.00	1.25	1.50	1.75	2.00	2.25	2.50	2.75	3.00

3.护坡护脚的计算

（1）斜坡干砌块石护坡的斜坡坡率为1.5～5.0时，护坡厚度可按下列公式计算：

$$t = K_1 \frac{\gamma}{\gamma_b - \gamma} \cdot \frac{H}{\sqrt{m}} \sqrt[3]{\frac{L}{H}} \tag{9-35}$$

$$m = \cot\alpha \tag{9-36}$$

式中：t 为斜坡干砌块石护坡厚度（m）；K_1 为系数，对一般干砌石可取0.266，对砌方石、条石可取0.225；γ_b 为块石的容重（kN/m³）；γ 为水的容重（kN/m³）；H 为计算波高（m），当 $d/L \geq 0.125$，取 $H_{4\%}$，当 $d/L < 0.125$，取 $H_{13\%}$，d 为堤前或岸坡前水深（m）；L 为波长（m）；m 为斜坡坡率。

（2）采用人工块体或经过分选的块石作为斜坡堤的护坡面层且斜坡坡率为1.5～5.0时，波浪作用下单个块体、块石的质量 Q 及护面层厚度 t，可按下列公式计算：

$$Q = 0.1 \frac{\gamma_b H^3}{K_D \left(\frac{\gamma_b}{\gamma} - 1 \right)^3 m} \tag{9-37}$$

$$t = nc \left(\frac{Q}{0.1\gamma_b} \right)^{1/3} \tag{9-38}$$

式中：Q 为主要护面层的护面块体或块石的个体质量（t），当护面由两层块石组成，则块石质量可在 $0.75Q$～$1.25Q$ 范围内，但应有50%以上的块石质量大于 Q；γ_b 为人工块体或块石的容重（kN/m³）；γ 为水的容重（kN/m³）；H 为设计波高（m），当平均波高与水深的比值 $H/d < 0.3$ 时，宜采用 $H_{5\%}$；当 $H/d \geq 0.3$ 时，宜采用 $H_{13\%}$；K_D 为稳定系数，可按表9-17确定；t 为块体或块石护面层厚度（m）；n 为护面块体或块石的层数；c 为系数，可按表9-18确定。

表9-17　稳定系数 K_D

护面类型	构造形式	K_D	备 注
块石	抛填二层	4.0	
块石	安放（立放）一层	5.5	
方块	抛填二层	5.0	
四脚锥体	安放二层	8.5	
四脚空心方块	安放二层	14	
扭工字块体	安放二层	18	$H \geqslant 7.5$ m
扭工字块体	安放二层	24	$H < 7.5$ m

表9-18　系数 c 的确定

护面类型	构造形式	c	备注
块石	抛填二层	1.0	—
块石	安放（立放）一层	1.3～1.4	—
四脚锥体	立放二层	1.0	—
扭工字块体	立放二层	1.2	定点随机安放
扭工字块体	立放二层	1.1	规则安放

（3）混凝土板作为路基护面时，满足混凝土板整体稳定所需的护面板厚度可按下式确定：

$$t = \eta H \sqrt{\frac{\gamma}{\gamma_h - \gamma} \cdot \frac{L}{B_m}} \qquad (9\text{-}39)$$

式中：t 为混凝土护面板厚度（m）；η 为系数，对开缝板可取0.075，对上部为开缝板，下部为闭缝板可取0.10；H 为计算波高，取 $H_{1\%}$（m）；γ_h 为混凝土板的容重（kN/ m³）；γ 为水的容重（kN/ m³）；L 为波长（m）；B_m 为沿斜坡方向（垂直于水边线）的护面板长度（m）。

（4）在水流作用下，防护工程护坡、护脚块石保持稳定的抗冲粒径（折算粒径）可按下列公式计算：

$$d = \frac{V^2}{C^2 2g \dfrac{\gamma_s - \gamma}{\gamma}} \qquad (9\text{-}40)$$

$$W = \frac{\pi}{6} \gamma_s d^3 \qquad (9\text{-}41)$$

式中：d 为折算位径（m），按球型折算；W 为石块重量（kN）；V 为水流流速（m/s）；g 为重力加速度（m/s²）；C 为石块运动的稳定系数，水平底坡 $C = 1.2$，倾斜底坡 $C = 0.9$；γ_s 为石块的容重（kN/m³）；

γ 为水的容重（kN/ m³）。

4.《碾压式土石坝设计规范》（SL274—2020）的抗滑稳定计算

（1）稳定渗流期应采用有效应力法，施工期可采用总应力法，外水位降落期可同时采用有效应力法和总应力法，并应以较小的安全系数为准。

（2）土的抗剪强度指标可用三轴压缩试验测定，亦可用直剪试验测定，应按现行行业标准《土工试验规程》（SL237—1999）规定进行。抗剪强度指标的测定和应用方法可按表9-19选用。当堤基为饱和黏性土，并以较快的速度填筑堤身时，可采用快剪或不排水剪的现场十字板强度指标。

（3）圆弧滑动稳定可按下列公式计算，如图9-7所示。

表9-19　土的抗剪试验方法和强度指标

堤的工作状态	强度计算方法	使用仪器	试验方法与代号	强度指标
施工期	总应力法	直剪仪	快剪（Q）	C_u，φ_u
		三轴仪	不排水剪（UU）	
稳定渗流期	有效应力法	直剪仪	慢剪（S）	C'，φ'
		三轴仪	固结排水剪（CD）或固结不排水剪测孔隙压力（CU）	
水位降落期	有效应力法	直剪仪	慢剪（S）	C'，φ'
		三轴仪	固结排水剪（CD）或固结不排水剪测孔隙压力（CU）	
	总应力法	直剪仪	固结快剪（R）	C_{cu}，φ_{cu}
		三轴仪	固结不排水剪（CU）	

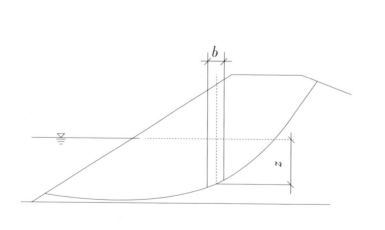

（a）圆弧滑动面　　　　　　　（b）圆弧条块

图9-7　圆弧滑动条分法计算

①瑞典圆弧法可按下式计算：

$$K = \frac{\sum\left\{\left[(W \pm V)\cos\alpha - ub\sec\alpha - Q\sin\alpha\right]\tan\varphi' + c'b\sec\alpha\right\}}{\sum\left[(W \pm V)\sin\alpha + M_c/R\right]} \qquad (9-42)$$

②简化毕肖普法可按下式计算：

$$K = \frac{\sum\left\{\left[(W \pm V)\sec\alpha - ub\sec\alpha\right]\tan\varphi' + c'b\sec\alpha\right\}/\left(1 + \tan\alpha\tan\varphi'/K\right)}{\sum\left[(W \pm V)\sin\alpha + M_c/R\right]} \qquad (9-43)$$

式中：W 为土条重量（kN）；Q、V 为水平和垂直的地震惯性力（V 向上为负，向下为正）（kN）；u 为作用于土条底面的孔隙压力（kN/m²）；α 为条块重力线与通过此条块底面中点的半径之间的夹角（°）；b 为土条宽度（m）；c'、φ' 为土条底面的有效凝聚力（kN/m²）和有效内摩擦角（°）；M_c 为水平地震惯性力对圆心的力矩（kN·m）；R 为圆弧半径（m）。

（4）运用本规范公式时，应符合下列规定：

①静力计算时，地震惯性力应等于零。

②施工期，路基条块应为实重（设计干容重加含水率）。如路基有地下水存在时，条块重为 $W = W_1 + W_2$。W_1 为地下水位以上条块湿重，W_2 为地下水位以下条块浮重。采用总应力法计算，孔隙压力为 $u = 0$，C'、φ' 采用 C_u、φ_u。

③稳定渗流期用有效应力法计算，孔隙压力 U 应用 $u - \gamma wZ$ 代替。u 应为稳定渗流期的孔隙压力，条块重应为 $W = W_1 + W_2$。W_1 应为外水位以上条块实重，浸润线以上为湿重，浸润线和外水位之间应为饱和重；W_2 应为外水位以下条块浮重。

④水位降落期用有效应力法计算时，应按降落后的水位计算，方法应符合本条第3款的规定。应用总应力法时，C'、φ' 采用 C_{cu}、φ_{cu}；分子应采用水位降落前条块重 $W = W_1 + W_2$，W_1 为外水位以上条块湿重，W_2 为外水位以下条块浮重，u 应用 $ui - \gamma w_z$ 代替，ui 为水位降落前的孔隙压力；分母应采用库水位降落后条块重 $W = W_1 + W_2$，W_1 应为外水位以上条块实重，浸润线以上应为湿重，浸润线和外水位之间应为饱和重，W_2 应为外水位以下条块浮重。

（5）改良圆弧法计算堤坡稳定安全系数可用下列公式计算，如图9-8所示。

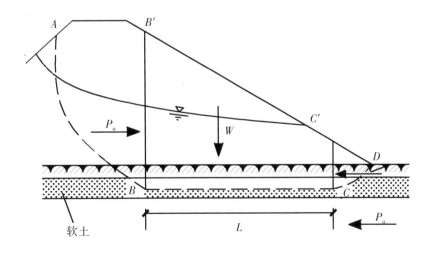

图9-8　改良圆弧法计算

$$K = \frac{P_n + S}{P_a} \tag{9-44}$$

$$S = W\tan\varphi + cL \tag{9-45}$$

式中：W 为土体 $B'BCC'$ 的有效重量（kN），c、φ 为软弱土层的凝聚力（kN）及内摩擦角（°），P_a 为滑动力（kN），P_n 为抗滑力（kN），L 为 BC 的长度（m）。

9.3.1.3 石油管道防治工程设计与施工

（1）管道滑坡灾害的治理方式除考虑滑坡因素外，还应考虑滑坡与管道的空间位置关系、管道的敷设方式、工程施工对管道的影响。

（2）抗滑支挡工程与管道的净距不宜<5 m。

（3）慢速滑坡可采用管体应力释放、稳管墩等管道防护措施。

（4）滑坡灾害的设计与施工工作应按照现行规范中的相关要求执行。

9.3.2 国内管道滑坡地质灾害防治措施

9.3.2.1 减载与反压

滑坡动力（特别是推移式滑坡）主要来源于滑坡近后缘段即头部，而近前缘段即滑坡足部则为抗滑段或抗力体。削减产生滑动力的物质、增加抗力体的物质即可大大提高滑坡的稳定性，如图9-9所示。

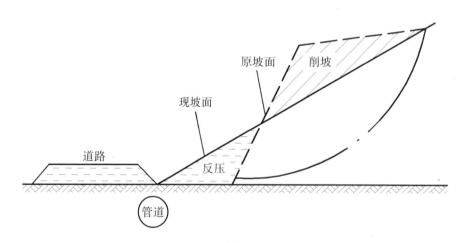

图9-9 减载反压示意图

注：在边坡抢险救灾中大量采用该方法，是最简单且有效的方法。

如果由于斜坡坡度过于陡峻而易于失稳，此时可采用减缓斜坡总坡度的方法提高其稳定性，即坡率法可改变斜坡几何形态，技术上简单易行且加固效果好，特别适于滑面深埋、抗力体、主滑段划分明显的滑坡，整治效果主要取决于削方减载和回填压脚的位置。

9.3.2.2 削方减载工程

（1）按照《滑坡防治工程设计与施工技术规范》（DZ/T0219—2006），削方减载包括滑坡后缘减载、表层滑体或变形体消除、削坡降低坡度以及设置马道等。削方减载可以作为滑坡稳定系数提高值的设计依据。

（2）当开挖高度大时，宜沿滑坡倾向设置多级马道，沿马道应设置横向排水沟。边坡开挖设计时，应确定纵向排水沟位置，并与已有或规划排水系统衔接。

（3）削方减载后形成的边坡高度>8 m时，开挖应采用分段开挖，边开挖边护坡，只有在护坡之后才允许开挖至下一个工作平台，不应一次开挖到底。根据岩土体实际情况，分段工作高度宜在3～8 m。

（4）边坡高度>8 m，宜采用喷锚网、钢筋混凝土格构等护坡。如果高边坡设有马道，坡顶开口线与马道之间，马道与坡脚之间，也可采用格构护坡。

（5）边坡高度<8 m，可以一次开挖到底，采用浆砌块石挡墙等护坡。

（6）当堆积体或土质边坡高度超过10 m时，应设马道放坡，马道宽2～3 m。当岩质边坡高度超过20 m时，应设马道放坡，马道宽1.5～3.0 m。

（7）为了减少超挖及对边坡的扰动，机械开挖应预留0.5～1.0 m保护层，人工开挖至设计位置。

（8）采用爆破方法对后缘滑体或危岩体进行削方减载，应专门对周围环境进行调查，对爆破振动对整体稳定性影响和爆破飞石对周围环境的危害做出评估。

（9）在清除表层危岩体和确保施工安全的情况下，宜采用导爆索进行光面爆破或预裂爆破。凿岩一般3～4 m，由上至下一次成型。以机械浅孔台阶爆破为主，并对超挖、欠挖部分进行修整成形。

（10）块石爆破采用岩体内浅孔爆破与块体表面聚能爆破相结合的方式。对于块体厚度>1.5 m，又易于凿岩的块石，以块体内浅孔爆破为主；对于块体厚度<1.5 m，凿岩施工条件极差的块石，以表面聚能爆破为主；对于块体厚度在1.5 m左右，宽厚比近于1 m的块石，可以两种方法并用。

9.3.2.3 回填压脚工程

（1）按照《滑坡防治工程设计与施工技术规范》（DZ/T0219—2006），回填压脚是通过采用土石等材料堆填滑坡体前缘，以增加滑坡抗滑能力，提高其稳定性。

（2）回填体应经过专门设计，其对滑坡稳定系数的提高值可作为工程的设计依据。未经专门设计的回填体，其对安全系数的提高值不得作为设计依据，可作为安全储备加以考虑。

（3）回填压脚填料宜采用碎石土，碎石土中碎石粒径<8 cm，碎石土中碎石含量为30%～80%。碎石土最优含水量应做现场碾压试验，含水量与最优含水量误差应<3%。

（4）碎石土应碾压，无法碾压时应夯实，距表层0～80 cm，填料压实度≥93%，距表层80 cm以下填料压实度>90%。

（5）库（江）水位变动带的回填压脚应对回填体进行地下水渗流和库岸冲刷处理，设置反滤层和进行防冲刷护接。

9.3.2.4 排水

1. 地表排水

地表排水工程包括滑坡体外拦截旁引地下水的截水沟和滑坡体内防止入渗引出地表水的排水沟。地表排水技术简单易行且加固效果好，工程造价低，因而应用极广，几乎所有滑坡整治工程都包含地表排水工程。运用得当仅用地表排水即可稳定滑坡。

断面形式可选择矩形、梯形、复合型、"U"形等断面的排水沟，如图9-10所示。梯形、矩形断面排水沟易于施工，维修清理方便，具有较大的水力半径和输移力，应优先考虑。

（a）矩形断面　　　　　（b）梯形断面　　　　　（c）复合型断面

图9-10　排水沟断面形状示意图

2. 地下排水

（1）盲沟。盲沟按其作用又分为渗水盲沟和支撑盲沟，渗水盲沟断面示意图如图9-11所示。

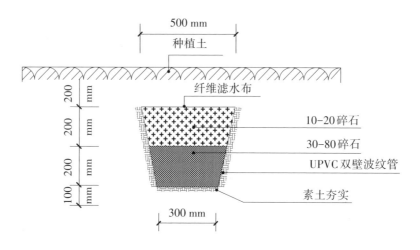

图9-11　渗水盲沟断面示意图

当滑坡体内有积水湿地和泉水露头时，可将排水沟上端做成渗水盲沟，伸进湿地内，达到疏干湿地内上层滞水的目的。

对于规模较小、滑面埋深较小的滑坡，采用支撑盲沟排除滑坡体地下水，具有施工简便、效果明显的优点，并将起到抗滑支撑的作用。

（2）排水隧洞：当地下水埋深在10～15 m或更深时，采用盲沟施工开挖困难，土方量大，需大量支撑材料，造价昂贵，此时应考虑采用排水洞结合排水钻孔的方法排除滑坡体内的地下水。当滑坡体上已建成永久性设施不便拆迁，不能明挖时，也多采用地下排水洞方法排水。排水洞分为水平排水洞（排水隧洞、排水廊道）和竖向排水洞（集水井）。水平排水洞根据其功能又可分为截水隧洞和排水隧洞。

考虑滑面可能向下发展的界限，排水洞必须设置在滑床中的稳定岩层内，以免滑坡体滑动而被破坏。排水洞造价较高，施工难度较大，工期较长，其布设位置也往往受限制。因此在设计时必须有滑坡的详细工程地质和水文地质资料，准确查明地下水分布、流向、水量大小和不同含水层之间的水力联系等，才能达到较好的效果。

（3）排水孔：排水孔又分为（近）水平钻孔排水、竖向钻孔排水和放射状斜向钻孔排水。水平钻孔排水实际上是小仰斜角度的钻孔排水。钻孔打到滑坡含水层内将地下水排出，是斜坡的重要排水措施之一。

9.3.2.5　抗滑桩

抗滑桩是一种防止滑坡体发生滑动变形和破坏的工程结构，一般设置于滑坡的中前缘部位，大多完全埋置于地下，有时也露出地面，桩底须埋置在滑动面以下一定深度的稳定地层中。抗滑桩用于滑坡防治，具有如下优点：

（1）抗滑能力强，圬工数量小，在滑坡推力大、滑动带深的情况下，能够克服一般抗滑挡土墙难以克服的困难。

（2）桩位灵活，可以设在滑坡体中最有利于抗滑的部位，可以单独使用，也可与其他构筑物配合使用。

（3）配筋合理，可以沿桩长根据弯矩大小合理地布置钢筋，如钢筋混凝土抗滑桩优于管形状打入桩。

（4）施工方便，设备简单。采用混凝土或少筋混凝土护壁，安全、可靠。

（5）间隔开挖桩孔，不易恶化滑坡状态，有利于抢修工程。

（6）通过开挖桩孔，可直接揭露校核地质情况，修正原设计方案。

（7）施工影响范围小，对外界干扰小。

9.3.2.6　预应力锚索

预应力锚索是锚固工程中对滑坡体主动抗滑的关键核心技术，通过预应力的施加增强滑带的法向应力和减少滑体下滑力以有效地增强滑坡体的稳定性。

预应力锚索是通过外端固定于坡面，另一端锚固在滑移面以外的稳定土体中穿过边坡滑移面的预应力和钢绞线，直接在滑移面上产生抗滑阻力，增大抗滑摩擦阻力，使结构始终处于压紧状态，以提高边坡土体的整体性，从而根本上改善滑移体的力学性能，有效控制岩体位移，达到整治边坡失稳、岩层顺层滑坡及危岩、危石的目的。预应力锚索由两部分组成，外端叫伸缩端，内端叫锚固端，与抗滑桩同时使用，解决抗滑桩悬臂问题，又可使锚索锚固端受力条件更好。

9.3.2.7　格构锚固

格构锚固是一种利用浆砌块石、现浇钢筋混凝土或定制预应力混凝土形成的格构进行坡面防护，并利用锚杆或锚索固定支点的综合支护措施。它是一种将格构梁护坡与锚固工程相结合的支挡结构，既能保证深层加固又可兼顾浅层护坡，具有结构物轻、材料省、施工安全快速、后期维护方便，以及可与其他措施结合使用的特点。

格构锚固一般用来保护土质边坡、松散堆积体滑坡或其他不稳定边坡的浅表层坡体并增强坡体的整体性，防止坡体的风化。格构中间往往用来种草，以减少地表水对坡面的冲刷，减少水土流失，从而达到护坡和美化环境的目的。

格构设计时应根据滑坡特征，选定不同的护坡材料：

（1）当滑坡稳定性较好，但前缘表层开挖失稳，出现侧滑时，可采用浆砌块石格构护桩，并用锚杆固定。

（2）当滑坡稳定性差，可用现浇钢筋混凝土格构＋锚杆（索）进行滑坡防护，须穿过滑带对滑坡阻滑。

（3）当滑坡稳定性差，下滑力较大时，可采用混凝土格构＋预应力锚索进行防护，并须穿过滑带对滑坡阻滑。

9.3.2.8　重力式抗滑挡土墙

重力式抗滑挡土墙是以挡土墙自身重力来维持挡土墙土压力作用下的稳定。它是目前整治小型滑坡中应用广泛且较为有效的措施之一。

9.3.2.9　注浆加固

注浆加固适用于以岩石为主的滑坡、崩塌堆积体、岩溶角砾岩堆积体和松动岩体等。注浆加固可作为滑坡体滑带改良的一种技术。通过对滑带压力注浆，从而提高其抗剪强度，提高滑体稳定性。滑带改良后，滑坡的安全系数评价应采用抗剪断标准。注浆前必须进行注浆试验和效果评价，注浆后必须进行开挖或钻孔取样检验。

9.3.2.10　植物防护

（1）植物防护工程通过种植草、灌木、树，或铺设工厂生产的绿化植生带等对滑坡表层进行防护，以防治表层溜塌，减少地表水入渗和冲刷等。宜与格构、格栅等防护工程结合使用。

（2）植物防护工程可作为美化滑坡防治工程及环境的一种工程措施加以采用。

（3）在顺层滑坡、残积土滑坡中，采用植树等植物防护措施时，应论证滑坡由于植物根系与水的作用加剧顺层或沿基岩顺坡滑动的可能性。

（4）植物防护一般不作为滑坡稳定性计算因素参与设计，仅在表层土体溜塌和美化环境中加以考虑。

9.3.3　管道滑坡地质灾害防治措施

滑坡是各种原因（地形、地质、地质构造、降雨、人为等）组合发生的，因此滑坡的防治方法也是种类繁多。大的分类是防御法和防止法两种方法。防御法是通过改变滑坡地带的自然条件，例如改变地形、土质和地下水等的状态以防止滑坡发生，是降低形成滑坡因素的方法；防止法是通过构筑支撑构造物以抵抗滑动力，防止滑坡，是采用构筑物防止滑坡发生，加强稳定性的方法。图9-12为预应力锚杆垫板。

图9-12　预应力锚杆垫板

管道滑坡治理措施建议如下：

（1）管道选线时尽量避开坡度较大的斜坡，如图9-13所示。

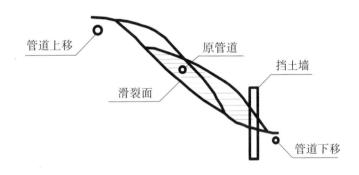

图9-13　管道选线示意图

（2）管道管径及壁厚的选择上应最好采用钢号较低即延性较大的厚壁管道。

（3）在陡峭滑坡上确保有足够的平整地以改进滑坡稳定性。

（4）在施工期间，确保所有的切割和回填操作都符合设计方案，并回填严实。

国内各科研院校对滑坡的研究深度差异很大，但治理的方法大同小异：

（1）选线时应规避滑坡体，严禁将路基和管道置于滑坡体内。

（2）治理的首选方案为疏导水和排水，无水则不滑。

（3）支挡结构应结合考虑地形、地势、滑坡体的物质成分、排水状况等因素采用排桩或者锚索。

（4）应非常关注管道通过线路周边人工开挖土方工程等影响边坡稳定的边坡失稳现象出现。杜绝因土方开挖引起滑坡。

9.4　泥石流地质灾害防治措施

9.4.1　泥石流地质灾害防治措施

泥石流治理工程宜根据泥石流的地质背景、形成条件、分布特征、类型和敷设情况采取综合治理的措施。泥石流防治常用措施包括治水、治泥、拦蓄、排导等工程，具体可参照现行《工程地质手册》中的相关内容执行。泥石流灾害防治应按照现行《泥石流灾害防治工程设计规范》（DZ/T 0239—2004）中相关内容执行。

9.4.2　国内泥石流地质灾害防治措施

9.4.2.1　泥石流的防治原则

按《泥石流灾害防治工程设计规范》（DZ/T 0239—2004），就线性工程而言，在工程区内遇到不可避免的泥石流沟时，就需要开展泥石流防治，其目的是减轻泥石流灾害可能造成的危害。泥石流防治的原则主要有以下几点：

（1）根据泥石流的发生条件、活动特点及危害状况，全流域统一规划。针对重点，因害设防。

（2）以防为主，防治结合，分阶段实施，近期防灾，远期逐步根治。

（3）因地制宜，讲求实效，以技术成熟、经济节省的中小型工程为主。

（4）以社会效益和环境效益为主，发挥最大经济效益。

9.4.2.2　泥石流的防治措施分类

泥石流治理需上、中、下游全面规划，各沟段也需有侧重。如上游水源区宜造水源涵养林、修建调洪水库和引水渠等措施，以减少水量，抑制形成泥石流的水动力和阻滞泥沙输移，如建造多树种多层次的立体防护林、坡面截水沟、沟谷区的拦沙坝、导流堤、护岸、护底工程等；中游土源区宜营造水土保持林、修建拦沙坝、护坡、挡土墙等工程，固定沟床、稳定边坡，减少松散土体来源，控制形成泥石流的土体物质；下游营造防护林带，对规模巨大、势能大的泥石流，宜采取修建排导沟、急流槽、明洞渡槽和停淤场，畅排泥石流或停积部分泥石流体，以控制泥石流的危害。各类防治措施分类见表9-20。

表 9-20　泥石流防治措施

总项目	分类项目	具体项目	主要作用
工程措施	治水工程	蓄水工程	调蓄洪水,消除或消减洪峰
		引、排水工程	引、排洪水,消减或控制泄水量
		截水工程	拦截滑坡或水土流失严重地段的地表径流
		防御工程	控制冰雪融化,防止冰融化块,防止高温时出现大量冰雪融化加固
	治土工程	拦沙坝	拦蓄泥沙、固定沟床、稳定滑坡
		挡土墙工程	稳定滑坡或崩塌体
		护坡、护岸工程	加固边坡、岸坡,以免遭受冲刷
		边坡工程	防治坡面冲刷
	排导工程	导流堤工程	排导泥石流,防治泥石流冲淤危害
		顺水坝工程	调整泥石流流向,顺利排导泥石流
		排导沟工程	排泄泥石流,防止泥石流漫淤成灾
		渡槽、急流槽工程	从交通路线的下方或上方排泄泥石流,保障线路畅通
		明混凝土工程	交通线路以明混凝土形式从泥石流沟下面通过,保持畅通
		改沟工程	把泥石流出口改到相邻的沟道,保证改沟下游的安全
	拦蓄工程	蓄淤场工程	利用开阔低洼地,蓄积泥石流
		拦泥库工程	利用平坦谷地,蓄积泥石流
		水田改旱地工程	减少水渗透量,防止山体滑坡
		渠道防渗工程	防止渠水渗漏,稳定边坡
		坡地改梯田工程	防治坡面侵蚀和水土流失
		田间排水、截水工程	排导坡面径流,防止侵蚀
		夯实地面裂缝、田边筑埂工程	防止水下渗,拦截泥沙,稳定边坡
生物措施	林业工程	水源涵养林	改良土壤,消减径流
		水土保持林	保水保土,减少水土流失
		护床防冲林	保护沟床,防止冲刷和下切
		护堤固滩林	加固河滩,保护滩地,防风固沙
	农业工程	梯田耕地	水土保持,减少水土流失

续表9-20

总项目	分类项目	具体项目	主要作用
		立体种植	扩大植被覆盖率,截持降雨,减少地表径流
		免耕种植	促使雨水快速渗透,减少土壤侵蚀
		选择作物	选择保水保土作物,减少水土流失
	牧业工程	适度放牧	保持牧草覆盖率,减少水土流失
		圈养	护养草场,减轻水土流失
		分区轮牧	防止草场退化和水土保持能力
		改良牧草	增加植被覆盖面积,减轻水土流失
		选择保水保土牧草	提高保水保土能力,削减土壤侵蚀

9.4.2.3　泥石流拦沙坝工程

1.拦沙坝的作用

（1）拦沙坝建成后,可以控制或提高沟床局部地段的侵蚀基准面,防止淤积区内沟床下切。稳定岸坡崩塌和滑坡体的移动,对泥石流形成与发展将起到抑制作用。

（2）随着拦沙坝高度与库容的增加,将在坝址以上拦截大量泥沙,从而可以改变泥石流性质,减少泥石流的下泄规模。

（3）拦沙坝建成后,将使沟床拓宽,坡度减缓。可以减小流体流速,也可使流体主流线控制在沟道中间,减轻山洪泥石流对岸坡坡脚的侵蚀速度。

（4）拦沙坝下游沟床,因水头集中,水流速度加快,有利于输沙与排泄。

2.拦沙坝类型

按所处地形、地质条件、采用材料和设计、施工要求,将拦沙坝分为不同类型。常用坝体形式有重力坝、拱坝、平板坝、爆破筑坝和格栅坝等。按建筑材料分,常用的有浆砌石重力坝、混凝土（含钢筋混凝土）坝、钢结构坝、干砌石坝和土坝等。

（1）浆砌石重力坝。浆砌石重力坝是我国泥石流防治中最常用的一种坝型,适用于各种类型和规模的泥石流防治。坝高不受限制。在石料充足地区,可就地取材,施工技术条件简单,工程投资较少。

（2）干砌石坝。干砌石坝适用于规模较小的泥石流防治,要求断面尺寸大,坝前应填土防渗和减缓冲击,过流部分应采用一定厚度（>1.0 m）浆砌块石护面。坝顶最好不过流,而另外设置排导槽（溢洪道）过流。此类坝型包括定向爆破砌筑的堆石坝。

（3）混凝土或浆砌石拱坝。当地缺少石料、两侧沟壁地质条件又较好时,可采用节省材料的拱坝拦截泥石流。坝的高度及跨度不宜太大,并常用同心等半径圆周拱。此类坝的缺点是抗冲击及震动较差,不适宜含巨大漂砾的泥石流沟防治。

（4）土坝。土坝多适用于泥流或含漂砾很小、规模又不很大的泥石流沟防治。优点是能就地取材、结构简单、施工方便。缺点是不能过流,需另行设置溢洪道,而且需要经常维护。若需坝面过流，则坝顶及下游坝面需用浆砌块石或混凝土板护砌，并设置坝下防冲消能；在坝体上游应设黏土隔水墙，减少坝体内的渗水压力。

（5）格栅坝。主要适用于稀性泥石流及水石流防治，目前已修建的有钢结构或钢筋混凝土结构两大类，坝高多为3～10 m的中小型坝。具有节省建筑材料、施工快速（可装配施工）、使用期长等优点。

（6）钢筋混凝土板支墩坝。主要适用于无石料来源、泥石流的规模较小、漂砾含量很少的泥石流地区。坝顶可以溢流，坝体两侧的钢筋混凝土板与支墩的连接为自由式，坝体内可用沟道内沙砾土回填，可根据需要设置一定数量排水孔（管）。

9.4.2.4　泥石流排导槽工程

排导槽是一种槽形线性过流建筑物，其作用是提高输沙能力，增大输沙粒径，防止沟谷纵、横向变形，将泥石流在控制条件下安全顺利地排泄到指定区域，控制泥石流对通过区或堆积区的危害。一般布设于泥石流沟流通段及堆积区。泥石流排导槽工程具有结构简单、施工和维护方便、造价低、效益明显等优点。泥石流排导槽工程虽可加大泥石流流速、改变其流向，使流体运动受到约束，但不能改变泥石流发生、发展条件，制约泥石流发生。泥石流排导槽工程可单独使用，也可在综合防治工程中与拦蓄工程配合使用。当地形等条件对排泄泥石流有利时，可优先考虑布设该项工程，将泥石流安全顺畅地排至被保护区以外预定地域。排导槽工程应具备以下地形条件：

（1）具有一定宽度长条形地段，满足排导槽工程过流断面需要，使泥石流在流动过程中不产生漫溢。

（2）排导槽工程布设区应有足够的地形坡度，或采取一定工程措施后，能开挖出足够陡的纵坡，使泥石流在运行过程中不产生危害建筑物安全的淤积或冲刷破坏。

（3）排导槽工程布设场地顺直，或通过截弯取直后能达到比较顺直，利于泥石流排泄。

（4）排导槽工程尾部应有充足停淤场所，或被排泄的泥沙、石块能较快地由大河等水流挟带至下游。在排导槽尾部能与其大河交接处形成一定落差，以防大河河床抬高或河水水位大涨大落，导致排导槽内严重淤积、堵塞，使排泄能力减弱或失效。

（5）排导槽纵向轴线布置力求顺直与河沟主流中心线一致，尽可能利用天然沟道随弯就势。出口段与主河应锐角相交。排导槽纵坡设计最好采用等宽度一坡到底。必须设计变坡、变宽度槽段，两段纵坡变化幅度不应太大，并应做水力检算。

根据流通段沟道特征，可按照《泥石流灾害防治工程设计规范》（DZ/T 0239—2004）中提出的计算公式，用类比法来计算排导槽横断面面积。

$$\frac{A_x}{A_L} = \frac{n_x}{n_L} \cdot \frac{H_L^{2/3}}{H_x^{2/3}} \cdot \frac{I_L^{2/3}}{I_x^{2/3}} \tag{9-46}$$

式中：A_x为排导槽断面面积（m²），A_L为流通区沟道断面面积（m²），I_x为排导槽纵坡降（‰），I_L为流通区沟道纵坡降（‰），H_x为排导槽设计泥石流厚度（m），H_L为流通区沟道泥石流厚度（m）。

排导槽的主要类型：排导槽可分为尖底槽、平底槽和"V"形固床槽。尖底槽又有"V"形和圆形之分。平底槽则有梯形与矩形之别。"V"形固床槽则呈阶梯门槛形。

①尖底槽（"V"底形、圆底形、弓底形）。主要用于泥石流堆积区，有改善流速，引导流向，

排泄固体物质，防止泥石流淤积的独特功能。尖底槽断面形式如图9-14。

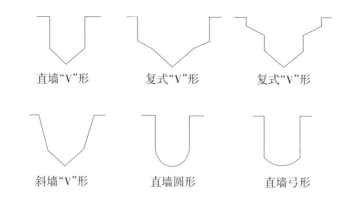

图9-14 尖底槽主要断面形式

②平底槽（梯形、矩形）。平底槽主要用于清水排洪道和引水渠道，但这类平底槽很不利于排泄泥石流的固体物质，很多工程实例表明，采用平底槽排泄泥石流是不可取的。平底槽断面形式如图9-15所示。

图9-15 平底槽主要断面形式

③"V"形固床槽（阶梯门槛形）。"V"形固床槽主要用于泥石流集中形成区，引排上游清水区洪水，以免通过泥石流形成区时切蚀沟槽、侧蚀沟岸或冲刷坡脚，可起到固定沟床，稳定山体，减少崩塌、滑坡和河床堆积物参与泥石流活动，控制泥石流规模和发展走势，减轻泥石流危害的作用。"V"形固床槽示意图如图9-16所示。

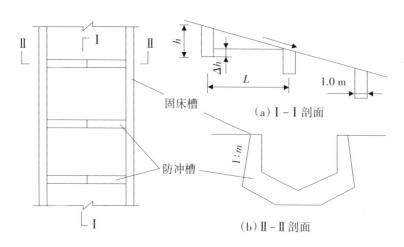

图9-16 "V"形固床槽示意图

9.4.2.5　渡槽工程

渡槽是泥石流导流工程的一个特殊类型，其长度远比排导槽短，而纵坡则又大得很多。渡槽通常建于泥石流沟的流通段或流通-堆积段，与山区铁路、公路、水渠、管道及其他线形设施形成立体交叉。泥石流以急流的形式在被保护设施上空的渡槽内排泄，其流速与输移能力较强，是防治小型泥石流危害的一种常用排导措施。由于渡槽为一种凌空架设结构物，槽体依靠墩、墙支撑，槽身为空腹，结构脆弱、构造复杂、施工困难，跨度、过流断面形式受泥石流固体物质运动的特殊要求和泥石流不确定性因素影响。因此，渡槽规模常受地形、地质和泥石流流体特性所控制，通常只适宜于架空地势较为优越的中、小型泥石流沟。一般在线路通过泥石流沟时，上游沟槽明显，易于引导，建筑物处于浅挖方、半挖方、桥（涵）下净空不够以及下游沟槽坡度平缓，排导泥石流不通畅时，用以抬高排泄泥石流的基面，增强排导势能为目的的凌空排导工程。当泥石流明洞（棚洞）式渡槽的洞顶有回填土时，为非凌空架构建筑物，可按排导槽进行设计。

渡槽类型特征与适用条件如下。

1.泥石流渡槽类型特征

泥石流渡槽工程类型较多，但还在试用阶段，规模一般都较小，费用也比较高。目前常用的有如下几种：

（1）按渡槽结构形式分类

①架式渡槽：简支梁（板）式、连续梁式。

②拱式渡槽：单拱式、连拱式、双曲拱式。

③框架式渡槽：整体浇灌式、拼装焊接式。

（2）按渡槽建筑材料分类

①钢筋混凝土渡槽。

②圬工渡槽（石砌、砖砌、混凝土）。

③钢材渡槽。

（3）按渡槽过流断面形状分类

①"V"形断面渡槽。渡槽纵坡适应范围较大，适应泥石流流体性质较强。主要优点是集中防磨范围小，无须预留残留层厚度的加高高度，无清淤工作，施工方便。

②矩形断面渡槽。渡槽纵坡要求较大，一般应>15‰。一般适宜于颗粒细小的稀性泥石流。施工方便。要设计全槽底防磨加强措施、预留残留层加高高度和清淤条件。

③箱形断面渡槽。渡槽纵坡要求比矩形槽更大，净空亦要更高。一般适宜于颗粒细小的水石流。特点是结构性能较好。全槽底均需防磨加强措施，要预留足够的残留层厚度和方便的清淤设施。

④半圆形断面渡槽。渡槽纵坡适应范围大，流体性质适应性强，利于排泄泥石流固体物质，槽底圆形加防磨范围比"V"形断面渡槽大，无须预留残留层厚度和消淤条件；但施工难度大，不易推行。

渡槽过流断面形状示意图如图9-17所示。

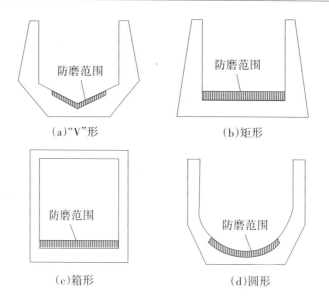

(a)"V"形　　　　　　　　　(b)矩形

(c)箱形　　　　　　　　　(d)圆形

图9-17　渡槽过流断面形状示意图

2.渡槽适用条件

（1）地形条件。渡槽架设在被保护设施上空，地形要求有足够高差。沟道出口应高于线路标高，满足渡槽设施立体交叉净空要求。渡槽进出口位置能布设顺畅，地基有足够的承载力和抗冲刷能力。渡槽出口能临空，便于泥石流顺畅排泄。

（2）当深长路堑截断单个山坡型稀性泥石流沟，或半路堑截断稳定的老泥石流堆积扇上发育的稀性泥石流沟时，若泥石流沟底标高能满足槽下限界要求，则可设置渡槽。

（3）对于泥石流等形成的地上槽床，若槽底标高能满足槽下限界要求，加高沟岸又能防止淤涨漫流时，亦可采用渡槽排泄。

（4）渡槽适用于坡度很陡的山坡型稀性泥石流槽，泥石流规模不宜过大，应属中小型，或具备山洪泥石流能交替出现的泥石流沟。对于沟道变化急剧，泥石流规模、密度、含巨砾很大的黏性泥石流沟和含巨砾很多的水石流沟，不宜采用或应慎用渡槽排泄。

9.4.2.6　明洞工程

泥石流明洞与渡槽类似，均属排导工程。往往当渡槽的宽度超过它的跨度后，就被称为明洞。明洞顶上一般都有1 m以上的土层覆盖，故保持了沟床的自然形态。排泄的最大泥石流流量及漂砾直径均大于渡槽。明洞的适用条件如下：

（1）泥石流规模大，流体中含有大石块较多的沟谷，当沟口高差满足线路净高要求时，可采用明洞排泄。

（2）泥石流沟床纵坡很大，修建渡槽又在构造上有困难，亦可采用明洞。

（3）线路在堆积扇底下穿过，标高又略低于洞顶，且泥石流淤积、漫流不很严重（或可控制），还可明挖施工者，应采用浅埋明洞。

（4）线路经过流通区沟底穿过，若能满足洞顶标高要求，又可明挖施工者，可在流通区范围内采用明洞通过，这样可以缩短两端隧道长度。

明洞在我国铁路及公路泥石流防治中使用较多，仅西北地区的青藏、宝成、宝天、天兰及南疆等铁路线上，就已修建明洞渡槽12座。在甘川、甘陕和青藏公路线上，亦建有十多座穿过泥石流沟的明洞渡槽。在成昆铁路及云南东川支线等，亦有很多明洞工程，为防治泥石流危害发挥了很大的作用。

9.4.2.7　泥石流停淤场工程

泥石流停淤场工程是指在一定时间内将流动的泥石流体引入预定的平坦开阔洼地或邻近流域内低洼地，使泥石流固体物质自然减速停淤的工程措施。停淤工程可大大削减下泄流体中的固体物质总量及洪峰流量，减少下游排导工程及沟槽内的淤积量。停淤场属不固定的临时性工程，设计标准一般要求较低，可按一次或多次拦截泥石流固体物质总量作为设计控制指标，通常采用逐段或逐级加高方式，分期实施。停淤场一般设置在泥石流沟流通段下游的堆积区，可以是大型堆积扇两侧、扇面的低洼地、开阔平缓的泥石流沟谷滩地、扇尾至主河间的平缓开阔阶地或邻近流域内荒废洼地等。实践表明，只要有足够停淤面积，停淤效益是比较好的，对黏性泥石流停淤作用更为显著。停淤场的缺点是占用大量土地，短期内对开发利用不利，可与沙石料厂共建，既解决了堆积场过大的问题，又能进行沙石料的供应。

9.4.2.8　泥石流沟坡整治工程

泥石流沟坡整治工程是对泥石流沟道、岸坡不稳定地段进行整治。通过修建相应工程措施，防止或减轻沟床、岸坡遭受严重侵蚀，使沟床、岸坡上的松散土体能保持稳定平衡状态，以减少泥石流规模，甚至阻止其发生。对流路不顺、变化大的沟谷段进行整治，使泥石流能沿规定流路顺畅排泄。

1.沟道整治工程

沟道整治工程是对沟道易冲刷侵蚀地段进行整治，可分为两类治理措施。

（1）拦沙坝固床稳坡工程。在不稳定（冲刷下切）沟道或紧靠岸坡崩滑地段下游，设置一定高度拦沙坝，抬高沟床，减缓纵坡。利用拦蓄的泥沙堵埋崩滑体剪出口或保护坡脚，使沟床、岸坡达到稳定。对纵坡较大的泥石流沟谷而言，采用梯级谷坊坝群稳定沟床，与单个高坝相比，技术要求简单，经济效益更好。

（2）护底工程。护底工程主要是防止沟床不被严重冲刷侵蚀，达到稳定沟底的目的。一般采用沟床铺砌工程或肋板工程等措施。沟床铺砌工程，多采用水泥砂浆砌块石铺砌或混凝土板铺砌沟底。在次要地段，亦可采用干砌块石铺砌。对有大量漂石密布的陡坡沟床地段，还可采用水泥砂浆或细石混凝土将漂砾间缝隙填实，使其联络成整体，同样能达到良好的固床效果。肋板工程包括潜坝与齿墙工程，是在沟道内按照沟床纵坡变化，以一定间距设置多个与流向基本垂直的肋板，防止沟床被冲刷。一般采用浆砌石或钢筋混凝土砌筑。基础埋深应大于冲刷线，或者>1.5 m。顶面应与沟底开平，或不高出沟底面0.5 m，顶面宽度应≥1.0 m。在沟岸两端连接处应设置边墙（坝肩），高度应大于设计泥深，以防止流体冲刷岸坡。肋板中间应低于两端，以减少水流摆动。

2.护坡工程

护坡工程主要是防止坡脚被冲刷及岸坡坍塌等，一般采用水泥砂浆砌石护坡，或用铅丝笼、木笼、干砌石等护坡。护坡高度应大于设计最高泥位。顶部护砌厚度最小>50 cm，下部>100 cm。基础埋置深度应在冲刷线以下，最小应>1.5 m。石笼直径一般为1.0 m左右，下部直径需>1.0 m。对崩滑体岸坡，可采用水泥砂浆砌石或混凝土挡墙支挡，按水工挡土墙要求进行设计。若崩滑体系由坡脚被冲刷侵蚀所引起，则在地形条件允许情况下，可将流水沟道改线，使流水沟道避开崩滑体，则崩滑体很快就会稳定下来。此外可采用削坡减载、坡地改梯地、植树造林等水土保持措施，对岸坡加以保护；还可利用被面排水（沟）工程、等高线壕沟工程等拦排地表雨水，使坡体保持稳定。护坡工程宜多采用柔性结构，石笼、四角锥体等能有效地克服洪水冲刷产生的不均匀变形，尽量少用刚性护坡结构，如砌石、钢筋混凝土等护坡。此类护坡在遭受到洪水冲刷时，产生的空洞可彻底摧毁刚性支护体。

3.调治工程

（1）通过疏浚、截弯取直、丁坝导流等工程措施，规整泥石流流路，改善其排泄条件，使泥石流对沟岸坡脚不产生大的局部冲刷。

（2）充分利用上游或邻近区内的清水流量，将支沟注入的泥石流稀释，并排泄至保护区以外。

（3）在上游清水区设置调节水库，并用人工渠道将水逐渐排入下游，使水土分家，以减轻或免除对中下游沟床和岸坡崩滑体坡脚的冲刷，防止泥石流的形成与危害。

9.4.3 管道泥石流地质灾害防治措施对比分析及提升措施

国内外对于管道泥石流防治措施基本相同，国内研究较多。泥石流灾害防治措施提升建议如下：

（1）管道选线时尽量避开泥石流多发区域。

（2）如不能避开泥石流运动方向，尽量布置在堆积区，在堆积区采用涵洞通过。涵洞通过示意图如图9-18所示。

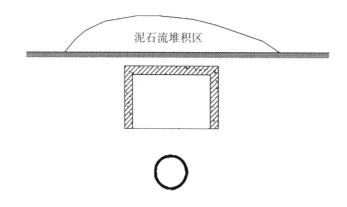

图9-18　涵洞通过示意图

（3）当管道与泥石流沟平行时，应设置泄洪渠，如图9-19所示，管道在泄洪渠旁通过。图9-20为泄洪渠与管道平行通过示意图。

图9-19 泄洪渠示意图

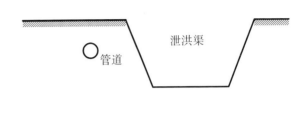

图9-20 泄洪渠与管道平行通过示意图

（4）护岸工程多采用柔性结构，少采用刚性结构。

9.5 崩塌地质灾害防治措施

9.5.1 防治工程设计与施工

参照《油气管道地质灾害风险管理技术规范》（SY/T6828—2017）应根据线性工程与崩塌体空间位置关系、线路敷设方式等因素进行线性工程防护工程设计。例如石油管道可采用的防护措施包括在管道上方设置盖板、堆砌沙袋、拱棚等，或在管沟设置土工栅格，必要时可采取管道改线、深埋、架空等措施。

对于施工期扰动有可能导致崩塌体失稳而影响工程时，应进行施工期线路临时防护措施设计。崩塌灾害防治应按照现行《建筑边坡工程技术规范》（GB/50330—2013）中的相关内容执行。崩塌体治理时应合理选取施工机械及施工场地，防止施工机具滚落或崩塌体垮塌破坏管道。崩塌落石对线性工程的破坏类型单一，其防护方法主要为选线、清除危岩、工程防护以及运营期间的维护。

9.5.1.1 选线

（1）大型崩塌落石具有极大的摧毁力，非拦截、遮挡建筑物所能抵抗。因此在施工前应将上部危岩清除，对于可能发生大型崩塌、落石的地区，管道选线时必须设法绕避，其办法有三种：其一，远离病害地区，另选途径。其二，远离崩塌落石停积区，如绕到山谷对岸。其三，将线路移至较稳定的山体内，以隧洞方案通过，洞口路线应远离崩塌落石的影响范围，如图9-21所示。

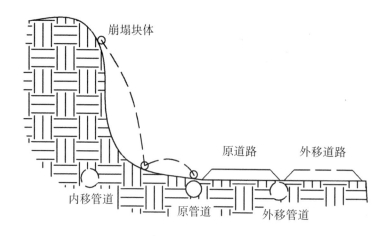

图9-21 管道选线示意图

（2）中型崩塌、落石具有相当的冲击破坏力，其选线原则是在有条件的情况下，以绕避为上策；如果受地形所限，非通过不可时，定时定期清除上部山体的危岩，或将线路外移，使其远离崩积的正冲区，同时修建必要的防治工程。

（3）小型崩塌落石的冲击荷载不大，定时定期清除危岩，加上管道又有一定的埋深，铁路、公路选线需考虑崩塌落石砸伤行人、汽车，破坏铁轨和公路路面等灾害。一般来说，小型崩塌落石区可以大胆通过，但需对不稳定的局部岩体、危岩、孤石进行加固。

9.5.1.2 工程防治措施

公路、铁路遭遇崩塌灾害，受灾非常直接，重则车毁人亡，轻则道路中断，防治措施对公路、铁路尤为重要，而石油管道具有一定的强度，能抵抗较大的压力，原则上崩塌落石地区的防护工程尽量少做，从分析可知，通过加大管道埋深的办法来保护管道，可达到安全经济的目的。其一，深挖深埋，开挖前进行预支护，管道安装后迅速复原地貌，不破坏原始斜坡的应力。其二，浅挖深埋。

公路、铁路如地形条件不满足，则应采取一定的工程措施。公路、铁路沿线崩塌落石的防护措施内容如下：

（1）清：清除危石是崩塌落石防治最简易和最有效的方法之一。在施工前期，根据地质勘察资料对崩塌体进行爆破清理崩塌危石，这种方法既经济又合理。清除危石应注意不能扩大化，以免愈清愈多。对个体较小的危岩体，可采用人工清除；对体积较大的危岩体，可采用爆破方法。爆破方法有动态爆破和静态爆破。动态爆破（工程爆破）：适合于人员稀少和设备、人员易于接近的地段。该方法的选择不仅要考虑危岩爆破后碎块滚动或碎块的飞散距离，而且要考虑爆破产生的冲击波、飞石对周围环境的影响。静态爆破：采用向炮眼中灌注静态膨胀破碎剂的方法，通过膨胀作用破碎岩石。该方法安全方便，适合于建筑物、人员密集地段的危石清除。

（2）拦：危石不可能全被检查出来，也不可能全部被清除。采取拦截危石也是有效的。通过准确地质论证与力学计算，可在线路上方设置拦石挡墙或导石栅等。导石栅是固定于工程之上的一种拦挡设施，以引导落石跨越工程而避免受其伤害。对于仅在雨后才有坠石、剥落和小型崩塌的地段，可在坡脚或半坡上设置拦截构筑物，如设置落石平台和落石槽以停积崩塌物质，修建挡石墙以拦坠石，如图9-22所示。

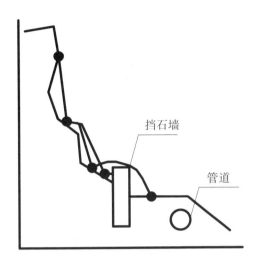

图9-22　修建挡石墙示意图

（3）固：经检查确定是孤石，不能清除或用其他方法处理，或用其他方法处理经济不合理，可采用灌浆、水泥砂浆片石固定的嵌补，小型支顶岩石锚固加挂网喷护，设置拦石墙、柔性钢丝绳防护网以及分级被动防护网等固定方法。

（4）SNS防护系统是一种新型的柔性防护系统，整个系统由钢绳网、减压环、支撑绳、钢柱和拉锚五个主要部分构成，系统的柔性主要来自钢绳网、支撑绳和减压环等结构，且钢柱与基座间亦采用可动连接以确保整个系统的柔性匹配。与传统的防护方法相比较，SNS防护系统具有明显的优点是设计及施工简单，费用低廉，不破坏原始地貌，有利于保护环境。图9-23为崩塌柔性防护网（虽然会发生崩塌，但是破坏力会减少很多）。图9-24为SNS防护系统。图9-25为宾格网加固边坡。

图9-23　崩塌柔性防护网（虽然会发生崩塌，但是破坏力会减少很多）

图9-24　SNS防护系统

图9-25　宾格网加固边坡

9.5.2　崩塌地质灾害防治措施对比分析及提升措施

崩塌对管道的危害较小，对伴行路和工作人员的危害较大。国内外针对崩塌的治理措施基本相同。

崩塌治理提升措施建议：

（1）崩塌对管道主体影响不大，但对公路、铁路及人员设备危害较大。

（2）线性工程崩塌地质灾害防治措施为清、拦、固等。

（3）管道在通过崩塌地段宜增大覆盖层厚度。

（4）覆盖层厚度如不能满足，可采用抗剪切土工织布在管道上部设置抗冲切褥垫处理，如图9-26所示。

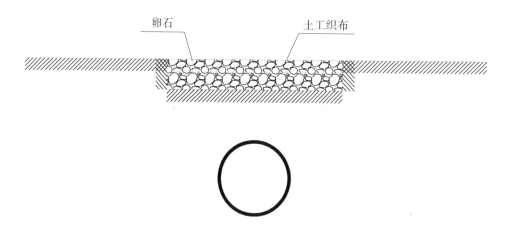

图9-26　抗冲切褥垫示意图

（5）选线时避开大型崩塌体，对可能崩塌的崩塌体予以清除。

9.6 地震地质灾害防治措施

9.6.1 断层的线性工程地震地质灾害防治措施

（1）对通过全新世活动断层的线性工程，宜采取下列抗震措施：

①应选择断层位移和断裂宽度较小的地段通过。

②线性工程与断层错动方向的交角宜为30°～70°，不得>90°。

③以石油管道穿过水平走滑为主的活动断层和正断层，在断裂带及其两侧400 m内应增大管沟宽度，管沟宽度宜大于沿管道法线方向的断层水平位移，管沟坡度不宜>30°，并应采用疏松沙土浅埋。逆冲断层应专门研究。

④在设固定墩时，固定墩与活动断层的距离应为同侧滑动长度的1.5～2.0倍。在滑动长度内，不应采用不同直径或壁厚的管道，不应设三通、旁通和阀门等部件。

⑤通过断层的管道采用埋地敷设不能满足抗震要求时，宜将管道敷设于地上或架空，并应保证管道在轴向与横向上自由滑移，同时应采取相应的安全保护措施。

（2）通过沉陷区的线路，有条件时可采用高架桥穿过。

（3）敷设于严重液化区的线路可采用换填非液化土并夯实、抗浮桩及衬铺压土等措施。

（4）埋设于液化区较长的线路，可分段采取抗液化措施。

（5）确需在难以绕避的滑坡区内的线性工程时，控制滑坡可采取减载、支挡、锚固及排水措施。

（6）采用直埋式穿越水域或沟壑的石油管道，其倾斜坡角≤30°，如图9-27所示。

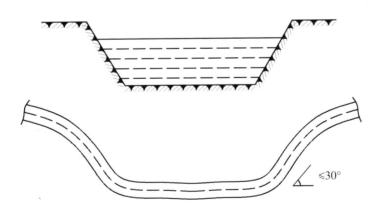

图9-27 直埋式穿越管道示意图

（7）洞埋式穿越管道采用支墩方式敷设时，应设置防止管道侧向滑落的管卡。

（8）洞埋式穿越管道贴地敷设时，应保证地震发生时管道轴向与横向自由位移，并不得失稳。

（9）位于墩台上的跨越结构应采取限位措施。在跨越结构上应固定或限制管道的相对位置，可采用挡块、钢夹板、"U"形螺栓等连接。

（10）位于软弱黏性土层、液化土层和严重不均匀地层上的刚性跨越结构，不宜采用高次超静定结构。

（11）跨越结构下部墩台应避免布设在软弱黏性土层、液化土层和不稳定的河岸上，在难以避开时，应采取其他处理措施。

（12）在管道或支承结构与支墩之间可设置隔震部件，该部件应提供必要的竖向承载力、侧向刚度和阻尼，并应便于检查和维护。

（13）对出入锚固墩部位的管道宜局部加强或采用柔性连接。

9.6.2　国内石油管道地震地质灾害防治措施

地下管道由于受到环境荷载作用、腐蚀效应、疲劳效应和材料老化等不利因素的影响，严重地削弱了管道的抗震能力。国内学者在跨断层埋地管道的地震反应分析方面做了大量的理论、试验以及模拟研究，取得了很多的成果，但是跨断层管道抗震措施方面的研究工作和研究成果不如埋地管道断层错动反应方面的研究。目前，埋地管道的抗震措施主要包括以下几点：

（1）埋置管道时，应该尽量避开活断层地带。如果必须通过，就应该用现有的活断层资料或者地震安全性评价结果进行抗震设防，同时要正确地选择管道和断层的交角，使管道在断层处受拉，避免受压。通常较长的管道很难避开断层。如果知道断层的走向，选择合适的管道和断层的交角，可以使管道在断层运动时避免受到压力，但是对断层走向的预测结果和实际情况还是存在一定的误差，因而不能单纯地靠选择合适的管道和断层的交角来达到抗震的目的。应该探明活断层的性质，如正逆断层、平移断层，长期监测活断层的活动情况，位移、变形的发展趋势和运动轨迹，以便给管道设计提供第一手参数。根据活断层的活动参数，管道宜选用"U"形线路设计，增大变形余量，设计时应根据活断层的运动方向，正确选择上下变形、前后变形和符合变形，合理设置"U"形管。

（2）管道应该尽量浅埋置于管沟内。管道适应变形的能力和埋深成反比，管道埋置较浅时，作用在管子上的土压力和纵向摩擦力减小，这时管道虽然容易变形，但是不容易发生破坏。在可能发生较大位移错动的断层处，可以砌筑管沟或改为地上敷设，且使管道能够自由地做横向和纵向的震动。在活动断层下铺设管道埋深最好不超过 10 m。减小管道与土壤间接触面的摩擦力也可以增大管道承受断层位移的能力，一种做法是采用一层光滑的、较硬的外套，例如在与断层交会处的管道采用环氧树脂套层。松散的沙由于受到水平荷载而被压实，在密实的过程中，摩擦力会增加，由此产生的最大管力和初始密度较高的沙产生的管力相同。所以，减小管和土壤之间的摩擦力是有利的，但是这主要体现在轴向，土壤对管道的横向抗力改变不大。

（3）使用抗震性能较好（延性好、强度高）的管材。材料的延伸性能越好，允许的拉应变的值就越大。压缩许用应变和管壁厚度成正比，因此采用钢号较低即延性较大的厚壁管道最好。

由于管道适应变形的能力和壁厚成正比，因此适当增加壁厚，可以提高管道的抗震能力。例如，壁厚 14 mm 的管子比壁厚为 10 mm 的管子适应断层运动的能力大 1.4 倍。

（4）管道适应断层的能力和管道与土体间的摩擦系数 μ 和回填土的容重 γ 成反比，因此尽量选择摩擦系数 μ 和回填土的容重 γ 低的土料作为回填土。一般来说，管道经过活动断层处的回填土宜采用疏松至中等密度、无黏性的土料。

（5）实际锚固点即固定墩的位置应该尽量远离断层，每侧至少距离断层 1.5eL（tL）到 2.0eL（tL）。其中，eL 为管道弹性部分的滑动长度，tL 为断层一侧管道的滑动长度。若管道有足够的滑动长度，即为管道提供了允许的错动位移，就可以避免由于断层横向错动使管道剪断。

增加非锚固长度可以增加管道对断层运动的承受力，但是通常只在长度达到离断层大约 600 ft（1 ft = 0.3048 m）时见效，长度继续增加就只会产生很小的附加能力（包括横向和轴向）。因此在大的断层错动下，上述措施可能不能满足要求，即目前尚无可靠有效的抗震措施。鉴于埋地管道在断层的作用下表现出来的脆弱性，以及其破坏对社会产生的巨大的危害性，我们有必要采取更加可靠的有效措施来提高和保证跨断层埋地管道在断层错动下的抗震安全性。

管道在断层处出地面，管道下设支撑，支撑下设滑动块，滑动块与地面之间可以滑动，管道在水平方向设有弹簧和阻尼器形成抗震管段。跨断层管道模型如图9-28所示。

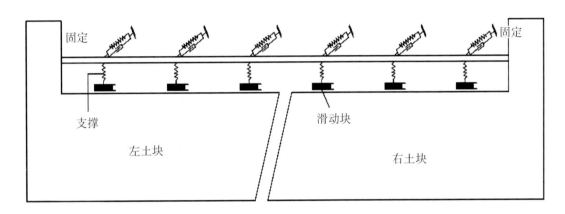

图9-28　跨断层管道模型

穿过液化区管道的注意事项：

①合理选择管道走向，在允许的条件下，尽量避开液化区。当必须通过液化区时，应选择强度极限高的管材，且增大管子的壁厚，以减少管应力。

②尽量浅埋管道，且用疏松、较轻容重的土回填，以减小土的摩擦力，进而减小管应力。可能的情况下，可将管道地上敷设，管道自由放置于一系列支撑墩上，加限位块防止地震时管道从墩上滑落；也使得发生不均匀沉陷时，管道不致发生大的变形。支撑墩不宜过高，在非跨越道路地段，支墩以不超过一半为好。

③对不宜地面上敷设的管道，最好先砌筑管沟，然后将管道自由放于沟内，沟顶用混凝土预制板铺盖，再回填松土。当不均匀沉陷发生时，砌筑管沟将发生变形甚至破坏，但管道不会因产生大的管应力而破坏。

④在穿越不均匀沉陷区的范围内，不要设置三通、旁通、阀门等设施，如必须设置时，应砌筑人孔口，在管道穿过人孔口壁处留一定孔隙，并用减震材料填塞，也不要设置壁厚差异较大的管道。

9.6.3　国内外地震的液化地质灾害防治措施

国内外液化处理措施在地震中的对比见表9-21。

表9-21　国外液化处理措施在地震中的对比

时间	地点	地　层	处理方法	处理后的表现	未处理的表现
1989	美国加州	其上部厚 9.4～13.1 m 的土层为松散、中密吹填砂，偶遇薄夹层粉土、黏土，吹填砂为中、细砂，粒径<0.075 mm 的细粒含量少于10%，地下水位深约 2.1 m	振冲碎石桩、强夯、注浆、挤密砂桩	轻微液化现象	喷砂冒水、地面沉降、地表裂缝以及侧向位移
1993	日本北海道	回填土几乎都是附近海床的泥沙	挤密砂桩、砾石排水桩或两者复合处理	地震中两者的处理都表现好	港口大面积未经地基处理的堤岸岸壁后回填土液化，导致岸壁侧向滑移失稳破坏
1994	日本北海道	填土为附近海床泥沙，约 10 m 厚浅层为松散吹填砂层，下卧原始沉积的中密-密实砂层，地下水位深 1.0～2.5 m	挤密砂桩	场地具有良好的持久稳定性	喷砂冒水现象
1995	日本大阪湾	天然土层和人工填土	围封3例,振冲法2例,强夯5例,深层搅拌5例,预压4例,挤密砂桩9例,砂井法5例以及复合方法6例	设施未发生地震损坏	喷砂冒水和地裂缝
1999	中国台湾	填土层近地表 0.2 m 厚为砂层，下卧4～5 m 厚水力冲填土，20 m 以浅土层为主，主要是含薄层粉土或粉质黏土的粉砂	强夯	但强夯处理区域的场地未发生液化现象	尚未强夯处理区域的场地发生了液化现象
1999	土耳其	场地地下水位深度<2 m,6 m 深处有厚 2 m 以上的砂层,土层的 SPT-N1 均值，黏土层为 5、沙土层为 10～15	旋喷桩和碎石桩	建筑未发现明显的喷砂冒水或其他液化迹象，旋喷桩处理的效果要优于碎石桩	喷砂冒水和几厘米的沉降，建筑发生损坏的部分建在碎石桩加固区域

续表9-21

时间	地点	地　层	处理方法	处理后的表现	未处理的表现
2001	美国华盛顿州	场地浅层为1.2～1.5 m厚中密-密实的粗粒填土夹建筑垃圾，下卧约6 m厚的松散-中密的细砂和粉砂，4.3 m深以30～60 cm厚的细砂层为主，约7.6 m深为密实-很密的砂层	10处使用振冲法、振冲碎石桩法以及强夯法处理	场地抗液化效果良好，没有出现液化迹象	出现了明显的液化现象
2011	日本东京湾	浅层土为人工回填的细砂、粉细砂，下部为冲积砂和黏土	挤密砂桩、砾石排水桩	提高建筑的地基承载力和抗液化能力	发生严重的液化

在抗地震液化地基处理案例中，挤密砂桩法得到大量应用，其技术成熟，效果良好，处理深度一般在10～20 m。振冲碎石桩的有效处理深度可达15 m，而非振冲碎石桩的有效处理深度约为6 m。强夯法适宜于大面积场地抗液化处理，其有效处理深度约为10 m。注浆法、深层搅拌法、旋喷法通过固化土体，从根本上铲除了导致土体液化的源头"水"，此类方法不仅可以避免沙土液化，而且可大幅提高地基承载力，其有效处理深度也更深，通常可在20 m以上，其缺点是地基处理的费用高且可造成土壤的污染。综合强地震中场地抗液化处理的案例表明，同一场地采用多种方法联合处理的效果更佳，常见的联合方法的组合形式有挤密砂桩与砾石排水桩、预压与砂井、砾石排水桩与砂井等。

主要采用消除土层液化的方法有如下三种：

（1）沉管碎石桩：在兰新高铁哈密二堡段振冲碎石桩，乌鲁木齐—库尔勒高速公路和硕段及和田—墨玉段均是笔者主持完成进行沉管碎石桩处理的液化。采用沉管碎石桩机挤压成孔，内部填充卵石、碎石等硬质材料。处理深度可达到20 m，沉管碎石桩桩径400～500 mm。处理后效果良好，可有效消除液化，但承载力不高，一般<180 kPa，价格较低。

（2）高压冲扩桩：青藏铁路错那湖段及沱沱河段均是笔者主持处理的液化。通过高压喷射水泥浆切割土体，可以形成水泥土桩，桩体强度7.5～10 MPa，桩中心部分（直径≥200 mm）混凝土强度可达到20 MPa，成桩效果良好。一般可以提高土体强度的同时消除土层的液化。相对于高压旋喷桩，高压冲扩桩施工速度快，经济性更好，处理后承载力可到达400 kPa。

（3）强夯：国内主要用于处理湿陷性土层，可部分消除液化，处理深度较浅。饼锤处理深度<10 m，柱锤处理深度<15 m。G7高速公路奇台段，伊犁—新源县高速公路，兰新高铁路哈密—碗泉段等都是笔者主持完成的液化及湿陷性强夯处理。

9.6.4　石油管道地震防治措施对比分析

地震是瞬时和随机性且是不可预测性的，石油管道地震的防治措施如下：

（1）采用钢号较低、延展性较大的厚壁管。

（2）穿越断层时，管道在断层处出露地面，管道应采用"U"形设置，管道下设支撑，支撑下设滑动块，滑动块与地面之间可以滑动，管道在水平方向设有弹簧和阻尼器，形成抗震管段。

（3）穿越液化区域：

①砌筑管沟，沟顶采用预制板铺盖，管道放于沟内，回填松土。

②浅埋，采用疏松和容重较轻的土回填。

③地面敷设，管道放于支撑墩上部；严重液化且水位较高地区，可以提前进行液化处理，如沉管碎石桩、注浆法、深层搅拌法、旋喷法、强夯法等。

（4）活动断层对管道的影响主要发生在断裂带两侧30 m范围内，可以仅对距断裂带较近的管段采取抗震措施。

9.6.5 小结

（1）新疆线性工程的线路穿越7°以上的高烈度震区，受地震破坏的可能性是不可避免的，应该设立各种震害情况下的抢救紧急预案。

（2）地震断裂带没有规律、不能监测，并且无法治理。

（3）穿过活断层的管道，应增大管道的变形裕量并判断变形的方向。

（4）当线性工程穿越高烈度区的饱和沙土（粉土），应勘探其液化发育程度，对中度以上的液化，必须经过地基处理，才可确保线性工程的安全可靠。

（5）当发生7°以上的大型地震时，确定震中周边50 km线性工程的受损情况，应按照紧急预案采取应急对策，暂停公路、铁路运行，关闭石油管道，在保证安全的情况下尽可能尽快修复，保证线性工程安全通畅。

9.7 地面塌陷地质灾害防治措施

9.7.1 地面塌陷地质灾害防治措施

9.7.1.1 公路、铁路地面塌陷的防治

（1）总体来说地面塌陷对公路、铁路的影响较小，因为公路、铁路的路基大都为柔性堆填式路基，抗沉陷能力强。

（2）前期可进行防治沉降的地基处理措施，高铁一般采用高架桥穿越地面塌陷区。

（3）井工矿的治理，可采用注浆法、干砌支撑法、开挖回填法、巷道加固法、强夯破坏法、跨越法和穿越法（桩基）。

（4）露天矿及地面塌陷的治理：

①压缩地下水开采量，减少水位降深高度，在地面沉降到达的地区应暂时停止开采地下水。

②井工矿坑道有水时应进行人工回灌，回灌时需防止坑道坍塌，同时必须严格控制水源的水质标

准，坚决防止地下水污染，并根据地下水动态和地面沉降规律制定合理开采方案。

③对于露天矿等地面塌陷区，可采用注浆、强夯、桩基、高压旋喷、树根桩等地基处理方式。

9.7.1.2　石油管道穿越地面塌陷的防治工程设计与施工

（1）塌陷坑或采空区较深大、开挖填堵有困难时，可采用改线、穿跨越、枕木、空气袋、土堆和桩基础等方式，在明确塌坑与管道空间关系的基础上，综合选取适宜的防护措施。

应及时填堵塌坑较浅或浅埋的采空区，可在管沟中改填松散沙土或发泡颗粒轻质土，当需要强化土层或充填洞穴和岩溶洞隙、隔断地下水流通道、加固地基时宜采用注浆处理。地面塌陷灾害的治理宜参照《工程地质手册》中相关内容执行。

（2）施工注意事项：施工时不宜使用大型机械，应避免塌坑回填、注浆等治理工程对管道或管沟的扰动及破坏。

（3）与第三方交叉施工：对于正在开采的矿区，宜与采矿单位协商改善回采工艺，并在线路下方留足保安矿柱，确保管道安全。

9.7.2　采空区地质灾害防治措施

采空区塌陷可以分为井工矿采空塌陷和露天矿地面沉降两种。对于威胁严重、防治困难的工程建筑，应采取合理避让采空区地段；在邻近采空区地段，应对采空区采取充填等工程措施。

9.7.2.1　规避

采空区尽量规避，必须穿过时应横穿矿道。若必须平行于巷道时做专项处理。

9.7.2.2　工程治理

（1）井工矿：对已经废弃的井工矿，横跨矿道时，可采用渡槽法，如图9-29所示。在矿道两端的安全部位设置桩基，使桩基的基地置于矿道影响范围之外。管道在渡槽内通过。当必须平行于矿道时可采用冲砂法、高压注浆法对矿道进行填充。

（2）对仍在使用中的井工矿，采用渡槽法和锚固法等防治措施。

（3）对于在役的石油管道，并已出现矿道坍塌引起的地面塌陷时，可采用树根法、高压灌浆法对上部的空洞进行加密，再以托换的方式将管道复位，并锚固于稳定的岩层之上，如图9-30所示。

（4）露天矿：对于已回填的露天矿，应确定露天矿的深度，回填的材料，密实程度，再定出合理的处理方案。处理方法有强夯置换法，采用柱锤强夯，可影响深度15 m；也可采用树根桩+高压注浆的处理方法。对管道穿过采空区地裂缝的地段，可采用灌浆加固处理。在处理后的地基上，还应当加强管道的变形余量，多采用"U"形管（如图10-31所示）和伸缩接头（如图9-32所示）。

（5）未回填露天矿应采用渡槽法处理。

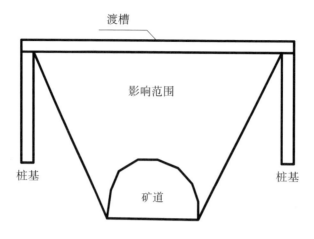

图9-29　跨越井工矿示意图

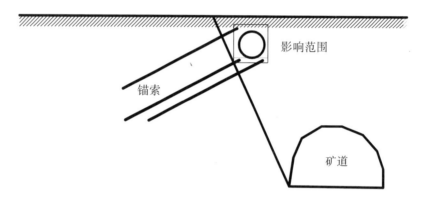

图9-30　管道平行于露天矿矿道示意图

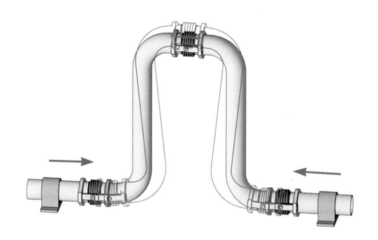

图9-31　"U"形管示意图

图9-32　伸缩接头管示意图

9.7.3　石油管道地质灾害防治措施提升建议

（1）地面沉降区域应增大变形余量，尽量采用伸缩接头以及"U"形变形线路设计。

（2）管道应置于管沟内，管道在沟内可以做必要的伸缩位移，周边回填可采用轻型的复合材料。

（3）在管道管径及壁厚的选择上应尽量采用大管径、延伸性好、厚壁的管道。

（4）在采空区下部处理费用较大且变形缓慢的情况下，可以采用反向干预的方法，减少管道应力。

9.8　小结

（1）当线性工程通过地质灾害的地段，应尽量规避地质灾害严重地段，如无法避免也应从易于治理的地段通过，例如通过滑坡时，尽量从坡角下部或滑裂区上部通过。对于泥石流地段宜横穿泥石流，横穿时采用明洞通过，如平行于泥石流宜做泄洪渠。穿越崩塌区时应增大覆盖层厚度。

（2）对线性工程的地质灾害点的防治方法，建议多采用柔性防治，尽量少采用或不采用刚性防治方法，在泥石流、水毁、滑坡、采空区多采用石笼、土工织布等柔性地基处理的方式，其优点可以随着地层的变化而变化，不会对路基和管道造成损害。刚性的建构筑物，遇到冲刷、变形等影响时，即形成空洞、断裂等结构破坏，失去了防护功能。石油管道对于易变形的地质灾害如水毁、泥石流、滑坡、地震（断裂、液化）、崩塌、采空区，宜采用增大管道余量（"U"形设计、伸缩接头）解决其变形。对于河道的抗冲刷、河堤的护岸工程、泥石流的围堰、滑坡的挡土墙都可采用石笼和土工织布等柔性措施处理。

（3）对于地质灾害的防治宜采用一次性根除灾害，做到治理的永久安全。

（4）对于灾害点的治理在设计过程中，建议增大设计的裕量，提高设计等级，以保证防治效果的最大化，抵抗不可预见的破坏。

（5）应提高山区道路的等级，特别是穿越水毁、泥石流、崩塌、滑坡的地段。应做必要的防护，确保道路全天候通畅是防治地质灾害的重中之重。

（6）对于泥石流、管道和隧道防腐蚀、黄土的湿陷性、采空区等，加大防水、排水、疏水的力度是防治泥石流、管道和隧道防腐蚀、黄土的湿陷性、采空区等地质灾害的重中之重。

第10章　运营期地质灾害防治及管理体系

10.1　管理体系

（1）公路和铁路在运营期的地质灾害防治工作是由养护部门担任，石油管道的地质灾害防治工作也应由专门的部门负责，其工作职能为养护部门应组建、配置地质灾害专业人员，并使业务范围常态化。

（2）摸清所辖地域地质灾害分布、规模、危害程度、发生概率、诱发因素、常发时间等。

（3）建立地质灾害基本情况台账、内容包括勘察、设计资料、施工验收资料、后期活动等。

（4）监督监测预警网络运行状况及巡检状态情况。

（5）所有公路和铁路的养护部门以及中石油养护部门都应联网12379地质灾害预警电话，全天候保证地质灾害预警电话12379的畅通，在接到报警能第一时间查实上报并组织救援。

（6）定时检查救援物资、机械设备完好程度、基本救援队伍的状况。

（7）组织抢险救灾的演练和全民防灾救灾的宣传。

（8）编制本区域地质灾害抢险救灾应急预案。

10.2　运营线性工程的监测与预警

（1）监测预警在之前的章节中已详述，需强调所有监测预警信息须与国家地质灾害相关的网络联通，做到全国联网，只有信息共享，才能更好地防灾治灾，如铁路系统在某地发生地质灾害预警，公路和铁路等线性项目途径段所属部门也同时引起重视。

（2）社会全民监测预警：

①全民防灾救灾的强化宣传，特别是山区居民应普及地质灾害基本辨识、地质灾害的常见前兆，遇到地质灾害的基本防护和自救等常识，铭记地质灾害预警电话。

②在公路、铁路、石油管道显露位置张贴地质灾害报警电话12379，使12379像110、120、119一样，做到熟记、熟知、熟用。

③接到报警电话后确认地质灾害规模和应急反应等级，再按预警级别实施不同方案。

④次生地质灾害报警上报后组织专业技术人员对地质灾害现场进行勘察，摸排地质灾害发生的可能给出预警级别和防治措施。

⑤已发地质灾害按预案进行抢险救灾，抢险救灾应由决策人员、技术人员、实施人员、安保人员、救护人员、宣传调度人员六类人员组成。

10.3　线性工程运营期地质灾害防治

10.3.1　运营期地质灾害防治基本思路

（1）查明地质灾害生成主要原因，如设计缺陷、新生地质灾害、施工间、地质地貌变化、人为活动、气象异变、材料老化、地震及新构造运动等。

（2）针对运营中线性项目在地质灾害的防治工作，应遵守"以防为主，治小防大，及时治理，以人为本，标本兼治，灾害重建"的原则。

（3）因设计先天不足，如南疆铁路1#线，天山铁路，甘沟G314线段等，由于当时科技水平、施工工艺、材料等原因造成先天设计不足，在运营期随着科技水平的发展，新技术、新工艺、新材料的研发，原设计不能解决的技术难题到现在已不再困难，运营期地质灾害的防治工作也应逐步完善。

（4）地质灾害发展有很长的孕育期，在运营期新生地质灾害也会经常发生。

（5）施工期间，治理中施工期偷工减料、工艺不当也是地质灾害发生的主要原因之一。

（6）"小病不治拖成大病"是当前运营期治理不当的主要原因之一。

（7）自然环境变化、人为活动、材料老化等也是地质灾害发生的诱因。

10.3.2　运营期水毁灾害的防治

（1）平原水毁防治定期检查，注意防洪堤完整情况，保持小桥、涵洞的通畅。

（2）坡面水毁：线性工程因采用防洪堤，将山洪集中后压在特定位置排泄，采用硬化过水路面、桥、涵、渡槽等。

（3）桥墩水毁：在水毁桥墩前设置宾格平台，使水流下冲面前置，使宾格网下沉形成墩前保护，不但保护了墩基稳定，又加固和前伸了抗冲刷面。

（4）河道冲刷：原先常用砌石、混凝土等刚性护堤，冲刷后下部掏空即失效破坏，宾格网的研发成功地解决该难题，宾格网护堤冲刷后掏空下切，就势沉下将冲坑填实，不但保护了路堤又加大了抗冲刷能力。

（5）台田冲刷：黄土湿陷性冲刷坑用抗风化编织带填压能提高填压的约束性，效果比原土回填效果更好，在湿陷性黄土线性项目被冲刷后常用原土回填，建议掺加一定量的水泥、石灰固化剂能降低渗透系数，提高承载力，并提高抗冲刷能力。

10.3.3　运营期滑坡灾害的防治

（1）运营期滑坡发生后先防止地下水再次浸入滑坡体，应填塞上部裂隙，修建排水天沟截水，若滑移面含水量较大，可采用井点式轻型井点排出地下水。

（2）对滑坡体支挡可采用挡土墙、抗滑桩、抗滑锚杆等措施。

（3）对滑移面可进行焙烧法、泥浆法改善滑移面的土质。

（4）最常用的方法是上削下压，即上部削减拦截，下部压稳坡脚。

10.3.4　泥石流在运营期的防治

（1）预防：水土保持，植树造林，整治坡道及坡面，改善水道，引水调水。

（2）拦截：拦水坝、拦洪坝、石笼坝、格栅坝，以减轻泥石流的动力作用。

（3）滞流：在泥石流沟内修建谷坊，当泥石流漫过拦渣坝时将固体物质阻拦，减小泥石流规模，固定泥石流流道，减缓坡度，减小泥石流流速。

（4）排导：修筑排洪道、急流槽、导流堤以固定沟槽，约束水流，改善沟库效果。

（5）跨越：公路和铁路宜高架通过大型泥石流区，石油管道宜扩面土坝、排导槽。泥石流明洞在公路、铁路、石油管道应用很多。

10.3.5　运营期崩塌灾害的防治

（1）崩塌的治理原则是必须根除，因为崩塌直接危害到人民生命和财产。根除的最直接方式是清除危岩，在已运营的线性工程崩塌区应进行定期清除危岩，此为最经济、最彻底的防治措施。

（2）遮挡、挂网喷浆技术的研发对于大多数崩塌灾害已取得良好的治理，挂网喷浆工艺对崩塌的治理在全国山区公路广泛推广，已是最为成熟的工艺。

10.3.6　运营期地震灾害的防治

（1）公路和铁路在遭遇强震时，首先是停车、停运、下车规避。

（2）震后应对震害严重区的线路进行排查，摸清受灾状况并及时上报，按预案抢险救灾。

（3）路基沉降和断裂由技术部门出具治理方案，由抢修单位组织抢修。

（4）桥梁沉降、破坏由技术部门出具方案，由有资质的专业单位抢修。

（5）石油管道出现破坏，由技术部门出具治理、修复方案，由专业技术单位组织鉴定和维修。

10.3.7　运营期地面沉降的防治

（1）公路和铁路发生沉降应挂贴"路基沉降，减速慢行"的标识，在高速公路经常可以见到此类标识。

（2）地面沉降严重的地段需经专业勘察治理单位进行治理。

（3）油气管道地面塌陷应加强监测和预警，在出现报警前应组织专项抢灾防灾应急预案，一旦报警及时按预案实施。

附录

运营期地质灾害应急预案（拟定）
（适用县级养路段、机务段、油气养护部门）

一、总则

1.编制目的。

2.编制依据（规范、法规、勘察设计文件、任命书）。

3.适用范围。

4.基本原则、工作重点。

二、地质灾害识别

只有认识地质灾害才能防治地质灾害，现介绍简单地质灾害辨识方法，建立健全地质灾害档案（地点、位置、规模、频率）。

1.水毁

（1）穿越河谷→河底冲刷，检查路基掏空，桥墩破坏，石油管道被掏空情况，是否产生抬管、漏管等。

（2）线路位于岸边→河岸冲刷，检查路基冲刷情况，桥涵畅通情况，石油管道被冲刷状况及漏管情况。

（3）湿陷性黄土场地→局部失水和汇流冲坑部位，检查冲刷深度，破坏程度。

2.滑坡

（1）坡体坡度>10°～45°。

（2）前缘临空>50 m，坡脚>30 m。

（3）山坡上段有地面积水和地下水。

（4）人工削切山体坡脚行为。

3.泥石流

（1）汇水区域上、下落差>100 m，坡度>20°。

（2）坡上有松散堆积物和坡积物。

（3）融雪和洪水。

4.崩塌

（1）高耸的陡坡，坡度>45°，高度>10 m。

（2）岩土和土体风化，破碎严重，构造破碎带。

5.地震

（1）本线路地震烈度。

（2）本线路地质构造及新构造运动。

（3）本线路粉细砂及粉土的分布，地下水埋深。

6.采空区

（1）本线路采空区分布、开采状态。

（2）本线路周边地下水升降及抽采水情况。

三、灾害分级

《地质灾害防治条例》规定，地质灾害按人员伤亡、经济损失分为四级。

四、应急组织结构与职责

应急组织结构包括指挥部、技术部、督查办、应急队、救援队、后勤保障部、善后处理部、通信联络事故调查部，各部门责、权明确，由督查办负责协调和督查。

五、地质灾害速报制度

（1）12357是地质灾害报警专用电话，安排值班人员及制定岗位责任制。

（2）接到专业预警和群众报警后尽快落实基本情况，4 h内上报。

（3）速报内容：地质灾害发生的地点、时间、类型，探明规模，是否造成人员死亡和居民线性工程受灾范围、强度等。

六、预防与预警

（1）地质灾害点监测预警。当地质灾害监测达到和超过临界值，马上向上级汇报。

（2）预警发布。在接到预警经确认落实后按地质灾害规模、级别发布红、橙、黄、蓝、绿警报。

（3）预警行动。警报发布立即启动应急预案，人、机、料全部按时（时限）到位，督查每个岗位到岗和开始行动的落实情况。

七、督察部门

督察部门应有对既有参加抢险救灾人员的调度权、赏罚权及工作考评一票否决权，应对预案的每个步骤都知关键点在哪儿，都能督查到位。

八、预警与预警结束

当满足下列条件之时，蓝色、绿色预警解除：

（1）预警发布部门（养路段、机务段、养护部门）解除预警。

（2）本地区国土资源部门发出解除预警。

九、抢险救灾与灾后重建

（1）线性工程所属公司报警后，应向所在地的政府、医院、消防等抢险救灾单位告知，必要时请求地方救援。

（2）应急响应包括响应分级、响应程序、应急处置及应急结束四部分内容。

十、抢救措施

（1）争分夺秒抢修受毁线路，如破坏较大提前设计出备用线路，在"先保畅通，再根治灾害"的原则下编制预案。

（2）如产生人员伤亡，及时联系120抢救。

（3）水毁抢救措施：应采用集成材料，如袋装原土、宾格网装填石块、砖块等，不宜采用松散材料填堵。

（4）滑坡抢救措施：在滑坡上部卸荷，直接将卸下土石填压在滑坡脚部，引排滑坡上缘的积水。

（5）泥石流抢救措施：疏通水道，清除堰塞湖坝，保证水流畅通。

（6）崩塌抢救措施：确保人身安全，车辆受毁立即安排人员迅速撤离崩塌现场。

（7）地震抢救措施：地震发生立即停车，人员撤离危险地段。

（8）地面塌陷抢救措施：停车待修或小心慢行。

十一、其他

（1）应急资金。

（2）通信与信息。

（3）培训与演练。

（4）沿线居民和全部职工明白卡教育。

十二、预案基本原则和工作重点

（1）基本原则：以人为本，安全第一，统一领导，分级负责，尊重科学，严守规范，预防为主，平战结合。

（2）建立健全应急指挥部及各级组织机构，细化各部门责权，应急设备、应急物资应定时检查，确保应急队伍召之即来，来之能战，战之必胜。

（3）项目应急指挥部办公营地应选择在地形平坦，电、水具备的地方，地质灾害影响除外。

（4）应急预案中应明确技术支持的部门，并与其签订战略合作协议，明确在地质灾害发生时应提供的技术支持的人员设备资源。

（5）对于大型难题地质灾害在短期内难以解决，应加强监测预警，制定专项应急预案，必要时应采取搬迁，避让等措施，确保人身安全。

（6）对环境和水土保持应提前做好周边地区环保和水土保持工作方案。

（7）尽量采用国内外先进工艺、材料、监测预警设备。

（8）建立健全监测预警机制，加强国土、气象、地震等部门联系，做到信息互通，资源共享。

（9）对于已有迹象的地质灾害点，应按规定布置监测预警点，请专业单位合理设置，并定期监测巡视，并对周边居民做好明白卡发放和教育培训，使灾害发生的监测预案做到全民皆兵，共同参与抗击地质灾害。

（10）地质灾害区域应设置警示牌，标明避灾逃离路线和避灾点。

（11）应急队伍应定期开展抢险救灾演练和基本救灾抢救培训。

（12）明白卡：是将该段线性工程所遇的地质灾害辨识、危害程度、监测、预警、安全避灾、逃离路线、抢险救灾用一张卡来标明。

第11章　总结

11.1　归纳总结

11.1.1　规避灾害

本书的目的是认知地质灾害的辨识、评价、监测、防治，从而在线性工程的选线治理中规避灾害。对于新建线性工程应规避地质灾害严重地段，对于正在服役的线性工程穿越地质灾害严重地段，监测、防治成本高于铺设备用线性工程（地质灾害影响范围除外），建议采用规避原则。

11.1.2　注重管控、兼顾伴路

除注重地质灾害对线性工程的影响外，更应兼顾地质灾害对伴行路的影响，如保证不了伴行路的畅通，对地质灾害的调查、勘察、监测、治理都无从可谈。

11.1.3　查明灾源

对线性工程沿线所有的地质灾害的发育程度、规模、形成原因、类型、危害程度等进行排查。

11.1.4　科学评估、提供依据

对地质灾害进行评价，确定对线性工程的影响，对危险地段的地质灾害要准确科学判定，为危险地段的灾害防治的准确性提供科学、可靠的依据。

11.1.5　动态监测

对地质灾害点监测实行动态监测，准确、及时、科学、有效地掌握第一手资料，为判定该地段的灾害情况提供详尽的判断依据。

11.1.6　分级预警、迅速应对

对灾害点的监测系统给出预警信息后，根据预警级别和相应的应急预案立即迅速地采取相对应的防护、防治和抢险措施。

11.1.7　逐点预案

对线性工程沿线地质灾害点，根据灾害类型、规模、影响范围、危害程度逐一进行对应的应急预案，以便准确、及时采取最合理、有效、经济的措施。

11.1.8　细节监督

在对地质灾害的防治中，不但要重视对人、机、料、法、环的管控，更应该加强对过程中每一个细节加大检查、监督的力度。

11.1.9　引进归纳、因地制宜

对灾害点的辨识、评价、监测、防治方法，引进国外相关的先进方法，结合目前国内和自身的优势，转化为适用于线性工程地质灾害的辨识、评价、监测、防治，以提升自身对地质灾害的管理水平。

11.1.10　减少破坏、优化防治

在灾害点治理的设计过程中，要减少地质灾害对线性工程因沉降、拉伸、压缩等变形对线性工程的破坏，以保证防治效果的最大化，抵抗不可预见的破坏。

11.1.11　柔性为主、刚性慎用

线性工程沿线的地质灾害点的防治方法多采用柔性防治手段，增大地质灾害产生的变形裕量，少采用或不采用刚性防治方法。

11.1.12 完善方案

确定防治方案应充分考虑地质灾害的各种不利影响，采用能够根除地质灾害影响的方案，避免年年修、年年治的恶性循环。

11.2 建议措施

11.2.1 建立健全检查监督体系及安全机制

地质灾害技术管理是执行力的集中表现，执行力决定着地质灾害评价、监测、治理的成败。科学完善的监督检查机制和安全体系是项目高速运行的基础。加强监督检查管理是保证执行力的有效推行的重要手段。因此必须要强化监督检查，健全各项规章制度，提升对地质灾害技术的管理。

11.2.2 转变安全理念，积极主动提高地质灾害防治设计理念和水平

转变线性工程设计安全理念，将规范要求作为最低安全标准，将线性工程本质安全放在首位。建设期间线性工程的设计环节以保证长期运行安全为第一准则，主动开展适用于整个线路寿命周期的地质灾害防治，并作为专项工作认真实施、检查、验收，从而建设本质安全的生命线工程，改变在线性工程运营期不得不进行被动防护的局面。

11.2.3 制定完备的标准体系，提高防治工程设计标准并贯彻实施

目前存在的多数问题均与标准有关，可通过修改、完善标准体系来解决或改善。如安全理念问题，非一朝一夕能改善，可通过制定强制执行的标准进行制约，标准体系不完善、防治工程标准偏低等问题，均需要完善、修改标准，特提出以下几点建议：

（1）针对地质灾害，修订、制定标准规范，建立完善标准体系。明确地质灾害防治的工作及技术要求，确保建设本质安全的管道，应有标准→设计→施工→设计→标准一个循环，切记因与实际相符。

（2）提高设计标准，削减已经存在的地质灾害风险。参照国外铁路、公路和国内铁路、公路行业多年熟悉的先进经验和标准，提高地质灾害防治设计标准，对数量多、危害大、治理困难的灾害形式建议进行专项研究，提出经济合理的整治方案。

（3）线性工程水工保护工程规模较小，由于定额计算的设计费、监理费较低，为提高设计单位的积极性和监理单位的独立性，建议提高这两项费用的取费费率，或采用其他方式确保设计单位和监理单位的效益。

（4）对已有标准或新发布的标准应大力宣贯，要求各级管理部门将地质灾害防治作为日常管理工作的重要内容，并掌握依据的标准、规范或文件，认真遵照执行。

11.2.4　将科研和标准制定前移至线性工程建设阶段，并以运营部门为主体开展工作

每一条线性工程均有自身独立的地理、地质条件，每条线路的建设均应在详细调研、科学论证的基础上进行设计、施工和运营。建设期就采取措施可以降低运营期风险，并起到事半功倍的效果，建议将科研工作及标准的制定工作，前移至线路建设阶段。针对运营期可能存在的地质灾害问题进行论证、研究，并在建设期间采取应对措施。线性工程建设期间各项工作的最终目的是线路运营期间运行的安全性，建议相关科研工作由该线路未来的运营部门组织，建设部门参与，共同开展相关研究。

11.2.5　通过对标与培训提高设计、施工与审核评估人员素质，重视专业意见，充分借用外脑

通过国内外的对标活动，提高设计、施工与审核评估人员的设计水平，避免一些基本设计差错，并形成一定的机制，确保设计、施工质量。

地质灾害不确定因素多，应采用半定量、定量与专家定性相结合的方法进行风险评价、风险控制。组织更多的地质专家，建立地质灾害专家库，充分利用专家经验对地质灾害防治环节进行把关，提高防治水平。一方面提高专家待遇，使专家长期化、固定化；另一方面采取专家考核、淘汰机制，对专家意见的中立性和专家业务水平进行考核，对部分不合格专家及时淘汰。

11.2.6　加强地质灾害防治管理信息化建设

地质灾害防治数据具有多源、多类、多量、多维、多尺度、多时态和多主题特征。基于 3D WebGIS 技术为基础，加强地质灾害防治信息的集成，建立数据模式、标准的数据结构地质灾害空间数据库，实现地质灾害防治信息的传输、处理与报送流程的信息化，提高各类信息收集、传输、处理的速度和质量，扩充信息种类、增加信息量。对复杂结构的地质灾害体实行三维建模，动态模拟，实现可视化分析→可视化模拟→可视化分析→可视化表达→可视化决策的动态管理、实时监测。对重点管道段、重点地质灾害段线性工程与地质灾害耦合实行动态模拟显示和三维可视化表达。同时，加强各级主管部门、专业技术和防治队伍的忧患意识，最大限度地发挥防灾减灾队伍的主观能动性，以达到最大限度地减少灾害范围和损失。

11.2.7　建立完整的地质灾害监测预警体系

对于地质灾害监测预警应采用长期预报与短期预报相结合，常态监测与突发性监测相结合，应注意将定量预报、半定量预报、定性预报和数值模拟预报相结合。以 3D WebGIS 技术为基础，针对不同的地质灾害，合理地选取相应的指标体系，科学地建立相应的评价模型，构建三维地质灾害信息综合管理平台。通过各种监测手段相结合，对地质灾害进行大范围、全天候、全天时的动态监测，建立有

效的地质灾害监测体系，实现从地质灾害调查、监测、管理、发布（预警）、决策（治理）一体化的地质灾害防治，对各类地质灾害信息的动态管理、综合分析和集成进行三维可视化表达。为灾后减灾提供辅助决策，为企业管理决策科学化提供服务。系统开展地质灾害易发性评价及地质灾害风险性区划研究应用GIS技术，针对不同的地质灾害，选取适宜的评价模型和指标体系，得到地质灾害（链）易发性和风险性评价指标体系和易发性区划图。

进行总体分析，宏观把握，实现对地质灾害综合预警与预报。地质灾害的发展是一个复杂的动态演化过程，在地质灾害监测过程中，应随时根据地质灾害动态变化的特点，进行地质灾害动态监测与预警。采用高科技通信手段，将监测到的各种参数远程传输到总控制台，利用GPS北斗定位系统将各种实测参数及时准确地传输到总控制台，进行3D数值模拟，给出预警信号。通常可利用无人机对线路进行实地监测，特别是地质灾害预警发生时，可以最快、最直接得到第一手资料。

11.2.8　建立完善地质灾害防治预案体系

地质灾害防治预案体系是从线性工程的选线、勘察、设计、施工、运营之中充分考虑不同区域所遇到的不同地质灾害类型的影响，采用科学、经济、合理的方案和措施应对地质灾害。首先对在役线性工程沿线区域进行调查，调查可能出现或者正在发生的地质灾害；然后对所调查的地质灾害进行评价，评价是否处于安全状态，如处于安全状态则予以忽略，如处于不安全状态则需要判断是不是紧急需要抢险处理，如不紧急处理可以考虑对地质灾害位置进行监测。通过对监测数据的分析再次评价是否需要治理，如需治理，采用经济合理的手段进行处理。预案中应对所有涉及的负责人员、检修人员、技术保障人员等人力进行配置，所需材料列表内容包括主材料及配件数量，常用机械和特种机械数量，抢维修的技术保障及特种工种需求量，是否需要社会力量的支持抢险救灾，救援时需要道路保障和过沟过坎，上山上坡的物资运输的可行性等。治理完成后继续评价是否安全，是否需要监测。

11.2.9　建立地质灾害治理工程后评价体系

对于已建成，投入运行的线性工程，应建立起后评价体系。地质灾害治理工程后评价体系即是运用地质灾害治理工程后评价体系中的各个要素，对已建成的治理工程项目在实际运营中产生的经济、环境和社会等影响，以及外部情况变化等，逐一与实际情况进对比、分析，并综合评价各个因素的评价结果，得出总体的评价结论。定期组织对线性工程沿线的地质灾害的发展和影响进行跟踪式评价、监测，提出相应的治理方案，特别应对沿线性工程周边的人为活动（挖方、填方）进行专项的评估，随时掌握线性工程周边的地形、地貌和人为活动引起的变化。地质灾害治理工程后评价体系围绕地质灾害治理工程过程评价、效益评价、影响评价、可持续性评价和综合评价5个部分展开，建立科学、合理和适用的地质灾害治理工程后评价体系，以促进地质灾害治理工程后评价工作的规范化和程序化。根据评价的各个要素和总体结论，从中找出问题，分析原因，总结经验教训，提出对策及建议，为加强经营管理，提高工程项目的经济、社会和环境的整体综合效益，为项目决策部门提供依据。因此，地质灾害治理工程后评价体系可以看作是地质灾害防治工作的延续和完善。切忌工程建成以后放任不管，对于后期产生的地形、地貌、人为破坏引起的诱发性地质灾害不管不顾。

参考文献

［1］中华人民共和国建设部．GB/50021—2001岩土工程勘察规范（2009版）[S].北京：中国建筑工业出版社，2009.

［2］中华人民共和国住房和城乡建设部．GB55017—2021工程勘察通用规范[S].北京：中国建筑工业出版社，2021.

［3］工程地质手册编委会.工程地质手册：第五版[S].北京：建筑工业出版社，2018.

［4］中交路桥技术有限公司.JT/GB02—2013公路工程抗震规范[S].北京：人民交通出版社，2013.

［5］全国石油天然气标准化技术委员会.GB/T 40702—2021油气管道地质灾害防护技术规范[S].北京：中国质检出版社，2012.

［6］油气储运专业标准化技术委员会.SY/T6828—2017油气管道地质灾害风险管理技术规范[S].北京：石油工业出版社，2018.

［7］铁道部第一勘察设计院.铁路工程地质手册：第五版[S].北京：中国铁道出版社，1999年.

［8］中华人民共和国住房和城乡建设部.GB/50025—2018湿陷性黄土地区建筑标准[S].北京：中国建筑工业出版社，2018.

［9］中国地震局.GB/18306—2015中国地震动参数区划图[S].北京：中国标准出版社，2015.

［10］重庆交通科研设计院.JTG/T B02-01—2008公路桥梁抗震设计细则[S].北京：人民交通出版社，2008.

［11］油气储运专业标准化技术委员会.QSYGD/0209—2010在役油气管道地质灾害风险管理技术规范[S].北京：石油工业出版社，2010.

［12］中国石油天然气集团公司.GB/50470—2008油气输送管道线路工程抗震技术规范[S].北京：中国计划出版社，2009.

［13］四川省国土资源厅.DZ/T0220—2006泥石流灾害防治工程勘察规范[S].北京：中国标准出版社，2007.

［14］水利部长江水利委员会水文局.SL44—2006水利水电工程设计洪水计算规范[S].北京：中国水利水电出版社，2006.

［15］中华人民共和国住房和城乡建设部.GB/50011—2010建筑抗震设计规范[S].北京：中国建筑工业出版社，2010.

［16］重庆市城乡建设委员会.GB/50330—2013建筑边坡工程技术规范[S].北京：中国建筑工业出版社，2013.

［17］中国地质调查局.DZ/T 0239—2004泥石流灾害防治工程设计规范[S].北京：中国标准出版社，2000.

［18］郭磊，刘凯，姚安林，等.西气东输管道坡面水毁风险变权综合评价[J].油气田地面工程：2011，30（11）：1-4.

［19］张乐天，刘扬，魏立新，等.洪水冲击管道的模拟分析[J].管道技术与设备：2006（002）：11-12.

［20］黄金池，王兆印，刘之平，等.水流冲刷与管道埋设[M].北京：中国建材工业出版社，1998.

［21］张俊义，杜景水.洪水造成管道断裂的事故分析[J].油气储运：2000，01（8）：151-156.

［22］李朝，陈向新，杨益，等.管道线路工程中的水工保护[J].油气储运：1999，18（2）：37-40.

［23］郑青川，姚安林，关惠平，等.基于云模型的油气管道坡面水毁安全评价[J].安全与环境学报：2012（04）：24-29.

［24］许卫豪.轮南—鄯善段油气管线水毁灾害发育特征与风险评价[D].天津：天津城建大学，2013.

［25］孙志忠，王生新，张满银，等.基于可拓理论的管道河沟道水毁危险性评价[J].科学技术与工程：2015，15（29）：204-210.

［26］徐惠.西气东输管道水毁灾害风险管理效能评估[D].成都：西南石油大学.2015.

［27］叶四桥，陈洪凯，唐红梅.落石冲击力计算方法的比较研究[J].水文地质工程地质：2010，37（2）：59-63.

［28］钱家欢，钱学德，赵维炳.动力固结的理论与实践[J].岩土工程学：1986，8（6）：12-17.

［29］李旦杰.西南成品油管道水毁的防治措施[J].石油库与加油站：2009，18（02）：32-33.